LUMINE-SE!

LuminaEditora

Título: - Inegável - Como a biologia confirma a nossa intuição de Design Inteligente

Título original: *Undeniable - How biology confirms our intuition that life is designed*
Autor: Dr. Douglas Axe

Publicado por acordo com a HarperOne, uma editora da HarperCollins Publishers

Novembro 2024

Edição e Tradução: Jorge Bandeira
Revisão: Miguel Martins Rodrigues
Design e Composição: Zarka Bandeira
Capa: Tiago Albuquerque
Foto de Autor: Noelle Axe

Impressão: Cafilesa – Soluções Gráficas, Lda.

Depósito Legal: 539579/24

Impresso: ISBN 978-989-53910-9-7

LuminaEditora

Visite-nos em: www.Luminal-Editora.pt

SCAN ME

INEGÁVEL

Como a biologia confirma a nossa intuição de Design Inteligente

Dr. DOUGLAS AXE

Lumina Editora

Para a Anita,
que me mostrou que um mais um
pode ser muito maior do que dois

ÍNDICE

CAPÍTULO 1

A GRANDE QUESTÃO

Em agosto de 2013, enquanto descia uma pitoresca rua de Cambridge chamada King's Parade, quase choquei com o famoso cientista britânico Sir Alan Fersht. Estávamos a uma curta distância da Faculdade Gonville & Caius, da Universidade de Cambridge, onde ele é mestre num distinto grupo de académicos, incluindo o conhecido cosmólogo, professor Stephen Hawking. Fersht estava a sair de uma loja, atravessando o passeio em direção à sua bicicleta, e foi aí que os nossos caminhos se cruzaram.

Eu conheço-o por Alan. Era seu amigo há tanto tempo – tendo trabalhado de 1990 a 2002 em centros de investigação dirigidos por ele –, que presumi que provavelmente ainda éramos amigos onze anos depois de termos seguido caminhos diferentes. No entanto, os acontecimentos tinham posto à prova a nossa amizade. Do meu ponto de vista, quando deixei o seu Centro de Engenharia de Proteínas em 2002, teria sido muito útil uma conversa honesta que deixasse claro qual era a nossa posição um com o outro e por que razão a nossa relação de trabalho tinha de terminar tão abruptamente. Tinha lamentado a ausência dessa conversa ao longo dos anos e agora, no espaço de alguns minutos, ocorreu-me que ele também a poderia ter lamentado.

O nosso tempo era curto. Eu tinha uma família de férias à minha espera e o Alan tinha uma faculdade à sua espera, por isso contentámo-nos com algo menos do que um virar de página. Fizemos o que podíamos fazer com alguns minutos. Depois de tudo o que tinha acontecido anteriormente, aqueles poucos minutos reafirmaram a nossa amizade, o que foi um bom começo.

Valeu a pena suportar o incómodo inicial desse encontro, como acontece frequentemente com o incómodo. Falo como uma espécie de especialista no assunto. A maioria das pessoas encontra o seu lugar na corrente da vida desde cedo, dominando a arte de «ir com a corrente», mas eu pareço ser uma das exceções. Nunca me propus a ir contra a corrente. Ainda assim, vi-me obrigado a tomar um rumo, o qual nunca escolheria caso desse alguma importância à força da corrente. Como qualquer pessoa que já tenha tentado atravessar águas rápidas sabe, o incómodo estava destinado a seguir-se.

Lembro-me de uma pergunta num exame final perto do início dos meus estudos de pós-graduação no Caltech: «*Qual das macromoléculas biológicas terá sido a primeira molécula "viva" e porquê?*» Se isto lhe soa a grego, relaxe. Prometo escrever em inglês simples. Tudo o que precisa de saber é que a pergunta é sobre como a vida começou, com a suposição tácita de que começou por processos moleculares comuns. Este pressuposto estava enraizado no pensamento biológico há tanto tempo que era inquestionável. Todos os alunos da turma compreendiam isto, mas eu compreendi-o de forma mais crítica do que a maioria. Eu sabia a resposta esperada para a pergunta do teste, mas através da minha lente crítica essa resposta parecia cientificamente questionável. Por isso, tinha uma escolha: vou com a corrente, ou vou contra ela?

Decidi dar a resposta esperada na íntegra e depois – para crédito extra – dizer porque considerava essa resposta pouco convincente. Expliquei porque é que, ao contrário da opinião consensual, não achava que qualquer molécula tivesse o que seria necessário para iniciar a vida. Por mais astuto que isto parecesse na altura, aprendi quando o meu exame foi devolvido (com pontos deduzidos) que se esperava de nós, estudantes, não só que conhecêssemos o pensamento atual em biologia, mas também que o aceitássemos sem resistência. Estávamos ali tanto para sermos aculturados como para sermos educados.

Eu tinha aprendido a minha lição. A corrente do consenso científico flui com uma força quase impossível de resistir.

Quase.

Ciência Incómoda

De todas as ideias controversas que surgiram na ciência moderna, nenhuma trouxe mais incómodo do que a ideia de Darwin da evolução por seleção natural. Sabemos que seleção natural significa «sobrevivência do mais apto», o que, num certo sentido, não é de todo controverso. De facto, a observação de Darwin de que os indivíduos mais aptos são capazes de ter mais descendentes é tão óbvia que quase não precisa de ser enunciada. Mas como é que algo com tão pouco conteúdo – um truísmo – pode explicar a espantosa riqueza da vida?

A questão mais importante na mente de todos nunca foi a questão da sobrevivência, mas sim a questão da origem – a nossa origem em particular. *Como é que chegámos aqui?*

Mesmo que o leitor pense que a seleção natural é a resposta, tem de admitir que existe um certo conflito interno sobre o assunto. Francis Crick reconheceu este conflito, pelo menos implicitamente, quando advertiu que «os biólogos devem ter constantemente em mente que aquilo que veem não é o resultado de *design*, mas algo que evoluiu»[1]. Portanto, se a afirmação de Darwin é verdadeira, então é uma verdade de que todos nós duvidamos – pelo menos, subconscientemente – e se é falsa, então devemos ser elogiados por duvidar dela. Em ambos os casos, o incómodo está sempre presente.

De facto, embora não o vejamos em nenhum manual escolar, Darwin admitiu implicitamente algo que aumenta a inquietação em torno da sua teoria. Todas as seis edições do seu livro, *On the Origin of Species [A Origem das Espécies]*, incluem no final alguns parágrafos onde ele aborda a rejeição generalizada da sua teoria pelos seus colegas cientistas. Começa com uma pergunta: «Porque é que, pode perguntar-se, todos os naturalistas e geólogos mais eminentes da atualidade rejeitaram esta visão da mutabilidade das espécies?» A resposta, pensava ele, devia-se às suas mentalidades fechadas. Sentindo pouca esperança de abrir mais do que algumas dessas mentalidades, decidiu «olhar com confiança para o futuro, para os jovens naturalistas emergentes, que serão capazes de ver ambos os lados da questão com imparcialidade»[2].

Para grande surpresa do próprio Darwin, esta rejeição quase total da sua teoria transformou-se numa aceitação quase total em apenas alguns anos. Até à publicação da quinta edição do seu livro em 1869, a sua opinião pessimista original quanto à receção do seu trabalho não precisou de ser revista. Em 1872, apenas três anos mais tarde, a sexta edição acrescentava a esses parágrafos originais o seguinte comentário:

Como registo de um estado de coisas anterior, retive nos parágrafos anteriores, e noutros, várias frases que implicam que os naturalistas acreditam na criação separada de cada espécie; e fui muito censurado por me ter expressado desta forma. Mas, sem dúvida, essa era a crença geral quando a primeira edição da presente obra apareceu. Falei anteriormente com muitos naturalistas sobre o tema da evolução e nunca encontrei qualquer simpatia pelo tema. É provável que alguns até acreditassem na evolução, mas ou se calavam, ou se exprimiam de forma tão ambígua que não era fácil entender o seu significado. Agora, as coisas mudaram completamente e quase todos os naturalistas admitem o grande princípio da evolução[3].

O que poderia causar uma inversão tão súbita da opinião científica? Será que uma nova descoberta científica surgiu no final da década de 1860 ou no início da década seguinte, algo suficientemente sólido para convencer os céticos de que Darwin tinha afinal razão? É claro que não, pois Darwin certamente teria citado uma descoberta tão decisiva. Mas se a ciência em si não foi a causa da mudança, então o que foi?

Quer tivesse pretendido ou não, Darwin revela aqui que a *pressão dos seus pares* faz parte da ciência, acontecendo nos bastidores, à medida que os vários interesses científicos competem uns contra os outros por influência. Se é um facto histórico evidente que os especialistas não estavam do lado de Darwin no início da década de 1860, então porque teria ele sido «muito censurado» pelos seus pares por o ter dito? É como se os seus colegas quisessem que qualquer menção à oposição fosse eliminada dos registos, agora que essa oposição se tinha desvanecido. Darwin resistiu à pressão exercida sobre ele naquela ocasião, mas e se outros, talvez sob pressão ainda maior, fossem menos capazes de resistir? Será que a anterior incapacidade de alguns cientistas para manifestar o seu apoio à teoria de Darwin – o silêncio e a ambiguidade de expressão a que Darwin se referia – foi também o resultado da pressão dos pares? E, nesse caso, será que a súbita mudança a favor de Darwin foi mais uma mudança de poder do que uma mudança de mentalidades – uma súbita inversão do fluxo da corrente?

Temos boas razões para considerar esta possibilidade. A questão de saber o que controla a corrente – porque flui desta forma e não daquela, e porque muda quando muda – é tão importante agora como era naquela altura. Se os cientistas de ontem eram tão influenciados por fatores humanos como por dados, não será isto igualmente verdade para os cientistas de hoje? E, se for verdade, o que é que isso significa para a sabedoria apreendida dos nossos dias, que defende que a visão evolucionista é a única que vale a pena levar a sério?

Se refletirmos mais sobre o funcionamento da ciência, veremos que as raras pessoas que se opõem à corrente são as que devem ser observadas.

Heróis Desajustados

Felizmente, todas as gerações têm uma mão-cheia de rebeldes que são impelidos a fazer exatamente isso. Uma contracorrente de incómodo flui destes desajustados em ondas refrescantes. Um dos mais belos exemplos que encontrei é um homem chamado Thomas Nagel, professor de filosofia na Universidade de Nova Iorque. É um ateu muito invulgar, autor de um livro soberbo e inovador intitulado *Mind and Cosmos: Why the Materialist Neo-Darwinian Conception of Nature Is Almost Certainly False*[4] [«Mente e Cosmos: Por que razão a conceção materialista neodarwinista da natureza é muito provavelmente falsa»].

Para fornecer algum contexto, a bandeira que há muitas gerações se ergue sobre a academia do ensino superior é a de uma vasta escola de pensamento conhecida como *materialismo*[5]. O significado aqui não é o mais usado (uma obsessão por carros vistosos ou roupas caras), mas sim a visão de que a matéria – o objeto da física – está subjacente a tudo o que é real. Mesmo que não usem este termo, os ateus tendem a subscrever a visão materialista da realidade, acreditando que Deus é um produto da imaginação humana, que eles acreditam ser um produto da evolução material. Os teístas, por outro lado, acreditam no contrário – que o Universo material foi trazido à existência por Deus, que não é material. Ambos os pontos de vista aceitam a realidade do mundo físico, mas um vê-o como a única realidade, enquanto o outro, não.

Em ambos os lados desta contenda, pensa-se que um diálogo construtivo é inútil porque todos os que estão do outro lado são reféns de uma ilusão. Na prática, porém, acho que os ateus são mais suscetíveis a esse pensamento. Os ateus têm uma tendência acentuada para o *cientismo*, que é a crença de que a ciência é a única fonte fiável da verdade. Por isso, é perfeitamente compreensível que a crença em Deus lhes pareça uma ilusão – como se as pessoas de fé deixassem que os seus corações se sobrepusessem às suas cabeças. Embora as pessoas sérias de fé (eu incluído) saibam que isto é um equívoco, a nossa compreensão holística da crença e do comportamento humanos inclui certamente o coração e a cabeça. Admitimos plenamente que a emoção pode atrapalhar o pensamento lúcido, mas reconhecemos isto como uma condição geral da natureza humana e nunca o apresentaríamos como uma fraqueza particular do ateísmo, tal como muitos ateus o apresentam como uma fraqueza particular do teísmo.

Dois -ISMOS que vale a pena recordar

materialismo:
a crença de que a matéria física está subjacente a tudo o que é real

cientismo:
a crença de que a ciência é a única fonte fiável da verdade

Voltando a Thomas Nagel, como é possível adivinhar pelo título do seu livro, não estamos perante o típico ateu. O mais importante é que ele rejeita categoricamente o *cientismo* simplista a que tantos ateus ainda se agarram. O seu ateísmo é orientado pelo coração, e não tem medo de o dizer:

> *Quero que o ateísmo seja verdadeiro e sinto-me incomodado pelo facto de algumas das pessoas mais inteligentes e bem informadas que conheço serem crentes religiosos. Não é apenas por eu não acreditar em Deus e, naturalmente, esperar que esteja certo na minha crença. É que espero que não exista Deus! Não quero que haja um Deus, não quero que o Universo seja assim.*

> *O meu palpite é que este problema de autoridade cósmica não é uma condição rara e que é responsável por grande parte do cientismo e reducionismo do nosso tempo. Uma das tendências que apoia é o uso excessivo e ridículo da biologia evolutiva para explicar tudo sobre a vida, incluindo tudo sobre a mente humana*[6].

Sendo um conceituado filósofo do pensamento, Nagel muda de facto o debate com esta versão suave de ateísmo. À luz do seu exemplo, os pensadores ateus já não se podem dar ao luxo de presumir que a sua visão do mundo funciona de alguma forma – que as moléculas mortas formaram de alguma maneira a vida simples e que a vida simples de alguma forma nos criou, apesar de todas as dificuldades óbvias. E também não se podem dar ao luxo de rejeitar todos os argumentos contra o ateísmo com base em preconceitos religiosos. Os pensadores teístas, por seu lado, já não podem presumir que o ateísmo gera necessariamente desprezo pela fé.

Nagel é a prova viva de que o incómodo resultante da honestidade nua e crua não se compara à recompensa de nos envolvermos seriamente nos assuntos que mais nos preocupam – um princípio que nos será muito útil ao iniciarmos juntos a nossa viagem. Não precisa de formação especial para se juntar a esta expedição. Tudo o que precisa é de uma dose saudável de curiosidade e de tolerância, ao nível de um bom incómodo – aquilo que sentimos quando desafiamos afirmações que devem ser desafiadas.

A Grande Questão

Mais uma vez, essa grande questão sobre a nossa origem une--nos – não porque concordemos com a resposta, mas porque devíamos todos concordar com a importância de encontrar a resposta. Ao longo da história, esta tem sido a principal pergunta das pessoas que procuram compreender: *qual é a fonte de onde tudo o resto veio*? Ou, mais especificamente: *a que ou a quem devemos a nossa existência*? Este tem de ser o ponto de partida para as pessoas que levam a vida a sério – cientistas e não cientistas. Não podemos descansar sem a resposta, porque absolutamente tudo o que é importante está dependente dela. Saber de onde tudo veio é saber de onde viemos, e de onde viemos tem tudo que ver com quem somos, e quem somos tem tudo que ver com a forma como devemos viver.

A grande questão

A que ou a quem devemos a nossa existência?

Se tudo correr bem, a nossa viagem neste livro levar-nos-á à resposta. Saberemos que chegámos quando tivermos uma resposta que não só parece ser a verdade, mas que também se distinga por ser a única resposta que parece ser a verdade. Não deve haver nenhuma alternativa credível. Um mapa ser-lhe-á útil para começar. O meu objetivo nos próximos quatro capítulos não é responder à grande questão, mas sim mostrar onde devemos procurar a resposta. O capítulo 2 introduzirá a intuição que cria um conflito interno em todos nós ao contrariar as afirmações de Darwin. Esta *intuição de design*, como a iremos designar, é a mesma intuição que Crick queria que suprimíssemos. Os capítulos 3 e 4 serão um breve relato das lições inesperadas que aprendi enquanto procurava uma solução científica para este conflito interno. Essas lições não eram sobre as proteínas que eu estava a estudar, mas sobre as pessoas com quem interagi ao longo do caminho – na verdade, sobre as pessoas em geral. Munidos dessas lições, veremos no capítulo 5 que a resposta que procuramos não se encontra na ciência técnica, mas em algo muito mais familiar – algo a que chamo ciência comum. Haverá muitos vislumbres de ciência técnica ao longo do caminho, mas todos eles serão apresentados tendo em mente o leitor não técnico. No final, veremos que o domínio de assuntos técnicos não é de todo necessário para sabermos a resposta à grande questão. A ciência comum será perfeitamente adequada.

A secção seguinte do livro – capítulos 6 a 9 – será uma viagem pelos aspetos importantes da ciência comum. O objetivo do capítulo 6 será proporcionar uma melhor compreensão do que é a vida e do que não é, o que se revelará útil à medida que avançarmos para a questão de saber de onde veio a vida. O capítulo 7 será uma refutação, pela ciência comum, da ideia de que a seleção natural explica como a vida surgiu nas suas inúmeras e extraordinárias formas. Com a seleção natural fora da equação, o capítulo 8 será uma exploração da busca, mostrando que as muitas invenções necessárias para a evolução de novas formas de vida teriam de ser encontradas acidentalmente. O capítulo 9 terminará a secção mostrando porque é que a invenção não pode acontecer dessa forma. A intuição que Crick queria que suprimíssemos acabará por ser confirmada.

Mas tudo isto só nos diz o que não é a resposta à nossa questão. Para chegarmos a uma compreensão satisfatória do que é a resposta, teremos de ir um pouco mais longe na nossa viagem. No capítulo 10, voltaremos à questão do que é a vida, vendo-a desta vez através da lente da invenção. Os dois capítulos seguintes, 11 e 12, servirão como uma verificação da realidade, primeiro analisando cuidadosamente se nos esquecemos de alguma coisa ao rejeitar a explicação evolutiva da vida e, depois, perguntando se a defesa da evolução por parte da comunidade científica parece ser mais uma «coisa da ciência» ou uma «coisa da cultura». Finalmente, os capítulos 13 e 14 completam a nossa viagem. Aí, examinamos mais profundamente a natureza da vida e da humanidade, conduzindo a uma imagem clara da resposta à grande questão – após a qual ofereço um vislumbre do que espero ser a biologia num futuro não muito distante, depois de muitas pessoas se juntarem a nós nesta viagem.

CAPÍTULO 2

O CONFLITO INTERNO

Em 1986, pouco tempo depois de ter desafiado os pressupostos subjacentes a essa pergunta num exame do Caltech, durante a aula de bioquímica tive um momento «heureca!» que mudou a minha carreira. Anteriormente, enquanto estudante de engenharia em Berkeley, tinha aprendido algo chamado ciclo de *feedback*. A ideia básica é simples, embora seja frequentemente necessária uma destreza considerável para a implementar eficazmente. Considere um exemplo familiar: o termóstato utilizado para controlar a temperatura em sua casa. Fatores como o tempo no exterior ou o facto de estar a cozinhar no interior da casa contrariam muitas vezes o seu objetivo de manter a casa a uma temperatura confortável. A função do termóstato é contrariar essas perturbações, medindo constantemente a temperatura interior e ativando o aquecimento ou o ar condicionado conforme necessário. Assim, a temperatura medida é utilizada como informação em tempo real (*feedback*) por um decisor automático (o termóstato) para controlar a própria coisa que está a ser medida: a temperatura. Por muito simples que isto pareça, torna-se muito mais complicado quando é necessário manter sob controlo processos altamente ativos e complexos. Sabendo que a química que ocorre dentro das células em crescimento é exatamente isso – altamente ativa e complexa –, fiquei espantado quando o meu professor de bioquímica revelou a elegância dos decisores automáticos que trabalham à escala molecular para manter os vários químicos da vida nos níveis certos! A ligação com a engenharia era tão óbvia e deliciosa, que mal consegui conter uma gargalhada.

Como que antecipando a minha reação, o professor foi rápido a atribuir estes engenhosos decisores moleculares a processos evolutivos não direcionados. A sua mensagem era clara: por muito notáveis que estes sistemas de controlo molecular pudessem ser, não deviam ser considerados mais do que acidentes naturais – tal como tudo o resto na biologia.

O quê?

Eu não acreditei nele. Sabia – pelo menos, intuitivamente – que nenhuma sequência de acidentes podia ser tão inteligente. Ao mesmo tempo, senti o peso da autoridade científica a apoiar a sua interpretação e opondo-se à minha. Repare que aqui uso a palavra *autoridade* em vez de provas. Ele era o professor; eu era o estudante. Ele podia ter enchido a sala com colegas ilustres que concordavam com o seu ponto de vista, enquanto eu nem sequer conhecia estudantes que concordassem com o meu. E, no entanto, apesar de todas as afirmações que tinha ouvido em palestras e lido em manuais sobre o poder inventivo do processo evolutivo de Darwin, não tinha visto uma base científica convincente para essas afirmações. Tanto quanto sabia, ninguém tinha mostrado como é que as coisas espantosas da vida podiam ser invenções acidentais em vez de intencionais.

Estava ciente, é claro, da montanha de livros e artigos técnicos em que os factos da biologia eram interpretados através da lente da evolução, e sabia que muitas pessoas viam precisamente neste enorme corpo de literatura a prova documentada que eu procurava. Eu, no entanto, via esta montanha apenas como uma confirmação (se é que era necessária alguma) de que a lente evolutiva era dominante nas ciências da vida. No fim de contas, inúmeras ideias ganharam grandes seguidores e geraram pilhas de livros, mas ninguém é ingénuo o suficiente para pensar que todas essas ideias devem, portanto, ser verdadeiras. Não, eu andava à procura de outro tipo de provas – daquelas que têm o poder de persuadir pessoas que inicialmente não estão de acordo. E naquela montanha de literatura evolutiva nada se assemelhava a isso. Nenhuma forma de ceticismo contra Darwin era considerada com seriedade. Eu sabia disso porque era um deles.

Assim, como cético de Darwin, comecei a planear fazer eu mesmo a pesquisa. Embora tivesse de estar disposto a que me provassem que estava errado, o meu forte palpite era que os resultados deste trabalho iriam inverter a corrente do consenso científico. Se o fluxo da corrente já tinha sido invertido antes, pensei que poderia ser invertido novamente. Sabia que havia riscos, mas o meu motivo para prosseguir era demasiado forte para ser ignorado. A contradição preocupante entre o que a voz do consenso científico me dizia e o que a voz da minha própria intuição me dizia – *o conflito interno* – tinha de ser resolvida. E foi exatamente isso que me propus fazer.

No entanto, tenho em mente algo ainda maior para este livro. Aqui, espero resolver o mesmo conflito para si. Existe em todos nós, até certo ponto. Partilhamo-lo na medida em que partilhamos a intuição de que a vida não pode ser um acidente. E, para todos nós, a compreensão é o que elimina a contradição. Contudo, a compreensão técnica pode ser esmagadora para muitos de nós; por isso, embora ofereça vislumbres do que considero ser a ciência técnica decisiva, não vou transformar isto numa aula de ciência. Em vez disso, a ciência comum será o fio condutor de tudo. Para nos prepararmos para isso, comecemos com uma experiência realizada na cozinha e não no laboratório.

Começando pela Sopa

Uma equipa de investigadores em ciências culinárias descobriu recentemente uma sopa nova e revolucionária a que chamou de *sopa de oráculos*, referindo-se aos oráculos (revelações misteriosas) que os gregos antigos procuravam obter dos seus deuses. De facto, se esta sopa fosse conhecida no tempo de Homero, teria sido certamente atribuída a um deus poderoso. Parece-se com a sopa de letras – um caldo ralo com pequenas letras e números de massa a rodopiar –, mas esta «sopa dos deuses» distingue-se pelo que faz, tal como mostra esta receita experimental:

1. Encha uma panela grande com sopa de oráculos.
2. Tape a panela e leve a sopa a ferver.
3. Retire a panela do lume e deixe a sopa arrefecer.
4. Levante a tampa para revelar instruções completas para construir algo novo e útil, digno de uma patente – tudo escrito em letras de massa.
5. Repita a partir do passo 2 as vezes que desejar.

Você não acredita numa palavra disto, claro, e é precisamente esse o meu objetivo. Na verdade, esta foi uma experiência de contar histórias em vez de uma experiência culinária. Você foi o meu sujeito experimental (desculpe lá), mas agora quero que examine o resultado. O que é que observou? Bem, no espaço de um ou dois momentos, decidiu com total confiança que a sopa de oráculos não pode ser real – você e toda a gente que leia este relato.

Curiosamente, porém, apesar da nossa certeza coletiva sobre este assunto, a maioria das pessoas tem dificuldade em explicar como é que sabe que a sopa de oráculos não pode ser real. As nossas explicações tendem a ser nada mais do que reafirmações da nossa convicção de que uma sopa simplesmente não pode fazer tais coisas. As crianças contentam-se com essas garantias, mas os adultos deveriam certamente ser capazes de fazer melhor. Então, o que nos faz ter tanta certeza de que a sopa de oráculos não é real?

Para fazer uma pergunta relacionada, como é que a sopa de oráculos faria sentido se fosse real? Se refletirmos um pouco sobre esta questão, penso que concordaremos que nenhuma explicação vulgar pareceria adequada para algo tão extraordinário. Mas, se isto é verdade, como pode a explicação evolutiva da vida não provocar o mesmo ceticismo? De acordo com Darwin, cada forma de vida deve a sua existência a uma longa sucessão de acasos – pequenos erros, daqueles que só acontecem de vez em quando. Qualquer pessoa que deseje uma visão mais transcendente da vida pode atribuir esses acasos a Deus, se quiser, mas o argumento de Darwin, defendido pelos biólogos evolucionistas até hoje, é que ninguém precisa de o fazer. Por muito habilmente que o pincel da seleção natural pareça ter escolhido tons da paleta de mutações genéticas e os tenha aplicado na tela da vida, não há necessidade de pensar que uma mão pessoal alguma vez guiou esse pincel. Também podemos acreditar que Deus guia cada gota de chuva que cai no chão. O facto é que as gotas de chuva se formam e caem de acordo com certas leis, bem conhecidas da física, pelo que nada relacionado com a chuva deve fazer com que alguém se sinta desconfortável em deixar as coisas como são. A chuva acontece. A vida acontece.

A chuva vem das nuvens, enquanto a vida, segundo a especulação de Darwin, veio originalmente da sopa. Não da sopa de oráculos, mas da *sopa primordial* – a «pequena lagoa quente» que ele descreveu numa carta ao seu amigo Joseph Hooker em 1871[1]. Ora, se as minhas afirmações sobre a sopa de oráculos eram suspeitamente extravagantes, é difícil perceber como as afirmações de Darwin sobre a sopa primordial conseguem evitar uma suspeita semelhante. Acreditar na sopa primordial é, afinal, acreditar que uma poça de água mineral desencadeou um processo que acabou por produzir não só as instruções genéticas contidas em todas as formas de vida na Terra, mas também inúmeras maravilhas que vão muito além de meras instruções – maravilhas reais, como cérebros e olhos compostos e sistemas imunitários adaptáveis e máquinas moleculares submicroscópicas, para citar apenas algumas.

Por outras palavras, o aspeto mais peculiar do darwinismo não é o facto de colher os louros por coisas que parecem demasiado extraordinárias para serem explicadas, mas sim que a explicação oferecida parece demasiado vulgar para o trabalho realizado. O relato da sopa de oráculos é peculiar apenas no primeiro aspeto, e isso foi suficiente para o rejeitarmos. O nosso ceticismo certamente persistiria mesmo que assistíssemos a uma demonstração da sopa de oráculos em ação, porque continuaríamos a achar mais fácil rejeitar a demonstração como fazendo parte de um truque inteligente do que aceitar a ideia da existência de um poder misterioso a atuar na sopa. Apenas se a sopa de oráculos conseguisse resistir a todas as tentativas dos céticos especialistas para a desmistificar é que aceitaríamos, com relutância, a ideia da presença de um poder misterioso – cuidadosamente juntando mensagens com as letras de massa. De facto, é difícil imaginar de que outra forma poderíamos aceitar as provas. O que é absolutamente certo é que nunca aceitaríamos as causas comuns da física e do acaso como explicações, porque essas causas são claramente inadequadas.

Para ser claro, não estou a sugerir que a falsidade da história da sopa de oráculos justifica a rejeição da história da sopa primordial. Há diferenças óbvias entre as duas, que examinaremos na devida altura. Por agora, estou apenas a dizer que, uma vez que aplicamos a mesma intuição a todos os relatos de ocorrências notáveis, não devemos ficar surpreendidos por descobrir que a história evolucionista parece por vezes contraintuitiva, mesmo para aqueles que a aceitam.

Numa coluna recente do *The Wall Street Journal,* Alison Gopnik, professora de psicologia em Berkeley, descreveu o desafio que isto representa para os professores de evolução. «Na idade da escola básica», escreveu ela, «as crianças começam a invocar um criador todo-poderoso para explicar a complexidade do mundo que as rodeia – mesmo as crianças educadas no ateísmo»[2]. De facto, Deborah Kelemen, professora de psicologia na Universidade de Boston, descobriu que mesmo os cientistas altamente treinados não conseguem libertar-se totalmente da sensação inata de que existe um propósito subjacente ao mundo vivo. Segundo ela, «embora a formação científica avançada possa reduzir a aceitação de explicações teleológicas cientificamente incorretas, não consegue apagar uma premente e precoce tendência humana para encontrar um propósito na natureza»[3]. Resta saber se o seu pressuposto materialista resistirá a um exame minucioso, mas a sua observação afirma claramente a universalidade e o poder desta *intuição de design*.

A *Intuição Universal de Design*

Sendo eu um cientista, reconheço a necessidade de ser cauteloso neste domínio. As intuições são coisas tão escorregadias que dificilmente conseguimos fazer delas uma descrição adequada em primeira mão, quanto mais uma descrição geral para toda a humanidade. Felizmente, podemos avançar com algo muito mais modesto. Daqui a pouco, apresentarei uma descrição plausível de como podemos decidir rapidamente que alguns resultados não podem ser explicados como acidentais. A questão de saber se o método que descrevo é o que realmente usamos é menos importante do que saber se justifica as nossas conclusões. Especificamente, queremos saber se a intuição que nos faz duvidar da teoria de Darwin é sólida. Se a resposta for sim, como penso que a nossa viagem confirmará, então a teoria de Darwin está em apuros, quer tenhamos ou não uma explicação totalmente satisfatória de como as intuições funcionam.

Com esta qualificação, penso que a intuição pela qual percecionamos de imediato que certas coisas são o produto de uma intenção deliberada está próxima da ideia de que algumas coisas são demasiado boas para ser verdadeiras. Esta expressão não significa que coisas benéficas não possam ocorrer naturalmente; significa que algumas coisas benéficas *não podem acontecer por acaso.* Elas nunca surgem do nada. Só acontecem se alguém as fizer acontecer. Aplicamos esta ideia aos esquemas de enriquecimento rápido, por exemplo, porque retratam o sucesso financeiro como se não exigisse qualquer habilidade ou esforço, quando a experiência nos diz o contrário. Isto sugere uma regra universal para decidir o que pode e o que não pode ser atribuído a causas acidentais, que passo a enunciar da seguinte forma:

> **A *intuição universal de design***
> As tarefas para as quais necessitamos de conhecimentos só podem ser realizadas por alguém que tenha esses conhecimentos.

Por outras palavras, sempre que pensamos ser incapazes de alcançar um resultado particularmente útil sem primeiro aprender a fazê-lo, julgamos que esse resultado é inatingível por acaso.

Mais uma vez, o facto de haver ou não uma forma-padrão de chegar a estes juízos não é crucial para o que se segue. Nem sequer temos de decidir ainda se a regra está correta tal como é enunciada. Para já, o importante é que todos chegamos a estes juízos, muitas vezes por unanimidade, e que esta regra se adequa razoavelmente bem a estes juízos. Utilizo o termo *intuição universal de design* – ou simplesmente *intuição de design* – para me referir a esta faculdade humana comum pela qual intuímos o *design.*

À medida que avançarmos, tornar-se-á claro que tenho em mente algo mais ambicioso. Pretendo demonstrar que a *intuição universal de design* é fiável quando usada corretamente e, além disso, que fornece uma refutação sólida à explicação de Darwin sobre a vida. Teremos de pensar para além das nossas intuições mais familiares para chegar a essa conclusão, mas os pontos de referência familiares manter-se-ão à vista durante a viagem. Se o destino puder ser alcançado dessa forma, como acredito que possa, então, depois de o leitor o ter alcançado, será plenamente capaz de conduzir outros pelo mesmo caminho. A *intuição de design* é absolutamente simples. Sabe fazer uma omelete ou abotoar uma camisa? Sabe embrulhar um presente? Consegue pôr lençóis numa cama? Tarefas como estas são tão comuns que pouco pensamos nelas e, no entanto, não nascemos com a capacidade de as fazer. A maior parte da formação que recebemos ocorreu tão cedo na vida, que podemos ter dificuldade em recordá-la, mas basta olhar para um jovem ainda nos anos de formação para nos lembrarmos de que todos tivemos de ser ensinados. Quer tenhamos aprendido estas competências por nós próprios ou sido ensinados por outros, a questão é que esse conhecimento tinha de ser adquirido sob a forma de *know-how* prático. Todos os dias, a experiência mostra-nos constantemente que mesmo tarefas simples como estas nunca se realizam sozinhas. Se ninguém fizer o pequeno-almoço, então o pequeno-almoço fica por fazer. O mesmo se aplica à limpeza depois do pequeno-almoço, a fazer a cama, etc.

Claro que isto não é nada de novo. Plutarco, um historiador grego do século I, captou muito bem a *intuição universal de design* num ensaio intitulado «Fortuna» (que significa acaso):

> *Mas será que as coisas mais importantes e mais essenciais para a felicidade não requerem inteligência, nem têm qualquer parte nos processos da razão e da previsão? Ninguém molha o barro com água e o abandona, supondo que por acaso e acidentalmente surgirão tijolos, nem depois de se munir de lã e couro se senta a rezar ao Acaso para que eles se transformem num manto e em sapatos*[4].

De acordo com a *intuição de design*, nem os tijolos nem os sapatos são feitos a não ser que alguém os faça. Por muito familiar que esta intuição seja, acaba por ter implicações enormes nas origens biológicas, porque as alegadas exceções estão muito concentradas nesse ponto. E que exceções dramáticas elas são! Os tijolos não são feitos até que alguém os faça (ou, atualmente, até que alguém faça a máquina que os faz), mas depois dizem-nos que, de alguma maneira, coisas muito mais complexas, como libélulas e cavalos, foram feitas sem que ninguém as fizesse.

Se pensa que este enigma tem uma solução que deixa a biologia evolutiva intacta, espero convencê-lo do contrário antes do fim da nossa viagem. Para abrir o seu apetite para o que está por vir, passe um momento a contemplar um contraste impressionante de complexidade. No extremo inferior da escala, estão as muitas tarefas simples e quotidianas que requerem muito pouca reflexão, como fazer a cama, mas que sabemos por experiência que nunca são realizadas sem que alguém trabalhe para as realizar. Estas coisas são demasiado simples para nos fascinarem, mas evidentemente demasiado complicadas para serem feitas por acidente. Esta constatação parece justificar o nosso sentimento de que nada de impressionante acontece por acaso.

Muito acima destas coisas simples estão os pináculos da tecnologia humana, como os robôs, os satélites de comunicações e os *smartphones*, que também sabemos não poderem surgir por acaso. Por fim, no ponto mais alto da escala de complexidade estão as verdadeiras obras-primas – coisas como beija-flores e golfinhos –, todas elas vivas, todas iludindo os nossos melhores esforços para as compreender. Alguns tecnófilos gostam de pensar que o engenho humano produzirá um dia algo igual a eles, e certamente que coisas boas virão da resposta a esse desafio. Para mim, porém, sendo também um tecnófilo, essas obras-primas parecem-me verdadeiramente intocáveis.

Tenciono dar-lhe uma melhor noção do que quero dizer com isto mais adiante na nossa viagem. No entanto, o próximo passo para resolver o conflito interno será compreender melhor o que é realmente esta coisa a que chamamos «ciência». Para isso, concentrar-nos-emos menos nas questões científicas e mais na cultura científica, no seio da qual essas questões são suscitadas e respondidas.

CAPÍTULO 3

A CIÊNCIA NO MUNDO REAL

Determinado a resolver o conflito entre a *intuição de design* e a teoria de Darwin, passei grande parte do meu tempo livre entre 1988 e 1990 – o final dos meus anos de doutoramento – a ler o máximo que podia sobre evolução. Queria saber quem mais estava a ir contra a corrente, e fui encorajado a encontrar alguns prestigiados céticos. Vários destes céticos tinham dado palestras num simpósio organizado em Filadélfia, em 1966, sob o título «*Mathematical Challenges to the Neo-Darwinian Interpretation of Evolution*» [«Desafios matemáticos à interpretação neodarwinista da evolução»]: Marcel Schützenberger, da Universidade de Paris; Stanislaw Ulam, do Laboratório Nacional de Los Alamos; Murray Eden, do MIT – pessoas que não são facilmente ignoradas. As suas palestras, transcritas e publicadas no ano seguinte[1], apresentavam pensamentos em várias fases de aperfeiçoamento. Estes pequenos documentos não tinham o peso de projetos de investigação concluídos, mas, na minha opinião, demonstravam amplamente a necessidade de tais projetos. O próprio facto de cientistas «sérios» estarem a pensar e a exprimir estes pensamentos antidarwinistas era intrigante.

Um pouco preocupante era o facto de, aparentemente, nos vinte e poucos anos que decorreram entre o simpósio e a minha leitura do mesmo, nada de tão saudável como aquele encontro ter voltado a acontecer. Era como se, de alguma forma, uma linha grandiosa de pensamento não tivesse sido autorizada a continuar o seu curso. Naqueles anos, alguns livros corajosos desafiaram a história da evolução em bases científicas, nomeadamente *Evolution: A Theory in Crisis* [«Evolução: Uma teoria em crise»], de Michael Denton, publicado em 1985[2]. Mas a aparente ausência de qualquer reunião de cientistas, nalguma consagrada instituição científica, para levar por diante esta crítica à teoria de Darwin sugeriu-me que o *establishment* científico não era de todo favorável a ela. O que tinha acontecido em Filadélfia no final da década de 1960 parecia, de qualquer modo, não ser possível em lado nenhum no final da década de 1980. Para mim, esta estranha oposição, se é que era isso mesmo, tornava o trabalho oposto ainda mais atrativo. Para lá da óbvia importância intelectual, havia a adrenalina, do género de desportos perigosos, que advém de ser um renegado científico.

Eu estava decidido. Se a oposição me impedia de declarar abertamente o meu objetivo ao enveredar por esta carreira perigosa, então manteria o meu objetivo em segredo.

Pequenos *Designs*

O que achei mais intrigante no pequeno conjunto de literatura técnica que desafiava a teoria de Darwin era a improbabilidade de os caracteres se organizarem em longas sequências funcionais de forma acidental. Foi exatamente isto que nos fez suspeitar tanto da sopa de oráculos. Aí, os caracteres eram letras do alfabeto e as sequências funcionais eram instruções escritas. Sabíamos intuitivamente que o arranjo acidental de letras de massa em instruções é tão fantasticamente improvável que não pode acontecer.

A mesma intuição – a *intuição de design* – aplica-se a sequências funcionais construídas a partir de qualquer tipo de conjunto de caracteres, desde os zeros e uns do código informático até aos hieróglifos da Pedra de Roseta. De uma forma fascinante, os alicerces moleculares da vida fornecem mais dois exemplos excelentes: sequências de genes e sequências de proteínas.

Em breve, falaremos dos genes. Quanto às proteínas, são as moléculas responsáveis pela maioria das atividades celulares da vida. Por analogia, se compararmos uma célula a um carro, então as moléculas de proteínas individuais no interior da célula são como as partes mecânicas individuais do carro – as proteínas são cruciais para a vida. Cada molécula de proteína é uma longa cadeia de «caracteres» ligados entre si, chamados aminoácidos. Estes aminoácidos são pequenas moléculas com conectores-padrão em ambas as extremidades e uma parte saliente no meio. Os vinte aminoácidos naturais diferem apenas nestas partes salientes, a que chamarei apêndices (ver figura 3.1)[3]. Se a sequência de aminoácidos ao longo de uma cadeia proteica recém-criada tiver as propriedades certas, toda a cadeia se dobra automaticamente (ou quase[4]) dentro da célula para formar uma estrutura tridimensional compacta. À semelhança das esculturas de arame feitas a partir de fios individuais, as proteínas podem assumir muitas formas diferentes, mas, ao contrário de um fio de arame, a maioria das moléculas de proteínas tem uma preferência por uma única forma dobrada, cujos pormenores são cruciais para a sua função. Tal como as peças de uma máquina têm de ser moldadas corretamente para desempenharem as suas várias funções, o mesmo acontece com as proteínas.

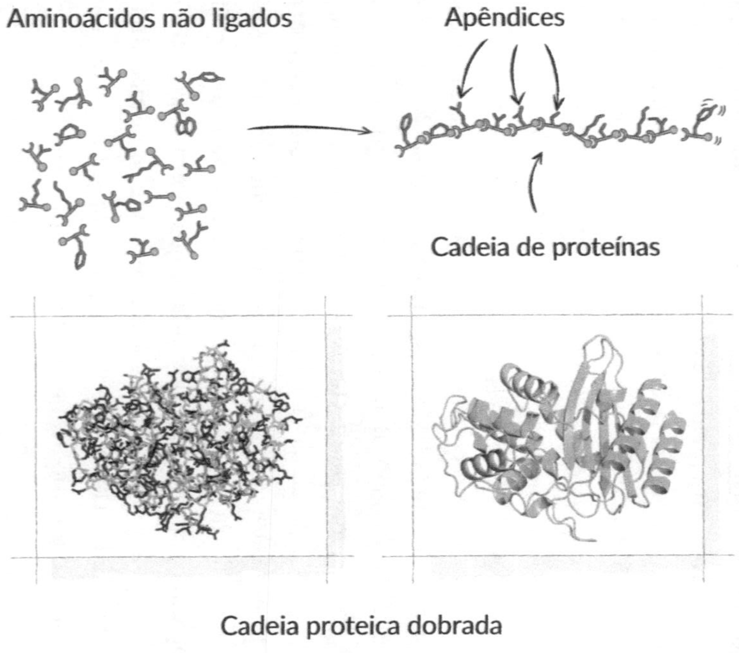

Figura 3.1 A construção de proteínas a partir de aminoácidos. A maioria das células vivas utiliza o mesmo conjunto básico de vinte aminoácidos representado no canto superior esquerdo (com licença artística). Os aminoácidos são ligados um a um na sequência exata especificada por um gene, para formar uma molécula longa e flexível em forma de cadeia (canto superior direito). As sequências de aminoácidos especificadas pela maioria dos genes naturais têm a propriedade altamente especial de fazer com que toda a cadeia se dobre numa estrutura tridimensional bem definida, um exemplo da qual é mostrada no canto inferior esquerdo. Os cientistas usam representações simplificadas para facilitar a visualização das características destas estruturas proteicas dobradas, sendo a mais comum o diagrama de fita, mostrado para a mesma proteína (chamada betalactamase) no canto inferior direito. Cada espiral num diagrama de fita representa um elemento da estrutura, chamado hélice alfa, e cada seta representa uma cadeia beta. Estes dois elementos constituem a maioria das estruturas de todas as proteínas, sendo as ligações entre os elementos chamadas voltas ou laços. Embora os laços pareçam frouxos, como esparguete, normalmente têm uma estrutura firmemente fixa, tal como o resto da proteína.

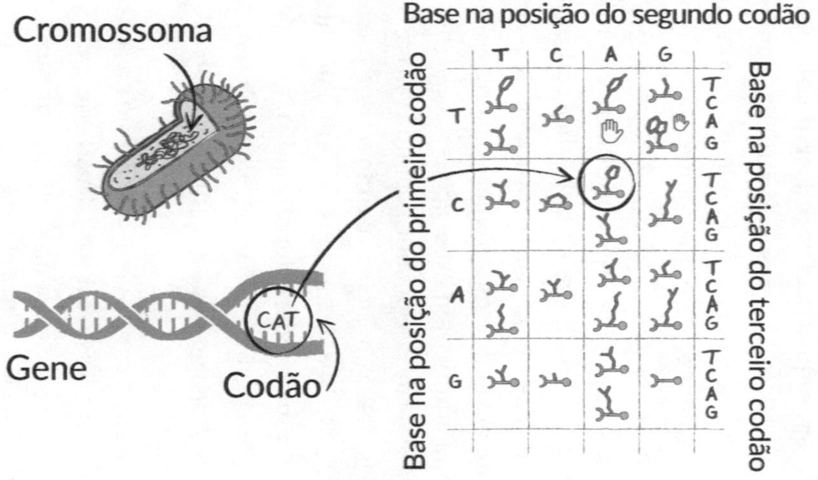

Figura 3.2 Os genes e o código genético que as células utilizam para os traduzir. Para os nossos propósitos, pense num gene como um trecho de ADN cromossómico. As cadeias de ADN são feitas de caracteres que, tal como os aminoácidos, diferem nos seus apêndices. Os apêndices do ADN são designados por bases. Uma vez que estas bases existem apenas em quatro tipos (representadas pelas letras A, C, G e T), é necessário um grupo de três bases consecutivas, chamado codão, para especificar qualquer um dos vinte aminoácidos[5]. Um sistema molecular altamente sofisticado, envolvendo cerca de cem proteínas especializadas, é utilizado para interpretar cada uma das 64 sequências de codões possíveis como especificação de um dos vinte aminoácidos (ou o fim da cadeia proteica, representado pelo símbolo da mão). O resultado final é o conjunto de «significados» de codões a que chamamos código genético, muitas vezes representado em forma de tabela, como mostrado.

A forma preferida de cada proteína acaba por ser especificada pela sequência de aminoácidos ao longo da sua cadeia. Mas isso levanta uma questão interessante: como é que as células «sabem» quais devem ser essas sequências? A resposta está nos genes e no código genético. Cada molécula de proteína é construída através da ligação de aminoácidos de acordo com as instruções de sequência transportadas por um gene. Mas há um truque para ler estas instruções genéticas. O ADN é constituído por quatro tipos de caracteres ligados em sequência, enquanto as proteínas são constituídas por vinte caracteres de aminoácidos ligados em sequência. Por conseguinte, é necessário um código para que as células possam traduzir sequências de quatro em sequências de vinte. A vida tem precisamente esse código: o famoso código genético que foi decifrado no final da década de 1960 (ver figura 3.2).

À medida que se vai descobrindo a origem das proteínas, verifica-se que o código genético explica como as instruções de sequência das proteínas são codificadas nos seus genes. Mas isso levanta outra questão premente: como é que as várias formas de vida adquiriram estes genes necessários? Neste ponto, a nossa *intuição de design* choca com o consenso científico, que atribui os genes, as proteínas e tudo o resto a causas acidentais. Como disse Michael Denton: «O sentimento intuitivo de que o puro acaso nunca poderia ter atingido o grau de complexidade e engenho tão omnipresente na natureza tem sido uma fonte contínua de ceticismo desde a publicação de [*A Origem das Espécies*]»[6].

Este ceticismo surgia constantemente nas críticas à evolução que eu andava a ler no final da década de 1980. O livro de Denton descrevia o problema da seguinte forma:

De facto, há razões teóricas e empíricas para acreditar que as regras a priori *que regem a função numa sequência de aminoácidos são relativamente rigorosas. Se for esse o caso [...] isso significaria que as proteínas funcionais poderiam muito bem ser extremamente raras... uma vez que se pode facilmente demonstrar que não mais do que 10^{40} [1 seguido de 40 zeros] proteínas possíveis poderiam ter existido na Terra desde a sua formação, o que significa que, se as funções das proteínas residem em sequências menos prováveis do que uma em 10^{40}, torna-se cada vez mais improvável que quaisquer proteínas funcionais possam alguma vez ter sido descobertas por acaso na Terra*[7].

Resumindo, Denton achava provável que a ciência das proteínas estava prestes a refutar Darwin. Eu concordei, e queria mais do que tudo fazer esse tipo de ciência.

Em poucos anos, a busca dessa ambição levou-me a Cambridge, na Inglaterra. Trabalhando primeiro no Departamento de Química da Universidade de Cambridge, depressa me apercebi de que a oposição não era a única coisa que impedia os cientistas de resolverem a questão que Denton e outros tinham levantado. Os tipos de experiências necessárias eram fáceis de descrever em termos teóricos, mas acabavam por não ser tão fáceis de concretizar em termos práticos. A ideia básica era pôr à prova a afirmação de Denton de que «as proteínas funcionais poderiam muito bem ser extremamente raras». Para o fazer, seria necessária mais experiência e uma reflexão mais cuidadosa.

Em busca desta experiência, acabei por ir parar a outro grande centro de investigação em Cambridge, este com uma história bastante extraordinária.

A Humanidade do Génio

Alojado num edifício vulgar, que mais parecia uma caixa de tijolos, no extremo sul de Cambridge, estava o impressionante Laboratório de Biologia Molecular – o LMB. Poucos meses depois de abrir as suas portas, em 1962, o LMB podia gabar-se de ter entre os seus cientistas três prémios Nobel. Fred Sanger foi o único vencedor do prémio de Química, em 1958, pela sua descoberta da sequência de aminoácidos da insulina. O segundo e terceiro prémios foram ambos atribuídos em 1962, um a James Watson e Francis Crick por terem descoberto, juntamente com Maurice Wilkins, a estrutura de dupla hélice do ADN, e o outro a Max Perutz e John Kendrew por terem descoberto as primeiras estruturas proteicas. Muitos mais laureados do LMB com o Prémio Nobel foram nomeados desde então, mas o impulso intelectual que impeliu o laboratório para uma órbita elevada remonta ao sucesso explosivo daquele pequeno grupo inicial de pessoas, originalmente liderado por Max Perutz.

Em setembro de 1999, fiz uma visita a um gabinete no LMB que refletia o carácter do homem que o ocupava, humilde e arrumado. O Max estava à minha frente, ligeiramente curvado, apoiando-se num atril de madeira. As dores nas suas costas dificultavam-lhe a tarefa de se sentar. De facto, o seu corpo exibia todos os seus oitenta e cinco anos, mas a sua mente e o seu horário de trabalho eram os de um homem muito mais jovem. Apesar de há muito ter passado a liderança do LMB para outros, continuava a percorrer os corredores quase diariamente, mantendo-se a par das últimas investigações e até contribuindo para um projeto aqui e ali.

Figura 3.3 A «caixa de tijolos» que serviu de sede ao Laboratório de Biologia Molecular do Medical Research Council (MRC LMB) de 1962 a 2013.

Figura 3.4 Seis vencedores do Prémio Nobel nas cerimónias em Estocolmo, em 1962, quatro dos quais associados aos grupos de investigação que formavam o LMB nesse ano. Da esquerda para a direita, Maurice Wilkins, Max Perutz, Francis Crick, John Steinbeck, James Watson e John Kendrew. Crick e Watson, ambos associados aos grupos que formaram o LMB, partilharam com Wilkins o prémio de Fisiologia ou Medicina, enquanto Perutz e Kendrew – ambos líderes do LMB – partilharam o prémio de Química. Steinbeck recebeu o Nobel de Literatura.

Em cima do atril, estavam vinte e seis folhas de papel que representavam mais de um ano do meu trabalho. Eu estava a correr um risco calculado. Na altura, prevalecia a ideia de que as proteínas não eram particularmente exigentes quanto à sequência de aminoácidos ao longo das suas cadeias, e ainda menos exigentes quanto à identidade dos aminoácidos que acabam no exterior das suas estruturas dobradas. De acordo com muitos cientistas de então, tudo o que uma proteína precisava para se dobrar era de uma colocação apropriada de apêndices de aminoácidos que «gostam» e absorvem água e de outros que a repelem ao longo da cadeia. Uma vez que cerca de cinco dos vinte apêndices podem ser classificados como repelentes de água e cerca de sete podem ser classificados como «amantes» de água (os restantes situam-se entre estes dois extremos), o leitor pode ver como esta visão simplificada, se correta, tornaria muito mais fácil para a evolução encontrar sequências de aminoácidos que se dobram para formar novas estruturas proteicas (figura 3.5). Com efeito, a dificuldade de organizar vinte tipos de apêndices numa estrutura estável ficaria reduzida à dificuldade de organizar apenas três tipos de apêndices: os que gostam de água, os que repelem a água e os ambivalentes.

O meu artigo começava por ligar esta visão simplificada ao trabalho que o Max tinha feito no final da década de 1960. Mas eu sabia que esta ligação podia sair pela culatra, porque o resto do artigo descrevia experiências que mostravam claramente que a visão simplificada estava incorreta. Até eu achava este resultado surpreendente. As minhas experiências tinham sido realizadas com duas enzimas diferentes – o termo geral utilizado para proteínas que efetuam transformações químicas específicas. Tendo demonstrado, em 1996, que uma pequena enzima em particular continuava a fazer a sua química mesmo depois de todos os seus aminoácidos interiores terem sido aleatoriamente substituídos por alternativas que repeliam a água[8], eu tinha presumido que o exterior se contentaria com qualquer combinação de aminoácidos que gostam de água.

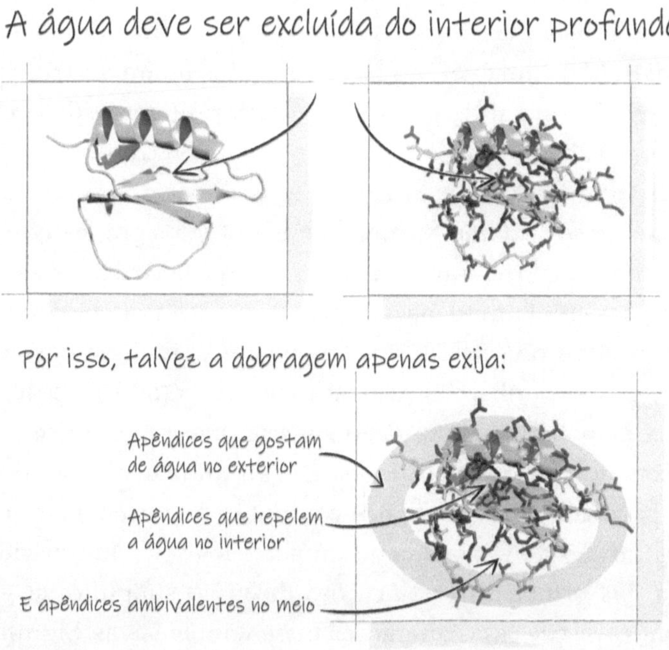

Figura 3.5 A visão simplificada da formação de uma estrutura proteica. As três imagens representam a mesma proteína de pequenas dimensões, denominada inibidor de quimotripsina[2]. O empacotamento em forma de sanduíche de uma hélice alfa num grupo de cadeias beta (chamado folha beta) é mostrado com os apêndices que estabilizam esta estrutura visíveis (direita) ou ocultos (canto superior esquerdo). O aspeto de «erva daninha» com os apêndices é enganador. Embora se possa ver através da proteína nesta representação em bastão, uma representação à superfície (veja a figura 7.5 para um exemplo) mostraria que a água não pode entrar no interior. A importância de excluir a água do interior colocando aí apêndices que repelem a água foi o que levou à visão simplificada.

Isto acabou por se revelar falso. Pouco depois de ter começado a experiência, tornou-se claro que ambas as enzimas que estava a testar ficavam completamente inativadas depois de apenas uma fração dos seus exteriores ter sido substituída de forma aleatória. Reagi reformulando os testes, substituindo cuidadosamente os aminoácidos exteriores em grupos de cinco ou dez, não ao acaso, mas com alternativas que eram as mais semelhantes. Mais uma vez, ambas as enzimas foram destruídas no processo, muito antes de os seus exteriores terem sido completamente substituídos.

O facto de as substituições de aminoácidos serem agora muito conservadoras tornou este resultado significativo, porque contradizia claramente a visão prevalecente. Estas duas proteínas eram muito mais exigentes quanto às identidades dos aminoácidos no seu exterior do que eu e a maioria dos outros cientistas supúnhamos e, além disso, o método pelo qual eu tinha demonstrado este facto sugeria que o mesmo se passava com outras proteínas. Em suma, eu tinha demonstrado que a capacidade de as proteínas continuarem a funcionar após a substituição de um pequeno número dos seus aminoácidos – uma das principais justificações da visão simplificada – não significava que essas alterações fossem inofensivas. Significava apenas que os danos ainda não tinham atingido o ponto de rutura. O ponto de rutura é sempre atingido à medida que são introduzidas mais alterações, mesmo as alterações de tipo conservador que eu estava a utilizar.

A minha esperança, durante a semana que decorreu entre entregar o meu trabalho ao Max e sentar-me para ouvir os seus pensamentos, era que qualquer inquietação que esta nova descoberta pudesse provocar nele fosse compensada pela sua apreciação da clareza do resultado. Se tudo corresse de acordo com o meu plano, sairia da sala com um forte apoio de um dos maiores cientistas vivos, o que certamente abriria caminho para que o meu trabalho fosse publicado numa revista científica de elite.

Mas não estava destinado. Ouvi educadamente enquanto o Max, num estado de ligeira agitação, se queixava de coisas que, na minha opinião, nada tinham que ver com a substância do meu trabalho. O homem que eu esperava impressionar estava irritado. «Fiquei muito desiludido com o nível da minha troca de impressões com o Max Perutz», escrevi a um amigo pouco tempo depois. Felizmente, outros especialistas viram o meu trabalho de forma mais favorável. Um deles, ele próprio um proeminente cientista de proteínas do LMB, descreveu as minhas descobertas como «surpreendentes e convincentes». Assim, depois de passar o teste de revisão pelos meus pares, o meu artigo foi publicado no *Journal of Molecular Biology* (*JMB*) em agosto de 2000[9].

Muito mais tarde, com a vantagem de anos de reflexão, cheguei a uma nova compreensão sobre o meu encontro com o Max. Por mais difícil que a nossa interação no seu gabinete tenha sido para mim, comecei a perceber que naquele dia ele me tinha mostrado algo mais importante do que tudo aquilo que eu esperava mostrar-lhe. O que aprendi parecerá demasiado óbvio para ser profundo e, de facto, embora seja óbvio, é uma daquelas verdades evidentes que facilmente perdemos de vista: Max Perutz, o pequeno gigante que ocupa merecidamente uma posição na história da ciência muito acima da maioria dos laureados com o Prémio Nobel, era tão humano como eu e o leitor.

De alguma forma, a atribuição de honras excecionais, a criação de fundos para bolsas de estudo e a inauguração de edifícios com o nome de uma pessoa, os retratos a óleo, bustos de mármore e selos postais com a imagem de uma pessoa, a morte da pessoa em carne e osso e o aparecimento de uma lenda para tomar o seu lugar... de alguma forma, os aspetos falíveis da humanidade com que mais facilmente nos relacionamos evaporam-se, deixando-nos com uma imagem que paira a meio caminho entre o Céu e a Terra, nem suficientemente divina para ser adorada nem suficientemente humana para ser abraçada.

Talvez esta tendência para idolatrar as lendas da ciência esteja ligada a uma visão distorcida de todo o empreendimento científico. Muitos de nós, incluindo eu, aceitámos a ideia de que a ciência, embora praticada por humanos, conseguiu livrar-se das falhas humanas que deixam a sua marca em qualquer outro empreendimento humano. A pureza da ciência é garantida pelo rigor do «método científico», pensamos nós.

O astrofísico Neil deGrasse Tyson descreveu esta visão utópica da seguinte forma no primeiro episódio da série televisiva «Cosmos: Uma Odisseia no Espaço-Tempo»:

> *Esta aventura é possível graças às gerações de investigadores que cumprem rigorosamente um conjunto de regras simples: teste ideias através da experimentação e da observação; desenvolva as ideias que passarem no teste; rejeite as que falharem; siga as provas onde quer que elas o levem; e questione tudo. Aceite estas condições e o cosmos é seu*[10].

Tudo isto soa muito bem. E se as ideias pudessem ser testadas com um medidor, da mesma forma que as baterias e os fusíveis, então as regras simples de Tyson funcionariam. Contudo, se tencionamos questionar tudo, talvez devêssemos começar por questionar se os testes realizados por humanos sobre as ideias humanas podem realmente ser tão simples, tendo em conta a complexidade dos seres humanos.

Em nenhum outro lugar esta complexidade é mais evidente do que na discussão das grandes ideias que afetam a forma como vivemos, porque aí descobrimos que toda a gente – incluindo os cientistas – têm uma opinião fortemente enraizada. E as ideias mais relevantes são aquelas que oferecem respostas à questão mais importante sobre como chegámos aqui. Claro que devemos confiar na comunidade científica para nos dizer quantas luas orbitam Neptuno ou quantos protões estão presentes no núcleo de um átomo de cobalto. Por que razão alguém distorceria factos desse tipo? Porém, as questões em que toda a gente quer ver as coisas de uma determinada maneira são uma história completamente diferente. Nesses casos, devemos sempre aplicar uma dose saudável de ceticismo.

> Muitos de nós aceitámos a ideia de que a ciência, embora praticada por humanos, conseguiu livrar-se das falhas humanas. Contudo, se tencionamos questionar tudo, talvez devêssemos começar por questionar se os testes realizados por humanos sobre as ideias humanas podem ser assim tão simples, tendo em conta a complexidade dos seres humanos.

Da Ciência Utópica à Ciência Autoritária

Não tendo ainda apreciado plenamente este fator humano, eu estava bastante confiante, em 2000, não só de que os factos científicos estavam em desacordo com a história evolucionista, mas também que, com a experiência de proteínas correta, conseguiria inverter a corrente do consenso científico demonstrando essa discordância. Ainda não tinha feito esta experiência-chave, mas sabia como seria feita. Com uma visão utópica da ciência muito parecida com a que Tyson descreve, estava convencido de que, por mais surpreendente que fosse um resultado científico, por mais cientistas que reagissem com incredulidade ou por mais manuais escolares que tivessem de ser reescritos, a ciência acabaria sempre por ficar do lado da verdade. E talvez fique. Mas se eu tivesse abordado o assunto com mais humildade, reconhecendo que muitos outros cientistas têm desafiado de forma idêntica o darwinismo há mais de um século, talvez tivesse chegado ao entendimento do tempo que a comunidade científica leva a chegar à verdade.

Curiosamente, vejo agora como a busca de prestígio – tão evidente na minha própria vida – explica em grande parte o facto de a ciência ficar presa a certas ideias erradas. No mundo profissional da ciência, o prestígio é concedido sob a forma de elogio, não apenas um qualquer elogio, mas o raro elogio feito por aqueles que são eles próprios os mais elogiados. No entanto, sabendo da natureza frágil do elogio, porque é que alguém presumiria que a ciência digna de louvor recebe sempre o elogio merecido? A experiência de relatar a verdade e provocar uma reação fortemente negativa é familiar a todos, em todas as profissões. Por que razão, então, alguém acreditaria que o caminho para a verdade científica e o caminho para o prestígio científico são o mesmo?

A resposta, penso eu, é que, quando caímos na visão utópica da ciência, a verdade e o prestígio parecem de facto estar no mesmo caminho. Se assumirmos que os cientistas são movidos unicamente pela busca da verdade e nada mais, então esperamos que os cientistas com a perceção mais apurada da verdade subam ao topo.

Estes cientistas de alto nível formam uma elite de peritos cuja opinião consensual é o indicador mais seguro da verdade. Prestígio e verdade parecem então inseparáveis, como se fossem apenas dois nomes diferentes para o mesmo destino. E basta seguir um pouco o caminho em direção a este destino para ver que é também o caminho para uma ciência autoritária. Com a perceção de que a verdade está fiavelmente nas mãos destas elites, nós, pessoas comuns, não precisamos de nos preocupar com os pormenores quando as elites são desafiadas. Em vez disso, esperamos pacientemente que elas deem a sua resposta oficial, que será certamente correta, presumimos.

Claro que, como desafiador da visão consensual das origens biológicas, eu tinha de me preocupar com os pormenores, mas sentia-me estranhamente confiante de que o desafio que estava a lançar obrigaria as autoridades científicas a ceder por pura incapacidade de se oporem à verdade. A confiança pode ser benéfica, mas, em retrospetiva, vejo que a minha estava manchada de orgulho, o que não é bom. Digo isto porque a minha intenção de lhe mostrar o lado menos lisonjeiro da ciência não é fazer com que eu pareça bom ou que os outros pareçam maus, e muito menos fazer com que a ciência pareça má. O meu objetivo é antes promover uma visão realista da humanidade e da ciência como um empreendimento humano. No fim de contas, não conseguiremos amar verdadeiramente a ciência enquanto não aprendermos a amar a ciência real – não uma busca hipotética num mundo utópico, mas uma busca intrinsecamente humana neste mundo, por mais imperfeito que ele seja.

O que aconteceu a seguir acabou por ser o medicamento certo para o meu orgulho, embora não fosse o tipo de medicamento que eu teria receitado a mim próprio.

CAPÍTULO 4

FORA DA CAIXA

Sob a direção de Alan Fersht, que mencionei no capítulo 1, o Centro de Engenharia de Proteínas – ou CPE, como o conhecíamos – ocupava um edifício que estava ligado por um corredor ao prédio quadrado que albergava o LMB. Na sua maior parte, a engenharia feita pelos cerca de quarenta cientistas do CPE consistia em conceber pequenas alterações em proteínas naturais para estudar a forma como as suas cadeias se dobram em estruturas compactas. Contudo, havia um projeto que tinha em mente uma forma muito mais ambiciosa de engenharia.

Enquanto eu estava a fazer o trabalho que resultou no artigo do ano 2000 no *JMB*[1], uma colega minha, Myriam Altamirano, andava a tentar fazer a reengenharia de uma enzima natural para que esta desempenhasse a função de uma enzima diferente. Como muitos outros cientistas na altura, ela estava a utilizar uma abordagem híbrida que combinava aspetos de *design* com aspetos de evolução. Em todos estes projetos, a ideia era, em primeiro lugar, fazer suposições fundamentadas sobre que partes da enzima original deveriam ser alteradas e como, e, depois de implementar essas alterações, utilizar a versão laboratorial padronizada da evolução (mutação → seleção → repetição) para resolver quaisquer problemas menores. Embora esta estratégia pudesse funcionar em teoria, as limitações tornaram-se cada vez mais evidentes nos anos seguintes. Onze anos mais tarde, alguns dos líderes neste campo admitiram que «os esforços feitos até à data para gerar novos catalisadores demonstraram principalmente que estamos a ficar bons a fazer más enzimas. A produção de boas enzimas exigirá um nível completamente novo de *insight** ou novas metodologias»[2].

O cerne do problema é que o passo evolutivo no final é de tal forma insuficiente, que o sucesso depende quase inteiramente da capacidade de se fazerem suposições certas no início. Mas, claro, se soubéssemos como fazer isso, o passo evolutivo seria em grande medida supérfluo. Por outras palavras, a evolução parece ser um substituto inadequado do conhecimento. De facto, se se confirmar que a nossa *intuição de design* é verdadeira, não existe nenhum substituto adequado para o conhecimento.

No entanto, suposições muito bem fundamentadas equivalem a conhecimento e, neste caso, as suposições da Myriam pareciam ser mesmo muito boas. Ela descobriu que a sua enzima modificada funcionava tão bem como a enzima natural que tinha sido concebida para imitar – uma proeza notável numa área em que, normalmente, o termo «sucesso» tinha de ser aplicado de forma muito generosa. Depois de escrever os seus resultados, a Myriam submeteu o seu trabalho para publicação na prestigiada revista *Nature*, por volta da altura em que me encontrei com o Max Perutz. O seu artigo passou na revisão por pares da revista e foi publicado em fevereiro de 2000[3].

* Compreensão, perceção ou revelação repentina. Capacidade de introspecção ou de autoconhecimento. (N. do E.)

Um Grupo sem Líder

Na esperança de que o grande êxito da Myriam abrisse caminho a mais êxitos, como acontece frequentemente na ciência, vários estudantes de doutoramento começaram a trabalhar sob a sua supervisão em projetos que aplicavam o seu método a outras enzimas. Mas começaram a surgir desafios técnicos e, quando isso se estava a tornar evidente, os estudantes viram-se subitamente sem um líder. No final de 2001, a Myriam deixou inesperadamente o CPE. Como diretor do CPE, o Alan sabia que teria de encontrar alguém para a substituir e, uma vez que o seu próprio trabalho nunca se tinha centrado na evolução das proteínas, que teria de procurar outra pessoa. O célere calendário de três anos para a conclusão de um doutoramento no sistema britânico tornou a situação ainda mais urgente para os estudantes que tinham estado a cargo dela.

Sabendo que o meu trabalho começara a aflorar cada vez mais a evolução das proteínas, o Alan abordou-me. Depois de sublinhar a importância do trabalho da Myriam, referindo o seu artigo na *Nature*, falou-me dos estudantes que tinham ficado «encalhados» com a ausência dela e terminou com a frase «Doug, tu sabes muito sobre a evolução das proteínas», ou algo parecido. Percebi que ele estava a oferecer-se para me entregar a liderança deste grupo de estudantes, mas não via como o podia aceitar. Embora o Alan soubesse que eu estava a fazer um trabalho cuidadoso e essencial que abordava a evolução das proteínas, não conhecia os pormenores do meu projeto mais recente e, provavelmente, subestimou o grau do meu ceticismo quanto à evolução. O grupo da Myriam estava a fervilhar com a ideia de que a evolução podia fazer maravilhas, enquanto eu tinha chegado à conclusão oposta. Como podia liderar um grupo de pessoas que parecia estar a seguir numa direção oposta à minha? A forma indireta como o Alan fez a oferta permitiu-me também recusar indiretamente, o que não é o meu estilo habitual. Neste caso, porém, escolhi a opção mais fácil. Sem dizer que iria liderar o grupo da Myriam, transmiti ao Alan que não estava interessado na proposta sem ter de explicar porquê.

Ciência com Ambição

Há muito tempo que procedia com cautela. Mesmo antes do momento «heureca!» que contei no início do capítulo 2, eu tinha sido um crítico silencioso *do materialismo*. Os meus pontos de vista eram conhecidos pelos amigos mais próximos, mas não iam além disso. As declarações escritas dos meus pensamentos restringiam-se ao painel informativo pendurado no meu quarto de estudante, que estava cheio de provérbios pessoais. Um deles era uma versão superior da *intuição de design*: «É intuitivamente óbvio para mim que um simples conjunto de átomos não pode atingir a consciência. Nunca poderá tomar consciência da sua própria existência.» Outra apoiava essa intuição superior com um argumento simples: a realidade do livre-arbítrio humano levava-me a deduzir que os seres humanos não podiam ser coisas materiais e, «portanto, o homem não evoluiu a partir do físico».

Porém, nunca tencionei manter-me eternamente em silêncio. O meu plano, desde o início, era continuar a pensar e a trabalhar cuidadosamente na esperança de solidificar as minhas primeiras *intuições de design* e, eventualmente, ganhar a oportunidade de as comunicar publicamente. Se e quando essa altura chegasse, tinha a certeza de que a ciência seria o melhor palco para falar. A minha versão utópica da ciência não era contrariada por nada do que eu conhecia nessa altura. Compreendia que as pessoas tinham os seus preconceitos, e tinha visto as atitudes discriminatórias dos cientistas antirreligiosos. Mas os argumentos científicos em defesa da *intuição de design* pareciam-me incompletos e, como tinha a certeza de que era possível apresentar um argumento completo, mantive a ideia de que esse argumento seria amplamente aceite.

Bem, se está a perguntar-se se é legítimo que os cientistas esperem um determinado resultado quando estabelecem os seus objetivos, posso assegurar-lhe que sim. Fazemo-lo a toda a hora. A busca por inteligência extraterrestre é um exemplo bem conhecido. O SETI envolve o trabalho de muitos cientistas que esperam que a sua busca seja um dia bem-sucedida. Eles não têm provas, mas a ciência nunca começa com provas. Tal como qualquer projeto significativo, a ciência começa com ambição. O mesmo se pode dizer dos muitos cientistas que se dedicam a encontrar curas para várias doenças. Não há provas de que essas curas há muito procuradas venham a ser encontradas, mas o objetivo e a ambição estão lá, e isso não é coisa pouca. A prova científica nunca ocorre sem esses ingredientes fundamentais.

> A ciência é prejudicada não por pessoas que esperam encontrar um determinado resultado, mas por pessoas que tentam suprimir resultados que vão contra os seus desejos.

Quando refletimos sobre quem tem o poder de suprimir resultados indesejáveis, vemos imediatamente que a opinião predominante da comunidade científica é a mais provável nesse desígnio.

Uma Tempestade Perfeita

No início de 2002, decorrido pouco mais de um mês de ter recusado a oferta do Alan para assumir a liderança do grupo da Myriam, discutiu-se na cafetaria do LMB um possível problema com os resultados apresentados no artigo da Myriam, publicado na *Nature* dois anos antes. Parecia grave. Um estudante licenciado que andara a analisar os tubos de armazenamento no congelador da Myriam tinha descoberto que os rótulos de certos tubos cruciais não correspondiam ao conteúdo e, o mais preocupante de tudo, a enzima modificada que tinha recebido tanta atenção parecia não funcionar. Um sentimento de aflição abateu-se sobre todo o laboratório perante a ideia de que vários estudantes licenciados tinham gastado um ano ou mais do seu precioso tempo em projetos que se baseavam num erro.

Poucos dias após a primeira alusão a tais inconsistências, o pesadelo foi confirmado. A investigação aos tubos de armazenamento revelou que a Myriam tinha «descoberto» que a sua enzima funcionava tão bem como a enzima natural porque, na verdade, era a enzima natural. Como em todas as experiências de seleção laboratorial, ela tinha procurado sinais de crescimento bacteriano em condições nas quais o crescimento não pode ocorrer, a menos que a função desejada esteja presente. Contudo, neste caso, nada deveria ter crescido nas suas placas de Petri, porque nem as alterações artificiais realizadas por ela nem as variações mutacionais subsequentes a essas alterações resultaram na função desejada. Por contaminação cruzada acidental, algumas células da estirpe com a enzima natural tinham sido misturadas com as células que não conseguiam crescer. Isto significava que o resultado positivo da Myriam era, na realidade, um falso positivo. Uma breve nota de retratação apareceu logo na *Nature*, não deixando dúvidas quanto ao nível de qualidade do artigo que tinha sido publicado em 2000: «Concluímos que os resultados não são sólidos»[4].

E, como se já não bastasse a tensão criada por estes acontecimentos internos, o conceito de *Design Inteligente* (DI) sobre as origens biológicas estava a começar a fazer manchetes no Reino Unido, em ligação com a controvérsia crescente sobre o ensino de hipóteses alternativas ao darwinismo nas escolas públicas. Sendo meu superior, o Alan sabia que eu recebia há vários anos bolsas de estudo e dinheiro para a investigação acerca do DI por parte do maior financiador na área, o Discovery Institute. Ele nunca me tinha pedido para explicar porque é que o instituto estava interessado no meu trabalho e, estando bem ciente de que a ligação ao *Design Inteligente* poderia gerar controvérsia, eu nunca falei no assunto. Além disso, como o Alan já tinha mencionado anteriormente a página *online* do Discovery Institute, presumi que ele próprio tinha feito a ligação e que não estava especialmente incomodado para a discutir comigo.

Mas o tratamento hostil para com o DI pelos meios de comunicação britânicos parecia estar a ter um efeito sobre ele. Fui a primeira pessoa a chegar ao laboratório numa manhã de fevereiro de 2002. Normalmente, o Alan fazia as suas rondas pelos laboratórios ao fim do dia, quando o trabalho estava em pleno andamento, mas nessa manhã apareceu cedo para falar comigo. Parecia tenso. Aproximou-se como se tivesse um assunto urgente para conversar comigo, mas parecia incapaz de iniciar a conversa. Presumi que a sua preocupação era saber se podia permitir que eu continuasse o meu trabalho no CPE, sabendo que eu fazia parte de algo que estava a ser retratado publicamente com termos injuriosos e conspiratórios.

Não há uma forma fácil de iniciar este tipo de conversa, mas qualquer outra abordagem teria falhado o alvo. E, se o meu futuro no CPE era de facto o alvo da conversa, então o Alan falhou. Depois de mencionar que tinha acabado de ouvir um programa de rádio da BBC que discutia o *Design Inteligente,* e parecendo algo constrangido, ele fez-me algumas perguntas.

«Conhece este William Dembski, não conhece?»

«Sim.»

«E conhece a sua teoria do *Design Inteligente…*»

«Sim.»

«Então, diga-me: quem é o *designer*?»

Nessa época, esta era a principal pergunta feita pelos críticos do *Design Inteligente,* que pensavam que a resposta iria expor o ardil montado pelos proponentes do DI. A suposição subjacente era que os proponentes do DI evitavam falar sobre a identidade do *designer* da vida porque tinham como objetivo construir uma versão do criacionismo que, ao evitar a palavra começada por D [Deus], poderia assim ser ensinada nas escolas públicas norte-americanas. Na realidade, a pergunta apenas expunha os equívocos sobre o que é o DI.

Como Detetar Um Documento de Identificação Falso

A verdade é que o DI e o criacionismo sempre diferiram fundamentalmente nos seus métodos e pressupostos iniciais. O criacionismo começa com o compromisso de obedecer a um determinado entendimento do texto bíblico do Génesis e pretende reconciliar os dados científicos com esse entendimento. O DI, por outro lado, começa com o compromisso de obedecer aos princípios essenciais da ciência e mostra como esses princípios, em última análise, nos obrigam a atribuir a vida a um inventor intencional – um *designer* inteligente. Os proponentes do DI contentam-se com esta descrição vaga não porque queiram de forma dissimulada introduzir Deus na ciência, mas porque o salto de «*designer* inteligente» para «Deus» exige algo mais do que os princípios essenciais da ciência.

Aliás, a confusão em torno do *Design Inteligente* resulta de uma confusão mais ampla sobre o que são estes princípios essenciais. O *Design Inteligente* adota uma visão minimalista. Se a ciência é a aplicação da razão e da observação para descobrir verdades objetivas sobre o mundo físico, então fazer ciência requer aceitar apenas algumas coisas – nenhuma delas controversa. Primeiro, temos de aceitar que existem verdades objetivas, como todos nós naturalmente aceitamos. Depois, temos de aceitar que algumas dessas verdades pertencem ao mundo físico e, respetivamente, que algumas podem ser descobertas através da observação e do raciocínio humano. Uma vez que todos nos envolvemos neste processo de descoberta desde tenra idade, todos aceitamos naturalmente estas proposições.

Não existe nada mais.

De facto, acrescentar seja o que for a este conjunto essencial de proposições causa dois problemas graves. Primeiro, a definição de ciência resultante de um adornamento artificial exclui o que não deveria ser excluído, nomeadamente qualquer trabalho que reconheça o conjunto essencial, mas não o adorno. Por exemplo, se um grupo de pessoas insistir que a ciência não pode ser feita corretamente sem aceitar que existe vida noutros planetas, então esse grupo recusar-se-á a considerar qualquer trabalho feito a partir de uma perspetiva contrária, mesmo que esse trabalho possa ser cientificamente legítimo. Pior ainda, os adornos correm o risco de pressionar os cientistas a aceitarem respostas erradas, considerando as respostas certas «não científicas».

Por muito estranha que esta situação possa parecer, não é hipotética. A visão cientista introduzida no primeiro capítulo – o *cientismo* – é o exemplo mais notório de uma versão adornada da ciência que se tornou proeminente. A razão pela qual os adeptos desta versão consideram a ciência como a única fonte legítima da verdade é o facto de também defenderem o *materialismo*. Isto compromete-os com a ideia de que não existe nada para além das coisas físicas e, como a ciência é a única forma de saber a verdade sobre as coisas físicas, isto leva-os a concluir que a ciência é a única fonte de verdade. O compromisso materialista em si, no entanto, é completamente desnecessário para a ciência e, portanto, um adorno prejudicial.

Mais à frente na nossa viagem veremos como o *cientismo* se desmorona com o desmoronamento do *materialismo*. A nossa *intuição de design* revelar-se-á boa ciência, enquanto o *cientismo* se revelará uma má filosofia. Por agora, note apenas que o *cientismo* se torna vulnerável ao ligar-se ao *materialismo*, que não tem lugar na ciência.

Os Idos de Março

As perguntas do Alan não pareciam levar a lado nenhum naquela manhã de fevereiro, mas a tensão crescente em torno do *Design Inteligente* em 2002, e a forma como essa tensão amplificou os problemas causados pelo colapso dos resultados da Myriam, fez-me pensar que o meu tempo no CPE podia estar a chegar ao fim. No entanto, também deduzi que, se conseguisse de alguma forma ser a solução para estes problemas, a minha posição tornar-se-ia segura. Tinha deixado passar a oportunidade de orientar os alunos da Myriam porque os nossos projetos apontavam em direções opostas. Mas agora, que os seus projetos estavam à beira de ser abandonados, a ideia de os salvar, vendo-os de forma inversa, parecia promissora. Por outras palavras, se eu conseguisse que o Alan e os alunos considerassem a possibilidade de interpretar os seus resultados não como prova de que a conversão de enzimas para novas funções era fácil, mas como prova de que era difícil, então eu teria todo o gosto em fornecer a liderança necessária. Propus-lhes uma reunião para discutir esta ideia. O Alan mostrou-se muito recetivo, tal como os alunos, pelo que a reunião foi marcada para a última semana de fevereiro de 2002.

O facto de ter amplamente subestimado o quão difícil é mudar a forma de pensar das pessoas em apenas uma ou duas horas é, hoje em dia, algo que me faz sorrir, mas nada disto me pareceu engraçado naquela altura. Com as imagens preparadas e o resumo do meu argumento bem ensaiado, aceitei o desafio de convencer o professor Herchel Smith, da cátedra de Química Orgânica da Universidade de Cambridge, que por acaso também era membro da Royal Society e diretor do Centro de

Engenharia de Proteínas, juntamente com mais meia dúzia de estudantes de pós-graduação, de que a sua visão da origem das proteínas estava incorreta e que os projetos falhados podiam ser combinados com o meu projeto para apresentarmos argumentos sólidos a favor da visão acertada.

Escusado será dizer que a minha proposta não foi um sucesso estrondoso. Anos mais tarde, um artigo na revista *New Scientist* sobre o Biologic Institute [intitulado «The God Lab»[5]] revelou que um dos meus colegas cientistas do CPE tinha andado a pressionar o Alan para me despedir devido à minha ligação ao DI. O artigo diz que o Alan se recusou a fazê-lo, citando-o: «Sempre fui bastante tolerante em relação às pessoas que trabalham no laboratório. Disse que não o ia pôr na rua. O que ele estava a fazer era colocar questões legítimas sobre como uma proteína se dobrava.» De acordo com o artigo, eu tinha deixado o CPE depois de «Axe e Fersht terem entrado em conflito um com o outro sobre as implicações do trabalho em curso no laboratório de Fersht».

A verdade é que o Alan acabou por ceder ao informador interno que queria que eu fosse afastado, embora eu aceite a sua explicação de que resistiu durante algum tempo. Quando finalmente agiu, interpretei o despropósito com que o fez como uma indicação da sua relutância. Não houve uma conversa sincera, nem sequer uma palavra cara a cara. Quando todos se reuniram para se despedirem de mim, como era habitual, o Alan estava visivelmente ausente. Tudo o que recebi foi um *e-mail* do seu assistente, no dia 11 de março de 2002, afirmando sucintamente que o CPE tinha «muito pouco espaço de bancada [no laboratório]» e declarando a solução de Alan: «Por favor, desocupe o local assim que possível e o mais tardar até ao final de março.»

Como o espaço necessário correspondia exatamente às minhas dimensões, depois de me despedir de todos os presentes, disse adeus ao CPE e à caixa de tijolos no outro extremo do corredor: o LMB.

Consciência e Coragem

A verdade é que eu poderia muito bem ter tomado a mesma decisão se estivesse na posição do Alan. No fim de contas, desafiar a história da evolução era a minha vocação, não a do Alan. Fui eu que aceitei o risco de prosseguir uma investigação que sabia que levaria a um confronto com a «ordem» científica predominante. Uma vez que nunca tinha consultado o Alan sobre esse aspeto da minha orientação, teria sido presunçoso da minha parte pensar que ele estaria disposto a assumir algum desse risco.

Durante aquela semana de março de 2002, as confirmações desse risco chegaram de todos os lados. A um dia do fim de semana, o *The Guardian*, um importante jornal britânico, publicou um artigo na tarde de sexta-feira, 8 de março, que começava com a sua versão particularmente alarmista da denúncia de irregularidades:

> *Cristãos fundamentalistas que não acreditam na evolução tomaram o controlo de uma escola secundária pública em Inglaterra. Num acontecimento que surpreenderá muitos pais britânicos, os professores criacionistas da escola de tecnologia da cidade de Gateshead estão a minar o ensino científico da biologia a favor de persuadir os alunos da verdade literal da Bíblia*[6].

Isto desencadeou uma abundância de protestos e, em poucos dias, o primeiro-ministro Tony Blair estava a responder a perguntas sobre o assunto na Câmara dos Comuns[7]. Entretanto, na segunda e terça-feira, 11 e 12 de março, o jornal nova-iorquino *Newsday* publicou um artigo de fundo em duas partes sob o título «Creation vs. Evolution» [«Criação *vs* Evolução»][8], que incluía a seguinte referência provocadora ao meu trabalho:

> *Entretanto, os defensores do* Design Inteligente *destacaram uma terceira linha de investigação como «o desenvolvimento mais promissor dos próximos anos» e como mais um potencial bloqueio à evolução. A investigação, realizada por Douglas Axe, do Centro de Engenharia de Proteínas em Cambridge, Inglaterra, introduz um conceito chamado «sensibilidade funcional extrema» que relaciona a função especializada de uma proteína com as alterações permitidas na sua sequência de aminoácidos. As premissas de Axe [sic] são sugeridas num artigo publicado há dois anos no* Journal of Molecular Biology, *mas [William] Dembski e outros dizem que Axe planeia tornar públicas todas as suas descobertas em breve e «agitar as coisas»*[9].

Eu não tinha dito nada de tão provocador. O jornalista Bryn Nelson, do *Newsday*, perguntara-me no início de março se eu achava que os resultados do meu artigo publicado em 2000, no *JMB*, significavam que as enzimas que estudei não tinham origem na evolução. Tive o cuidado de restringir a minha resposta ao que fora apresentado no artigo:

> *Não creio que os dados apresentados no artigo do* JMB *permitam chegar a essa conclusão. O que esse documento revela é que os constrangimentos impostos pela função à sequência são inesperadamente elevados, e isso levanta algumas questões importantes que precisam de ser exploradas e que eu espero explorar mais tarde*[10].

De facto, como tinha acabado de revelar ao Alan e aos alunos de pós-graduação, eu já estava a explorar essas questões e tinha uma noção do rumo para o qual os resultados apontavam, mas a última coisa que queria fazer era comprometer a minha investigação ao falar sobre trabalho inacabado com um jornalista.

A tempestade mediática depressa se dissipou e, no final, consegui concluir o projeto que descrevera ao Alan e aos estudantes de pós-graduação no Babraham Institute, situado nos arredores de Cambridge. Tal como o estudo anterior, este foi aceite para publicação no *JMB*, aparecendo em agosto de 2004[11].

No entanto, a tensão continuou depois da tempestade, e continua ainda hoje, tal como a interpretação cientista desta tensão. De acordo com esta visão, agora comum, as pessoas de fé que desafiam o darwinismo estão, na realidade, a forçar a imposição da religião, mesmo que o seu desafio pareça ter uma base científica. Assim sendo, temos de alertar toda a gente para que não se deixe enganar pelas aparências. Toquem as sirenes! A agenda religiosa é o inimigo que ameaça a ciência, pelo que todas as pessoas esclarecidas devem defender a ciência contra este inimigo, assim nos dizem eles[12].

Contudo, o verdadeiro problema para a ciência não é o facto de as pessoas terem agendas (como sempre têm), mas sim a existência de agendas institucionalizadas. Este é o problema dos adornos que discutimos anteriormente. Uma vez estabelecida uma visão enfeitada da ciência, a supressão ativa da dissidência torna-se inevitável, e com consequências previsíveis. Tudo o que se opõe à agenda institucionalizada é rotulado de «anticiência» por aqueles que trabalham para proteger a agenda, e o medo desse rótulo rapidamente impõe a obediência entre os tímidos.

O que está em causa é algo ainda maior do que a ciência. Para o vermos, temos de voltar à questão que colocámos no início: a que ou a quem devemos a nossa existência? Refletindo sobre esta questão, percebemos que o custo mais significativo de ceder àqueles que protestam não é a violação do nosso sentido de *fair play*, mas a participação na desvalorização sistemática da vida humana. É o custo de permanecermos calados enquanto os jovens, que, de forma inata, reconhecem ser a obra de um «criador todo-poderoso», são doutrinados com a mensagem de que, em vez disso, são acidentes cósmicos – os subprodutos transitórios da seleção natural.

David Barash, professor de psicologia da Universidade de Washington, transmite todos os anos a mensagem sancionada a duzentos licenciados no seu curso sobre comportamento animal. Com autoridade professoral, declara à sua jovem audiência cativa: «Quanto mais sabemos sobre a evolução, mais inevitável é a conclusão de que os seres vivos, incluindo os seres humanos, são produzidos por um processo natural, totalmente amoral, sem qualquer indicação de um criador benevolente e controlador»[13]. A sua agenda, claramente, é tratar o comportamento humano como apenas mais um exemplo de comportamento animal, que ele pensa ser explicado, em última análise, pela evolução.

Se esta explicação vier a revelar-se falsa, então a sua doutrinação é uma tragédia previsível. Barash acredita na falsidade que lhe foi incutida quando era estudante e, tendo acreditado nela, assume diligentemente a responsabilidade de incutir a mesma falsidade noutros jovens. Mas o facto de as suas ações serem previsíveis não as torna menos destrutivas. Contemple por um momento a visão distópica de uma geração de seres humanos que acreditam convictamente não serem mais do que meros acidentes grosseiros, lutando sozinhos para tentar sobreviver num mundo onde a moralidade é uma ficção, e começará a compreender os verdadeiros riscos.

Precisamos urgentemente de heróis neste domínio, e temos todas as razões para pensar que eles assumirão a sua posição conspícua em cada geração. Afinal, ser assobiado é um pequeno preço a pagar pelo privilégio de defender a existência de verdades morais. Se pensa que estes heróis precisam de ter doutoramentos, espero convencê-lo do contrário no próximo capítulo. Quando se trata de defender a grande questão da nossa origem, todos são cientificamente qualificados.

Data: Tue, 26 Mar 2002 12:11:31 -0500 (EST)
Assunto: Re: consulta

Doug:
Perdoe-me se estou enganado, mas tenho a sensação - chame-lhe «linguagem corporal» - de que você está a evitar responder diretamente às minhas perguntas. Penso que sabe o que estou a perguntar. Já indicou no passado que o seu trabalho não tem nada que ver com o DI, mas as suas afiliações e conversas com o Dembski parecem indicar o contrário. Tem de se decidir. Está a tentar, de forma discreta ou subtil, que a investigação favorável ao DI seja introduzida na literatura, ou não? Tem medo de que, ao apoiar abertamente o DI, a sua reputação fique manchada entre os seus colegas? Francamente, o facto de o Dembski continuar a mencionar o seu trabalho, apesar de você afirmar que não tem qualquer ligação ao DI, cheira um pouco mal. Então, o que é que se passa?
BP

Apenas compreenderemos a simplicidade do
Universo quando reconhecermos a sua estranheza.
John A. Wheeler

Sentimos a sua falta, Carl...

Barry A. Palevitz, Professor

Data: Thu, 18 Abr 2002 17:15:35 +0100 (BST)
Assunto: Re: consulta Barry-

Estive ausente durante algumas semanas.

Em resposta às suas perguntas, não fui evasivo nem incoerente.

Estou aberto à possibilidade de um argumento do *design* baseado em provas na biologia, e isso explica a ligação ao Discovery Institute. Ao mesmo tempo, ainda não vi provas que justifiquem tal argumento, e isso explica o facto de não ter apresentado tal argumento ou defendido argumentos que outros apresentaram.

Tal como você, estou consciente de que os preconceitos podem influenciar o pensamento de uma pessoa. No entanto, talvez ao contrário de si, também sei que, uma vez que todos os temos, todos somos suscetíveis à sua influência. A antipatia pelos argumentos sobre o *design* é muito mais capaz de toldar a mente do que a simpatia.

No fim de contas, estou muito mais interessado em saber se os argumentos são bons ou maus do que nas razões pessoais por detrás dos erros nos maus argumentos. Para saber se um argumento é bom ou mau, não precisamos de nos preocupar com o que pode ter influenciado indevidamente os pensamentos de alguém; basta examinar o argumento.

Cumprimentos, Doug Axe

Figura 4.1 Barry Palevitz, um biólogo da Universidade da Geórgia e colaborador numa revista mensal chamada *The Scientist*, sintetizou a mentalidade de rejeição com este *e-mail*, que chegou pouco depois de eu ter deixado o CPE. Como eu sabia que qualquer coisa que dissesse em resposta poderia aparecer na *The Scientist*, incorporado no comentário «pró-ciência» de Palevitz, a sua referência a que a minha reputação podia ficar manchada tinha o som de um rufia no recreio da escola a provocar a sua próxima vítima: o que é que se passa, seu mariquinhas? Tens medo de ficar com um olho negro?

CAPÍTULO 5

UMA DOSE DE CIÊNCIA COMUM

Apesar da oposição, em 2004 eu estava confiante de que tinha confirmado o palpite de Michael Denton de que «as proteínas funcionais poderiam muito bem ser extremamente raras»[1]. Como referi no capítulo 3, Denton calculou que os processos acidentais seriam incapazes de encontrar novas proteínas funcionais se as suas sequências de aminoácidos fossem mais raras do que cerca de uma em cada 10^{40} (1 seguido de 40 zeros). Tendo agora completado as experiências que descrevi ao Alan Fersht e aos alunos de pós-graduação em 2002, consegui calcular com precisão esta raridade – um número avassalador. Com apenas uma sequência boa de proteína por cada 10^{74} más, descobri que as proteínas funcionais são cerca de 10.000.000.000.000.000.000.000.000.000.000.000 vezes mais raras do que o critério de Denton! A menos que este número fosse de alguma forma atingido, tinha sido desferido um golpe decisivo na ideia de que as proteínas surgiam por meio de causas acidentais.

No entanto, a minha expectativa de que isto obrigaria os biólogos evolucionistas a pendurarem nas suas portas avisos de «Fora de Serviço» revelou-se irrealista. A corrente do consenso científico continuou a fluir na direção de Darwin ao longo de 2004, e continua até hoje.

Continuo a insistir na mudança de pensamento que também insistia naquela altura, e essa mudança é hoje tão indesejável como nunca. A verdadeira ciência não tem nada que ver com a versão utópica que defendi no início da minha viagem. A bandeira do *materialismo,* que mencionei no capítulo 1, continua a voar orgulhosamente sobre a academia de ciências, e espera-se que as pessoas que trabalham sob essa bandeira mostrem o devido respeito. Qualquer oposição séria fará os seus guardas pretorianos saírem em força e ao som de apitos.

Isso é óbvio para mim. A questão mais difícil é como fazer avançar a verdade face a esta oposição. O meu reconhecimento precoce da necessidade de submeter a teoria de Darwin a um teste técnico rigoroso levou-me a dedicar duas décadas da minha carreira a essa necessidade. Estou convencido de que foram anos bem empregados, mas também me convenci de uma necessidade complementar igualmente importante: uma vez que a maioria das pessoas nunca dominará os argumentos técnicos, há uma necessidade desesperada de um argumento não técnico que se sustenha pelos seus próprios méritos, independentemente de qualquer trabalho técnico.

Como perito que esteve diretamente envolvido em muitos dos estudos científicos descritos nos capítulos seguintes, sei que as conclusões a que eu e os meus colegas chegámos estão corretas e também por que motivo o bom trabalho de outros colegas, que é utilizado para argumentar contra o nosso trabalho, não apoia esses argumentos. Suponho que podia tentar transmitir este conhecimento aos leitores deste livro, mas, por mais capítulos que dedique a este assunto, os não especialistas continuarão a não ser especialistas depois de virarem a última página.

Isto é importante? Gostaria de dizer que não, mas tenho de admitir que sim. Sou apenas um especialista entre muitos, a maioria dos quais ou discorda da minha conclusão, ou tem relutância em admitir que concorda. Por isso, os simples relatos da investigação sobre proteínas que apresento nos próximos capítulos serão certamente criticados por outros especialistas, o que deixará os não especialistas na posição de tentar perceber em quais dos cientistas devem acreditar. Ora, se Darwin estava tão errado como eu acredito que estava, a sua teoria não pode ser defendida de forma tão clara e convincente como pode ser refutada. Dedicarei um capítulo inteiro a este ponto. No entanto, mesmo os maus argumentos podem parecer beneficiar do estatuto das pessoas que os apresentam. No final, os observadores não especialistas vão acabar inevitavelmente por não conseguirem fazer outra coisa senão tentar seguir os debates técnicos e pontuá-los. Mas isso nunca resolve a questão, porque ser considerado o vencedor de um debate não é o mesmo que estar correto.

Para mim, não há debate. Os factos científicos estão em completa harmonia com a *intuição universal de design*. O trabalho que eu e os meus colegas fizemos sobre as proteínas resolveu completamente o conflito interno – para mim. Resolver o conflito interno para si, no entanto, vai exigir algo mais. O que é necessário não é uma versão simplificada de um argumento técnico, mas uma demonstração de que o argumento de base, na sua forma mais pura, é efetivamente simples e não técnico.

Enquanto pensava em como abordar este assunto, ocorreu-me que precisava de começar por corrigir a ideia errada de que a ciência é algo que a maioria das pessoas nunca fará.

```
Uma vez que a maioria das pessoas nunca
dominará os argumentos técnicos, há uma ne-
cessidade desesperada de um argumento não
técnico que se sustenha pelos seus próprios
méritos, independentemente de qualquer tra-
balho técnico.
```

Todos os Seres Humanos São Cientistas

Temos a tendência de ignorar dois factos fundamentais. Um deles é que toda a gente valida a sua *intuição de design* através da experiência em primeira mão. O outro é que esta experiência é de natureza científica. É esta a verdade. A ciência básica é uma parte integrante da nossa forma de viver. Todos somos observadores cuidadosos do nosso mundo. Todos tomamos notas mentais do que observamos. Todos usamos essas notas para construir modelos conceptuais de como as coisas funcionam. E todos refinamos continuamente esses modelos conforme se torna necessário. Sem dúvida, isto é ciência. Chamei-lhe ciência comum para realçar a ligação ao senso comum.

Começamos a nossa busca para compreender o mundo desde tenra idade. Muito antes de caminharmos, construímos modelos mentais simples de gravidade e equilíbrio. Muito antes de criarmos arte, adquirimos noções de cor, forma e feitio. Muito antes de falarmos, aprendemos a classificar as coisas em categorias que aguardam os termos que iremos usar para nos referirmos a elas. Todas estas atividades de construção de modelos, e muitas outras, utilizam a capacidade mental inata para processar dados – a informação que recebemos do mundo ao observá-lo. É claro que nos envolvemos nestas atividades de forma tão natural que não pensamos nelas em termos técnicos. O que quero dizer é que elas são de facto de natureza científica, quer pensemos nelas dessa forma ou não.

Na sua maioria, os cientistas profissionais respeitam esta visão abrangente da ciência. Os cientistas planetários falam do nascer e do pôr do Sol tal como todos nós. Porquê? Porque esses termos representam a nossa experiência comum de forma mais simples e direta do que uma descrição puramente física, e igualmente correta, baseada na rotação da Terra. Do mesmo modo, os professores introduzem a compreensão técnica do nascer e do pôr do Sol, ligando-a de forma clara à compreensão mais intuitiva dos seus alunos. As crianças não são tratadas como tolas por pensarem que o Sol nasce a leste e se põe a oeste, porque os professores sabem que a compreensão prévia é crucial para o desenvolvimento de uma compreensão mais refinada. O modelo simples não está errado no sentido de dar falsas previsões, mas apenas incompleto, na medida em que não oferece uma perceção causal. As crianças compreendem facilmente o modelo mais completo quando veem de que forma o seu modelo, mais simples, se encaixa nele.

Esta tendência para ver o conhecimento passado como base para uma compreensão aperfeiçoada, mesmo nos casos em que o novo substitui o antigo, continua na idade adulta. Nenhum professor das leis do movimento de Newton começa por dizer aos alunos para abandonarem a sua compreensão prévia de como as coisas se movem. Dizer aos jovens que dominam a natação, o ciclismo e o *skate* que não têm experiência de movimento ou que não têm uma compreensão válida do mesmo seria ridículo, tal como seria ridículo dizer aos alunos na fase seguinte do seu ensino da física que tudo o que aprenderam sobre a mecânica newtoniana está errado. Todos parecem reconhecer que o projeto de aperfeiçoar a compreensão pressupõe tanto o respeito geral pela compreensão, como o humilde reconhecimento de que esta nunca é perfeita ou completa.

Estranhamente, estas cortesias básicas são negadas quando se trata da *intuição universal de design*. A história da sopa de oráculos convenceu-nos de que todos temos essa intuição e agora vemos, de forma simples, como a ciência comum a apoia. Os tijolos e os pequenos-almoços só são feitos se alguém os fizer. Não conhecemos exceções. Com esta certeza, aplicamos com confiança a mesma intuição à sopa primordial – apenas para nos dizerem que estamos errados.

As pessoas que nos corrigem não fazem qualquer tentativa séria de aperfeiçoar a *intuição de design* de modo a explicar por que razão funcionaria para uma sopa e não para a outra. Espera-se simplesmente que ignoremos a discrepância. Aparentemente, a nossa *intuição de design*, que em qualquer outra forma seria fiável, tem de ser posta de parte em nome da teoria de Darwin.

Mas as intuições não são facilmente postas de parte. As professoras de psicologia que citei no capítulo 2, Alison Gopnik e Deborah Kelemen, estão perfeitamente conscientes deste facto. A solução que propõem é que os professores comecem desde cedo a substituir a *intuição de design* dos seus alunos pela contraintuitiva alternativa evolucionista. Nas palavras de Gopnik: «Talvez o segredo seja chegar às crianças com a teoria certa antes que a errada fique demasiado enraizada»[2]. Mas se a *intuição de design* é um produto da ciência comum, então, opor-se-lhe em nome da ciência é certamente cometer um grande erro.

Ciência Aberta

A constatação de que toda a gente tem competências para fazer ciência quando está a fazer ciência é uma boa notícia em vários aspetos. Em primeiro lugar, esta visão aberta da ciência dissipa o mito elitista que no passado aceitei como parte da minha visão utópica da ciência. Podemos descartar esse mito sem negar a existência de talentos excecionais. A questão é que mesmo as pessoas mais dotadas continuam a ser pessoas, sujeitas a todas as tensões e contradições internas que afetam todos os seres humanos. Nenhum de nós se eleva acima destas imperfeições comuns. O Max Perutz não o fez, nem ninguém o faz.

Em seguida, a ciência aberta põe fim à ciência autoritária ao realçar o valor científico da opinião pública. Como toda a gente pratica ciência comum, a receção pública das afirmações científicas é, sem dúvida, a forma mais significativa de revisão por pares. Para os cientistas profissionais, presumir que o ceticismo público em relação às suas ideias só pode ser causado pela ignorância do público é pura arrogância. Se a causa é a ignorância, um ensino mais transparente deveria ser o remédio. Quando isso se revela elusivo ou ineficaz, os cientistas profissionais têm de estar dispostos a encontrar falhas nas suas ideias, não no público.

Isto leva-nos à terceira boa notícia: aceitar uma ciência aberta permite que as pessoas sem doutoramentos se tornem participantes, de pleno direito, nos debates científicos que lhes interessam. Em vez de se limitarem a seguir os debates dos especialistas, os não especialistas devem esperar que as questões importantes que afetam as suas vidas sejam enquadradas em termos de ciência comum. Quando isso acontecer, toda a gente fica habilitada a entrar no debate. Obviamente, isto não se aplica a temas intrinsecamente técnicos, mas os assuntos de maior importância para a forma como vivemos nunca são intrinsecamente técnicos.

Verdade, Pura e Simples

De acordo com a *intuição universal de design*, as tarefas que necessitam de conhecimento para serem realizadas só podem ser efetuadas por alguém que tenha esse conhecimento. A observação no capítulo anterior de que «a produção de boas enzimas exigirá um nível completamente novo de *insight*»[3] parece encaixar-se nessa intuição. As boas enzimas resultam apenas de *insight*, e quaisquer que sejam os ingredientes da sopa primordial, o *insight* não é um deles. Os resultados que eu e os meus colegas encontrámos, ao longo de muitos anos de trabalho com enzimas, também apoiam a *intuição de design*. Quando examinamos as propostas, que tentam demonstrar que os processos evolutivos acidentais inventaram as enzimas sem qualquer tipo de *insight*, concluímos consistentemente que essas propostas são implausíveis.

A chave para encontrar um caminho não técnico até esta mesma conclusão, julgo eu, é afastarmo-nos das experiências que continuam a mostrar a implausibilidade dos cenários evolucionistas e perguntarmos se poderá haver uma razão simples para que isto seja sempre assim. Certamente que a nossa perceção imediata de que as instruções não podem surgir por acaso na sopa de letras se baseia num princípio simples e sólido. E certamente que este mesmo princípio, seja ele qual for, também deve explicar o porquê de estas notáveis proteínas, a que chamamos enzimas, não poderem surgir por acaso. A *intuição universal de design*, referida no capítulo 2, é uma espécie de lei que descreve o que é impossível, pelo que deve haver uma explicação simples para o facto de esta lei prevalecer. A questão é, então: porque é que as tarefas que necessitam de conhecimento para serem realizadas nunca são realizadas sem conhecimento?

A resposta a esta pergunta tornar-se-á clara ao longo dos próximos quatro capítulos e, como seria de esperar, a ciência comum será a fonte. O ponto-chave a reter é que não devemos abster-nos de ratificar a *intuição universal de design* só porque ela contradiz o consenso científico. A comunidade de cientistas profissionais é uma fonte fiável de factos incontroversos, mas, como vimos e continuaremos a ver, esta comunidade tem o hábito de sair dos seus limites – ou, pelo menos, os cientistas que reivindicam a autoridade desta comunidade fazem-no. Tenha isso em mente e lembre-se:

> As pessoas que não possuem credenciais científicas formais estão, no entanto, qualificadas para falar com autoridade sobre questões de ciência comum.

CAPÍTULO 6

A VIDA É BOA

Tendo estabelecido que todos nós somos capazes de pensar como cientistas e que não podemos aceitar cegamente a forma como os cientistas profissionais pensam sobre a vida, o nosso próximo passo é pensar sobre a forma como nós pensamos sobre a vida.

O «fator uau» explica parte do encanto da vida, particularmente nas suas formas mais exóticas, mas o que torna a vida singularmente atraente para nós deve ser algo mais profundo do que o «uau». Julgo que seja algo parecido com um propósito. Os tornados estão no topo do índice «uau» devido ao seu enorme poder. Contudo, embora os tornados façam o que fazem com grande intensidade, não tentam fazer o que fazem. As aranhas, por outro lado, tentam apanhar insetos, mesmo quando esses insetos tentam escapar das teias dos seus captores. O medo que os tornados nos evocam é tão real como o perigo que representam, mas o medo de um puma agachado é palpavelmente diferente, na medida em que é um medo de intenção prejudicial. Não há jogos mentais a fazer com um tornado porque um tornado não tem mente. Os pumas são outra questão.

Se as ações de formas de vida muito mais simples, como a estranha morfologia da ameba-forrageira, envolvem consciência a um nível rudimentar, ninguém sabe. Suspeito que, nesse aspeto, uma ameba é mais parecida com uma máquina do que um puma, embora noutros aspetos seja possivelmente muito diferente de uma máquina. Há pelo menos uma semelhança superficial entre certas máquinas e formas simples de vida. Por exemplo, se tivesse de escolher um tipo de máquina que se assemelhasse às amebas, seriam aqueles robôs rastejantes utilizados para limpar piscinas. Procuram incessantemente detritos em vez de comida, mas os seus movimentos são quase vívidos na sua complexidade.

Os robôs de piscina deviam convencer-nos de que uma coisa não precisa de estar consciente para que possamos perceber a sua intenção quando a observamos. Qualquer pessoa que esteja a observar à beira da piscina notará que os pequenos detalhes do comportamento momentâneo do robô – rastejar ao longo do fundo da piscina, subir a parede, aspirar audivelmente a água e os detritos quando chega à superfície, voltar a mergulhar – se juntam de forma coerente, atingindo um nível mais elevado de comportamento que associamos a um propósito. Alguém que veja um robô de piscina em ação pela primeira vez, depois de alguns minutos a observar, poderá dar sentido a estas observações e exclamar: «Aha! Aquela engenhoca está a limpar a piscina!»

O mesmo acontece com a vida, mas de forma mais expressiva. A primeira experiência de uma criança ao ver uma aranha a construir a sua teia provoca uma excitação especial no momento em que todos os pequenos movimentos se juntam para formar um desenho visualmente impressionante. Neste processo, a criança reconhece a intenção, mesmo que a função da teia permaneça misteriosa. E nós também reconhecemos. O resultado global assume um significado conceptual que se eleva acima de tudo o que percecionamos naquelas pequenas ações momentâneas – a flexão de uma pata, o agarrar ou soltar de um fio, o início ou o fim da extrusão da seda. Podemos facilmente imaginar uma sucessão de pequenas ações idênticas que não resultam em nada mais do que desordem, mas o que vemos não é nada disso. As pequenas ações tornam-se significativas porque produzem um fim significativo, e não podemos evitar a convicção de que este era o fim pretendido. A pequena aranha atarefada estava ocupada por uma razão.

A atividade nem sempre produz essa convicção. Por vezes, o efeito total é apenas uma simples soma dos efeitos momentâneos. Uma chuva fraca na rua produz pequenas poças, e depois maiores se continuar a chover. Mas, mesmo que a chuva continue até que a rua fique inundada, não ficamos com a impressão de que a chuva ou as nuvens pretendiam encerrar a rua. A chuva não dá a impressão de ser inteligente, não dá a impressão de ter imaginado algo e depois trabalhado habilmente para o realizar. Em nítido contraste com o trabalho da aranha, chuva forte não tem maior significado conceptual do que chuva fraca. Muita chuva pode trazer consigo consequências práticas importantes, mas não precisamos de novos conceitos para o compreender. Se sabe o que é chuva e o que muita significa, então sabe o que muita chuva significa.

A chuva acontece, mas a vida não acontece – ou pelo menos é disso que eu espero convencê-lo. A vida é tão diferente da chuva, que precisaremos de um novo vocabulário para pensar nela com clareza.

Um Integral Dinâmico e Um Projeto Global

De acordo com o dicionário Oxford, integral é «uma coisa que é completa em si mesma». Neste sentido, as aranhas e os robôs de piscina são integrais, ao passo que os montes de areia e as trovoadas não o são. As condições que encurtam uma trovoada ou as ações que separam um monte de areia deixam-nos com coisas que são comparáveis ao original, embora mais pequenas. Em contrapartida, a dissecação de uma aranha ou a desmontagem de um robô de piscina deixam-nos com restos ou peças – coisas que não são de nenhuma forma comparáveis ao integral original.

O mesmo se pode dizer de um átomo de carbono ou do Sol – ambos têm características que não resultam apenas da soma das suas partes –, mas nenhum destes objetos manifesta intenção, tal como o fazem a aranha e o robô de piscina. Assim, temos na aranha e no robô de piscina exemplos de um tipo especial de integral – aquele que manifesta intenção ao empreender e concluir um projeto. Antes de continuar a desenvolver esta ideia, devo dizer que a existência desta classe especial de «integrais» não implica, de forma alguma, que as coisas que se situam fora dela, como os átomos e as estrelas, sejam desprovidas de intenção ou pouco dignas de nota. Apenas afirmo que nenhuma dessas coisas excluídas «trabalha» da mesma forma que uma aranha ou um robô de piscina, como se tivessem a sua própria intenção.

Precisamos de um termo para distinguir estes integrais especiais – aqueles que parecem estar a tentar fazer alguma coisa. Como forma simples de transmitir a ideia subjacente, referir-me-ei a essas coisas como integrais dinâmicos. Um integral dinâmico é, portanto, uma coisa ativa que nos faz percecionar uma intenção, porque atinge um grande resultado ao juntar muitas pequenas coisas, ou circunstâncias, da forma mais correta. Esse grande resultado é também um integral, o qual iremos designar por projeto global. Assim, um integral dinâmico é um conjunto de coisas que abordam um projeto global. Quando vemos um projeto global terminado, e o reconhecemos como tal, percebemos automaticamente a intenção, quer tenhamos, ou não, visto de que maneira foi realizado.

Dois termos que iremos utilizar

Projeto global:
Um grande resultado alcançado apenas pela conjugação de muitas coisas pequenas, ou circunstâncias, da forma mais correta.

Integral dinâmico:
Uma coisa ativa que realiza um projeto global.

A nossa *intuição de design* oferece uma interpretação clara desta perceção. Ao reconhecermos uma situação, ou um objeto, como um projeto global concluído, apercebemo-nos de que foi necessário trabalho para o completar. Mais especificamente, apercebemo-nos de que foi necessário trabalho qualificado – trabalho que juntou as coisas certas da forma certa. Na nossa experiência, a habilidade requer sempre discernimento – a capacidade de distinguir as coisas certas das coisas erradas e a maneira correta da maneira errada –, e o discernimento, por sua vez, requer conhecimento. No momento em que reconhecemos isto – que um projeto que requer conhecimento foi concluído –, inferimos imediatamente que um ou mais seres sapientes devem ter estado por detrás do trabalho. Isto decorre naturalmente da nossa *intuição de design*.

Repare que este raciocínio passa do resultado – o projeto concluído – para a coisa ativa que fez o trabalho. Repare também que o conhecimento e a intenção são inferidos de uma forma que não exige conhecermos o detentor do conhecimento ou o que pretendia. Quando observamos um robô de piscina a fazer o seu trabalho, vemos que todas as suas pequenas ações se somam para resultarem num projeto global: a limpeza de uma piscina. Sabemos que enfrentar tais projetos requer conhecimento, e a nossa *intuição de design* diz-nos que não há substituto para o conhecimento. Mas nem por um momento pensamos que o integral dinâmico que realizou o trabalho – o robô de piscina – sabe alguma coisa. Em vez disso, reconhecemos que o robô é o resultado bem-sucedido de um projeto global muito mais impressionante, ou seja, a conceção e o fabrico de um robô de piscina funcional. As dezenas de integrais dinâmicos que contribuíram para esse projeto foram seres humanos: inventores, engenheiros, *designers*, maquinistas, trabalhadores da linha de montagem, gestores de projeto, etc. Assim, o conhecimento e a intenção percecionada quando observamos o robô de piscina em funcionamento são, em última análise, rastreáveis ao conhecimento e à intenção humana, embora essa perceção ocorra independentemente de fazermos ou não esse rastreio.

Os integrais dinâmicos lidam com os seus projetos dividindo-os em projetos mais pequenos de uma forma organizada. Os grandes projetos são divididos em subprojetos mais pequenos, que podem, por sua vez, necessitar de mais divisões. Desde que os subprojetos sejam suficientemente complexos para ser considerados projetos globais, percecionamos que a sua conclusão é motivada por uma intenção e que, por conseguinte, aquilo que trabalha para a sua conclusão é um integral dinâmico. Por outras palavras, um integral dinâmico de grandes dimensões tende a ter várias camadas de integrais dinâmicos mais pequenos no seu interior, cada um dedicado à resolução do seu próprio subprojeto.

Estas ideias são mais familiares do que parecem. Por exemplo, ganhar um jogo de ténis pode ser um projeto global para uma jogadora de ténis. O seu sucesso, no entanto, depende criticamente de demasiados subprojetos para que possamos enumerá-los. Um deles é a transferência de oxigénio e dióxido de carbono de e para o sangue, que é um projeto global em si mesmo. O integral dinâmico que realiza o projeto de nível superior (jogar ténis) é um ser humano, enquanto os integrais dinâmicos que realizam os principais processos fisiológicos que suportam esse projeto de nível superior são sistemas e órgãos dentro do corpo da jogadora. Ela tem um par de pulmões, integrais dinâmicos que trabalham arduamente no subprojeto da respiração e, de preferência, suficientemente bem para que ela possa concentrar-se apenas no ténis. A trabalhar em conjunto com os seus pulmões no subprojeto da respiração estão outros integrais dinâmicos, como o sistema nervoso e o diafragma. E, como seria de esperar, os projetos que estão a ser realizados por cada um destes integrais dinâmicos anatómicos podem ser subdivididos em projetos atribuídos aos tecidos, depois às células, depois às estruturas subcelulares e às interações intercelulares, e, finalmente, às moléculas da vida.

Agora, a questão que mais nos interessa é saber se alguém planeou que os nossos pulmões, e as células que os compõem, realizem os seus respetivos projetos da mesma forma que a jogadora de ténis planeia ganhar o seu jogo. Teremos razão em inferir um *design* intencional quando observamos o corpo humano – ou qualquer corpo vivo – em ação, da mesma forma que inferimos quando observamos o robô de piscina? A resposta a esta questão surgirá à medida que prosseguirmos, mas os pontos a reter aqui são mais modestos. Em primeiro lugar, com ou sem razão, que estamos naturalmente inclinados a pensar que coisas como os órgãos e as células foram planeadas, e, em segundo lugar, que é possível apresentar uma lógica baseada no senso comum para esta inclinação. Mais uma vez, não nos interessa saber se a lógica que apresentei é a que usamos. Em vez disso, o nosso interesse é decidir se as próprias inclinações são corretas.

À medida que a nossa viagem for prosseguindo, vou construir um argumento para julgá-las corretas, mas o meu objetivo é tanto inspirar como convencer. Se a teoria de Darwin nos deixou com uma visão empobrecida da vida – como eu acredito que deixou –, então temos tanto a ganhar ao vocalizarmos uma visão mais satisfatória da vida como temos em mostrar que Darwin estava errado. Espero fazer as duas coisas.

Sobre o Salmão e a Orca

Cheguei a pensar que tudo acerca de um salmão é salmão e tudo acerca de uma orca é orca. Tendo trabalhado em biologia molecular durante décadas, sei que as semelhanças entre estes dois animais aquáticos são reais e significativas, mas confesso que este conhecimento teórico se desvanece quando vejo salmões adultos, que passaram a maior parte das suas vidas nas águas salgadas do Pacífico, a lutarem contra a corrente de água doce para chegarem ao local onde as suas vidas começaram. A sua missão consome-os, literalmente. Deixando completamente de comer, sacrificam cada grama da sua carne, lançando-se por cima de rochas, e contra elas, enquanto lutam para subir os rápidos – tudo pelo objetivo final de serem progenitores, que nunca verão os filhos nascer.

A forma como os salmões passam o testemunho de uma geração para a seguinte pode parecer-nos brutal, mas essa preocupação não parece ter-lhes passado pela cabeça. Nem passou pela minha, nas ocasiões em que os observei. Na sua determinação intransigente, estas criaturas magníficas deixam bem claro que estão a fazer exatamente aquilo para o qual estão destinadas – como heróis e heroínas a precipitarem-se para a sua última batalha.

A maior parte morre nas batalhas iniciais. Passei também um dia a observar isto com um pequeno grupo de amigos num barco de observação de baleias, no estreito de Juan de Fuca. As orcas, muitas vezes chamadas baleias assassinas, passam as suas longas vidas em pequenos grupos familiares. São as mais formidáveis caçadoras do oceano, não temendo nada e alimentando-se de tudo o que lhes pareça bom, incluindo o tubarão-branco, que de outra forma seria invencível. Tal como os tubarões, as orcas matam, mas a forma como matam é completamente diferente. São inteligentes e graciosas, tão admiráveis para nós como temíveis para os peixes.

O capitão da nossa embarcação, um observador experiente de orcas, localizou um grande cardume de salmão com o seu equipamento de sonar. Com o motor desligado, vogámos por cima do cardume durante vários minutos e observámos as baleias a fazerem o seu trabalho... com estilo. Para mim, tornou-se rapidamente evidente que estas criaturas são suficientemente inteligentes para saberem que estão a ser observadas, e suficientemente gregárias para aproveitarem qualquer oportunidade para se exibirem. Como se estivessem a executar uma jogada do seu livro de caça, confinaram os salmões utilizando uma técnica de encurralamento em que os membros do grupo assumem posições à volta do perímetro do cardume para evitar que este se disperse. Do nosso ponto de vista acima da água, os sinais disto eram os jorros ocasionais a alguma distância do barco e em todas as direções. Os salmões, evidentemente, tinham uma visão muito melhor do que estava a acontecer, embora presumivelmente não partilhassem da sensação agradável que nós tínhamos.

O que vimos do convés do barco foi inesquecível. Estes elegantes exibicionistas revezavam-se a nadar a alta velocidade através dos salmões encurralados, devorando um ou dois em cada passagem e celebrando o seu sucesso com saltos de cortar a respiração – cinco toneladas de um esguio preto e branco lançadas para fora de água com uma facilidade implausível. Por momentos, a gravidade foi abolida quando elas se lançaram no ar. No espaço de um fôlego – o meio segundo de que precisei para separar o ver do crer –, a capacidade de voarem parecia real, apenas para ser dissipada pela estrondosa reentrada na água. Como tais extremos de massa e graciosidade podem residir no mesmo corpo continua a ser um mistério para mim.

Só mais tarde me ocorreu a ideia de que aquele breve espetáculo significava que alguns salmões nunca fariam a sua heroica viagem de fim de vida. Quando pensei nisso, a saga dos salmões voltou a parecer mais um ato de valentia do que uma tragédia – não porque os salmões possam ser virtuosos, mas porque há algo de intrinsecamente belo naquilo que são e algo de magnífico na intensidade com que vivem o seu destino. O que emerge do seu heroísmo é profundamente convincente.

As orcas são igualmente convincentes, à sua maneira. E, de alguma forma – para mim, pelo menos –, o facto de parte do que significa ser um salmão é sacrificar-se a si próprio, ou alguns dos seus familiares, para alimentar as orcas, não torna nenhuma das espécies menos magnífica ou menos convincente.

A Vida à la Darwin

Se existe algo de convincente na visão de Darwin sobre a vida é a simplicidade da sua ideia central. Subjacente ao emaranhado de ideias em que se transformou a biologia evolucionista está um princípio claro: as coisas com a capacidade de se reproduzirem têm automaticamente o potencial de produzir descendentes que são melhores reprodutores. Poucas explicações teóricas são tão surpreendentemente diretas. O aperfeiçoamento perpétuo dos reprodutores parece requerer apenas (1) que eles levem a cabo a sua reprodução de forma imperfeita – com pequenos erros (mutações) a serem introduzidos ocasionalmente – e (2) que pelo menos alguns desses erros melhorem a reprodução, mesmo que apenas ligeiramente.

Os problemas desta ideia tornar-se-ão evidentes mais adiante. Por agora, pergunto apenas como é que esta explicação, se a aceitarmos, deve moldar a nossa imagem da vida. Considerando quão inócuas as suposições parecem, a profundidade das suas implicações pode ser uma surpresa. Somos levados a ver os muitos tipos de vida da mesma forma que vemos as características geológicas: como coisas em constante fluxo. As montanhas parecem-nos permanentes porque mantêm as suas formas durante longos períodos, mas sabemos que estão constantemente a ser remodeladas pelas forças naturais que as formaram. O mesmo deve acontecer com a vida se, tal como a crosta terrestre, estiver constantemente a ser moldada por forças invisíveis. Segundo este ponto de vista, deve ter existido um simples antepassado de todos os animais, cujos descendentes foram empurrados pela seleção natural em muitas direções diferentes, como folhas dispersas na água por correntes convectivas. Portanto, os animais modernos não devem ser mais do que as localizações atuais dessas folhas à deriva. Cada um deles é como uma única imagem num longo vídeo temporal – o instantâneo do dia. A magnitude das mudanças cumulativas pode surpreender-nos ao contemplarmos a espantosa variedade de animais que vieram desse único antepassado, mas nada sobre as formas atuais nos deve surpreender, pois isso seria como ficar espantado com uma única imagem no meio de um longo vídeo. Presumivelmente, e dado o mesmo tempo, os descendentes atuais das aranhas, das baleias e dos salmões tornar-se-ão de novo radicalmente diferentes.

Embora pessoalmente não goste desta visão fluida da vida, teria de me conformar com ela se estivesse comprometido com a ideia de que a seleção natural é a criadora da vida. O que não seria fácil, já que iria ficar constantemente incomodado com a contradição entre esta visão e aquilo que vejo quando abro os olhos, porque a vida parece-me profundamente diferente da geologia. Os assuntos da geologia são mais bem compreendidos agrupando-os num número relativamente pequeno de categorias, enquanto a biologia exige uma abordagem diferente. Uma pesquisa aprofundada para a compreensão satisfatória das distintas variedades da vida obriga-nos a abandonar a ideia de que são todas fundamentalmente a mesma coisa: reprodutores tropeçando ao longo do caminho para uma melhor reprodução. A aranha, o salmão e a orca não aceitam essa ideia. Cada uma dessas formas de vida é imperiosamente convincente e completa, totalmente empenhada em ser o que é. E cada uma acabará heroicamente pela morte ou mesmo pela sua extinção, mas não por se render a forças que a transformariam noutra coisa.

A Perfeição e os Seus Críticos

Este tema do empenhamento leva a ideia dos «integrais» a um novo nível, sugerindo a possibilidade de alguns serem o que são porque assim o devem ser – como se fossem expressões de algo mais verdadeiro e mais significativo do que qualquer representação física temporária. A ideia aqui não é de que algumas coisas são tão boas que tinham de existir, mas sim que algumas coisas são tão boas que não podem deixar de ser o que são. A tapeçaria da criatividade humana está adornada com vários exemplos: uma composição musical perfeita, um poema perfeito, uma prova matemática perfeita – tesouros intemporais para serem contemplados, mas nunca para serem refeitos.

A vida é a representação por excelência desta ideia, definitivamente sem rival entre as obras humanas. Esqueça a velha definição de vida dos manuais – algo como a vida ser um processo autoperpetuante, sem equilíbrio, baseado na química do carbono e impulsionado pelo influxo de energia solar. Essa definição nunca foi aceite por ninguém que tenha refletido sobre a vida. Não, a vida deve ser algo muito mais rico, incomensuravelmente mais digno da nossa atenção. A vida é mistério e obra-prima – uma abundância transbordante de composições perfeitas. Eu e você estamos entre elas, aqui por um breve período para nos deliciarmos com tantas outras quanto possível.

Certamente que toda a gente sente a profunda maravilha da vida. Parece demasiado deslumbrante para ser ignorada. Igualmente óbvia é a tensão entre esta visão sublime da vida e a explicação oferecida por Darwin. A sua ideia de que a vida vagueia de uma variação para outra, nunca se comprometendo, cedendo sempre à força cega da seleção natural, é claramente incompatível com a ideia de que as formas físicas da vida são expressões de algo mais profundo, algo imovível, algo perfeito.

> *A ideia de Darwin de que a vida vagueia de uma variação para outra, nunca se comprometendo, cedendo sempre à força cega da seleção natural, é claramente incompatível com a ideia de que as formas físicas de vida são expressões de algo mais profundo, algo imovível, algo perfeito.*

Então, como é que uma pessoa relutante em abandonar o darwinismo pode reagir a esta visão elevada da vida? Já vi duas abordagens. A mais grosseira, e provavelmente a mais conhecida, é rebaixar a visão elevada. Dos vários caminhos possíveis para esta desvalorização, um realça aspetos da vida que todos concordamos que não estão corretos. Os defeitos à nascença, o cancro, as doenças infeciosas, os parasitas, o sofrimento e a perda de biodiversidade são todos perturbadoramente maus, pelo que é razoável apresentá-los como prova contra qualquer afirmação de que a vida, tal como a vemos, é globalmente boa. Mas a minha questão é mais subtil do que isso. Não estou a negar que o estado atual da vida é preocupante em muitos aspetos. Em vez disso, estou a afirmar que algo extraordinariamente bom é claramente visível mesmo através da névoa dos problemas.

A outra forma de desvalorizar a vida é assumir o papel de um biocrítico – alguém que procura falhas na conceção dos seres vivos. Por exemplo, o panda-gigante tem um osso saliente no pulso que desempenha um papel semelhante ao do polegar, permitindo-lhe agarrar o bambu (figura 6.1). O facto de este osso (chamado sesamoide radial) não ser um verdadeiro polegar articulado, idêntico ao nosso, levou algumas pessoas a considerá-lo uma adaptação improvisada, algo que nenhum bom *designer* utilizaria. Não é de estranhar que outros defendam que se trata de uma boa conceção. Pela minha parte, dou por mim a avaliar mais as pessoas do que o panda. Nenhuma destas pessoas, por muito sérias que sejam, tem um conhecimento profundo dos princípios de conceção e desenvolvimento subjacentes aos ossos sesamoides ou aos polegares, e ainda menos sobre pandas. De facto, nenhum de nós tem. Procure nos principais centros de investigação do mundo e não encontrará nenhum engenheiro de esqueletos – ninguém que tenha a mais pequena ideia de como adicionar exosqueletos a minhocas ou como dotar sanguessugas de espinhas dorsais. Assim sendo, a nossa total incapacidade de responder a estas questões do «como» desqualifica-nos categoricamente para um compromisso sério com as questões mais importantes do «porquê». Somos livres de formar opiniões sobre estes assuntos, mas elas não são mais do que isso. A minha opinião, para quem estiver interessado, é que o panda-gigante é mais um exemplo de algo perfeito – algo que é exatamente como deveria ser.

Para as pessoas que não estão prontas para se separarem da teoria de Darwin, a melhor opção é abraçar a excelência da vida na esperança de que isso acabe por se revelar explicável em termos darwinianos. Esta opção tem a considerável vantagem de afirmar a nossa visão superior da vida, mas com isso vem o desafio de tentar encaixar um quadrado num buraco redondo. Se a seleção natural não é apenas a grande modeladora, mas também uma «habilidosa» incessante, como Darwin pensava, então a evolução nunca chega a um final convincente. Nas suas próprias palavras:

> *Pode dizer-se que a seleção natural examina diariamente e de hora a hora, em todo o mundo, as mais pequenas variações; rejeita as que são más, preserva e soma todas as que são boas; trabalha silenciosa e insensivelmente, sempre e onde quer que a oportunidade se ofereça, no melhoramento de cada ser orgânico em relação às suas condições orgânicas e inorgânicas de vida*[1].

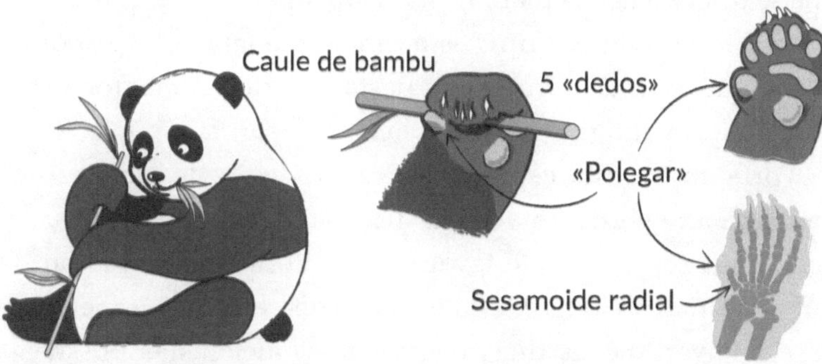

Figura 6.1 Localização e utilização do osso sesamoide radial na pata dianteira do panda-gigante.

Portanto, para Darwin, a possibilidade de todas as linhas evolutivas terminarem em algo demasiado bom para ser alterado teria sido tão inconcebível como a possibilidade de condições imutáveis. Os ecossistemas e climas locais sofrem mudanças constantes, o que significa que as condições nunca se fixam num estado permanente, o que por sua vez demonstra que o trabalho da seleção natural nunca está terminado. Pelo contrário, a afirmação de que há algo de singularmente convincente nos seres vivos, tal como os vemos atualmente, é uma afirmação de completude. Rejeita a ideia de que os *designs* da vida são como folhas à deriva num lago, ou como montanhas em constante mudança, ou como uma única imagem num vídeo. Assim, os seguidores de Darwin parecem confrontados com o dilema de decidir se acreditam na sua teoria ou nos seus olhos.

Para compreender melhor este dilema, tente imaginar um plausível precursor evolutivo de todos os animais modernos. Tendo descendido da vida mais simples, esta criatura teria possuído apenas os caracteres mais básicos encontrados em todos os animais modernos, nomeadamente um corpo multicelular que se diferencia das plantas por não ter paredes celulares nem fazer a fotossíntese. Entre os animais modernos, as esponjas são as que mais se aproximam desta descrição. Imagine então uma criatura antiga com a simplicidade de uma esponja.

Portanto, se esta esponja antiga produziu de facto a orca moderna através de uma longa sucessão de intermediários, devemos perguntar: o que levou à espantosa transformação da forma animal ao longo desta linha de descendência específica? Parece haver apenas duas respostas evolucionistas possíveis. Ou as «condições de vida» determinaram a forma, ou foi a seleção natural que o fez. Isto é, ou a seleção fornece o que as condições do dia exigem, ou a seleção dirige o seu próprio curso para um fim altamente adequado, lidando com as mudanças de condições ao longo do caminho. O primeiro postulado implica que a esponja antiga e a orca moderna estejam ligadas por uma sucessão de formas animais comparativamente adaptadas, enquanto o segundo implica uma progressão ascendente da forma antiga inferior para a forma moderna superior. Ambos os cenários têm problemas. Se dissermos que as condições estão no lugar do condutor, estamos a dizer que a vida é descomprometida ao ponto de ser incoerente – aberta a ser uma esponja ou uma orca, ou qualquer uma das subtis gradações que supostamente abrangem essa lacuna não tão subtil. Por outro lado, se dissermos que é a seleção que guia o processo, então aproximamo-nos desconfortavelmente da personificação da evolução, como se ela tivesse a visão para saber o que queria fazer com aquela esponja rudimentar e a paciência para a acompanhar durante um longo período de estranha adolescência, sabendo quão bom seria o resultado final.

Porque É Que as Proteínas não Evoluem (nunca mais)

A questão mais importante, porém, é saber se a vida está de facto aberta a remodelações evolutivas. A resposta que tem surgido com crescente clareza nos últimos anos teria surpreendido Darwin.

Alguns dos factos mais importantes remetem-nos para o tema das proteínas. Explicar como as proteínas naturais, com as suas funções requintadas, podem ter surgido por acaso é um desafio monumental. Este desafio pode ser dividido num aspeto mais extremo e num aspeto menos extremo, ambos os quais se estão a revelar grandes obstáculos para a teoria da evolução. O desafio mais extremo é explicar como é que as mutações e a seleção podem ter produzido características estruturais completamente novas para as proteínas, denominadas dobras (figura 6.2). O desafio menos extremo é explicar como é que as mutações e a seleção podem ter produzido variações funcionais em características já existentes de dobras.

Eu e os meus colegas estudámos estes dois desafios. Para nos concentrarmos no menos extremo, eu e a bióloga Ann Gauger optámos por trabalhar com duas enzimas naturais e surpreendentemente semelhantes, mas funcionalmente distintas, a que chamaremos enzima A e enzima B (figura 6.3). O nosso objetivo era determinar se seria possível que a enzima A evoluísse para a função da enzima B num espaço de tempo de milhares de milhões de anos. Se a seleção natural realmente persuadiu as esponjas a transformarem-se em orcas em menos tempo, inventando muitas proteínas novas pelo caminho, pensámos que deveria ter poderes de sobra para esta pequena transformação. Contudo, depois de testarmos cuidadosamente as mutações com maior probabilidade de causarem esta mudança funcional, concluímos que provavelmente ela não é viável através da evolução darwiniana[2]. Trabalho adicional apoia esta conclusão. Mariclair Reeves – tal como Ann Gauger, uma bióloga do Biologic Institute – testou meticulosamente milhões e milhões de mutações aleatórias, procurando qualquer possibilidade evolutiva que pudéssemos ter negligenciado no nosso primeiro estudo. Não encontrou nenhuma[3].

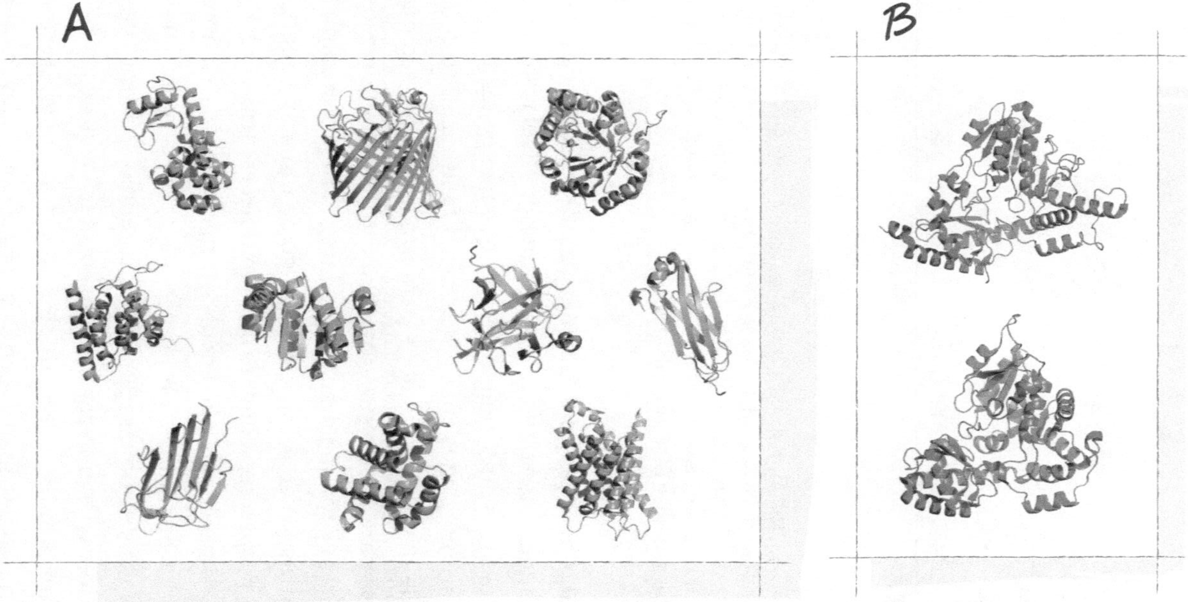

Figura 6.2 A distinção entre temas estruturais e variações de um tema para as proteínas. Dos milhares de temas estruturais conhecidos, ou dobras, dez são mostrados como diagramas de fita na figura 6.2A. Repare na grande variedade de dobras que podem ser feitas a partir dos dois elementos estruturais básicos, a hélice alfa e a cadeia beta. A figura 6.2B mostra duas variações do mesmo tema de dobra. Embora a fronteira que separa as variações de um tema das diferenças de tema seja imprecisa, estas duas categorias têm-se revelado úteis para classificar as estruturas proteicas.

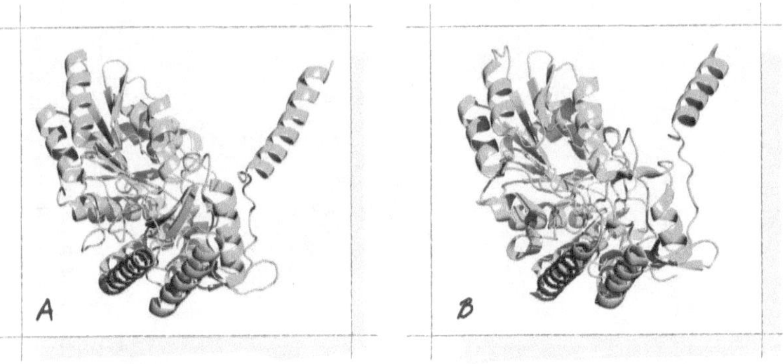

Figura 6.3 Ambas as enzimas que eu e Ann Gauger escolhemos para estudar são formadas por duas moléculas de proteína idênticas que se agarram uma à outra de forma análoga a um aperto de mão. Aqui, pode ver-se a semelhança impressionante entre as «mãos» que formam a enzima A e a enzima B (os seus verdadeiros nomes são Kbl e BioF, respetivamente).

Recebemos duas boas perguntas de não cientistas sobre este resultado. A primeira questiona como é sequer possível testar um processo que demora tanto tempo. É certo que não podemos observar nada durante éones, mas o leitor está familiarizado com a possibilidade de calcular tempos para processos que são demasiado lentos para ser observados. Para estimar quantos anos serão necessários para que uma árvore jovem atinja o tamanho desejado, medimos o crescimento ao longo de um ano e depois comparamo-lo com o crescimento adicional necessário. As estimativas para os processos que envolvem casualidade têm uma ligeira diferença. Se souber a proporção das apostas vencedoras na lotaria todas as semanas, por exemplo, então sabe quantas vezes os jogadores devem prever ter de apostar antes de ganharem. Os jogadores individuais sair-se-ão melhor ou pior do que o esperado, mas o resultado médio a longo prazo deverá ser o esperado. As teorias científicas que envolvem casualidade, como é o caso da teoria de Darwin, são analisadas da mesma forma. No entanto, ao contrário de um jogador de lotaria, uma teoria científica não pode apelar à sorte na esperança de vencer as probabilidades. Os defensores da teoria de Darwin têm, em vez disso, de mostrar que algo comparável com a vida na sua atual plenitude é o resultado expectável após o aparecimento do organismo mais simples.

A segunda boa pergunta é se os cientistas que aceitam a explicação da vida proposta por Darwin também aceitam a nossa conclusão de que a enzima A não pode evoluir para funcionar como a enzima B. Ficará surpreendido por saber que muitos deles aceitam. De facto, não tenho conhecimento de que alguém tenha contestado essa conclusão. Como, podemos então perguntar, pode alguém acreditar que a seleção natural é incapaz de uma transformação tão pequena e, simultaneamente, dizer que ela realizou inúmeras e gigantescas transformações? A resposta atual dos evolucionistas é que a seleção natural é vítima do seu próprio sucesso. Ou seja, pensa-se agora que a seleção natural foi tão eficaz a adaptar os organismos aos seus ambientes, que atingiu pontos finais – criaturas tão boas a serem o que são, que já não podem sofrer alterações evolutivas.

O paleontólogo de Berkeley, Charles Marshall, exemplifica esta perspetiva na sua recensão[4] ao livro de Stephen Meyer, *Darwin's Doubt*[5] [«A dúvida de Darwin»]. A tese de Meyer é que o mecanismo evolutivo de Darwin é incapaz de gerar novas formas animais, em parte porque é incapaz de gerar novas formas de proteínas. Em resposta, Marshall sugere que as novas formas animais evoluíram sem qualquer necessidade de novas proteínas[6]. De acordo com ele e outros, isto foi feito «reconectando» as redes reguladoras de genes (GRN) que controlam quando e onde os genes existentes são ativados dentro de um embrião em desenvolvimento. Marshall admite que as alterações experimentais destas redes geralmente matam os embriões em desenvolvimento, mas também pensa que isso deve ser ignorado, porque «as GRN atuais foram revestidas com meio bilião de anos de inovação evolutiva (o que explica a sua resistência à modificação), ao passo que as GRN na altura do aparecimento dos filos [as formas animais mais básicas] não estavam tão sobrecarregadas».

Portanto, eu e Marshall concordamos que a vida na sua forma atual resiste à mudança evolutiva. Discordamos quanto à probabilidade de a seleção natural ter feito algo de notável, mas ambos acabamos por favorecer uma explicação da vida que parece mais intencional do que a explicação de Darwin. Se a seleção natural realmente moldou a vida, assemelhou-se mais a um artista a moldar o barro do que à erosão a moldar o arenito. Foi suficientemente hábil para transformar o ordinário em extraordinário e suficientemente sábia para perceber quando esse trabalho estava terminado.

A versão molecular deste ponto de vista tornou-se a principal crítica à conclusão a que cheguei com Ann Gauger e Mariclair Reeves. Estávamos errados, dizem os críticos, ao esperar que a enzima A fosse capaz de evoluir mais, porque as enzimas, tal como os animais, foram aperfeiçoadas ao ponto de deixarem de ser maleáveis nas mãos da seleção natural. Dan Tawfik, do Weizmann Institute, que conheço dos meus tempos em Cambridge, é um defensor desta ideia. Acreditando que «as enzimas de especificidade alargada serviram de progenitoras das enzimas especializadas de hoje»[7], Tawfik provavelmente concordaria com as críticas de que eu e a Ann estávamos errados ao esperar que as enzimas especializadas de hoje evoluíssem da mesma forma que as enzimas de especificidade alargada de ontem.

Se esta última versão do pensamento evolucionista é mais plausível do que as versões anteriores, é algo que se tornará claro à medida que prosseguirmos. Na verdade, Tawfik reconhece a dificuldade de explicar como é que as supostas enzimas de especificidade alargada teriam surgido em primeiro lugar. Uma vez que tinham de ser verdadeiras enzimas – proteínas dobradas com sítios ativos geometricamente complexos –, não é claro o que se ganha ao propô-las como precursoras. O seu próprio diagnóstico desta situação é admiravelmente franco: «A evolução tem este paradoxo: nada evolui a não ser que já exista»[8]. Por outras palavras, não espere que um X funcional (seja ele qual for) saia do processo evolutivo a não ser que um X funcional já tenha entrado.

Mais uma vez, estou de acordo, o que faz com que a resolução desta disputa entre os cientistas pareça possível. Porém, a próxima pergunta mais sensata para se colocar vai pôr à prova essa esperança: o que resta de uma teoria das origens quando se admite que não explica a origem das coisas?

Vimos neste capítulo que os seres vivos são integrais refinados – tão empenhados em serem o que são que dão a nítida impressão de estarem destinados a ser o que são. Com esta constatação em mente, estamos prontos para começar a analisar o ponto de vista oposto. Se a vida não estava destinada a ser, então é acidental, e das poucas sugestões de como poderia ser acidental nenhuma teve mais esperanças do que a seleção natural. Assim, usaremos o próximo capítulo para examinar a seleção natural sob a poderosa lente da ciência comum.

CAPÍTULO 7

À ESPERA DE MARAVILHAS

Todas as tentativas para explicar como a Terra se tornou um planeta repleto de vida têm de enfrentar o desafio de explicar coisas extraordinárias. As causas físicas comuns parecem adequadas para explicar coisas que não são orientadas para tarefas (coisas como átomos, estrelas e tornados), mas a nossa *intuição de design* diz-nos que essas causas não podem explicar as coisas a que chamamos integrais dinâmicos (coisas como aranhas e robôs de piscina). Muitos cientistas dizem-nos o contrário: que, em última análise, todas as coisas têm origem em processos físicos comuns. Esses processos, afirmam eles, transformaram a sopa primordial em vida simples, e a vida simples em animais simples, e os animais simples em animais complexos, alguns dos quais fazem robôs. Se estes cientistas tiverem razão, as coisas extraordinárias, afinal, não requerem causas extraordinárias.

No entanto, isto não se coaduna bem com a nossa *intuição de design*. Quando vemos coisas funcionais que surgiram apenas através da junção correta de muitas partes, achamos impossível não atribuir estas invenções a uma ação intencional, o que coloca a nossa intuição contra a narrativa evolucionista. Tal como a nossa rejeição da sopa de oráculos mostrou, as pessoas diferem não pelo facto de terem ou não a *intuição de design*, mas por terem ou não exonerado a evolução dessa intuição. Todos concordamos que a teia de uma aranha é o produto do seu instinto de fiar. O ponto em disputa é se alguém pretendeu que as aranhas tivessem esse instinto ou se são as partes do corpo que permitem a sua utilização. Se ninguém quisesse que as aranhas fiassem, então as aranhas foram inventadas de forma acidental, o que torna a nossa *intuição de design* enganadora. Se alguém o desejava, então as aranhas foram inventadas deliberadamente, o que torna o relato evolucionista enganador.

O caminho a seguir é reconhecer que, independentemente do valor que atribuirmos à *intuição de design*, podemos certamente raciocinar sem ela. Sem rejeitar a intuição, podemos em vez disso apoiar-nos na observação e no cálculo para decidir se devemos esperar que um Universo como o nosso produza integrais dinâmicos, tal como as aranhas. A questão importante, então, é se a teoria da evolução está mais próxima das nossas observações do que a nossa *intuição de design*.

Estará? Qual o facto citado por Darwin que, contrariamente à nossa intuição, nos deveria fazer esperar que organismos como as esponjas se transformassem em organismos como as orcas? Qual a causa que ele identificou com o poder de fazer com que essas extraordinárias transformações sejam tão fáceis, que aconteceram um milhão de vezes de formas diferentes? O que é que poderia superar improbabilidades tão assustadoras? A resposta-padrão, ainda hoje, é a seleção natural – a tendência dos organismos mais aptos para terem mais descendentes. Ninguém contesta esta tendência, mas será que ela pode realmente produzir estas maravilhas?

Adeptos de Futebol Robótico

Um cenário hipotético ajudar-nos-á a encontrar a resposta. O que tenho em mente, das inúmeras possibilidades que poderia apresentar, tem que ver com o futebol. Como todos os que já assistiram a um jogo de futebol profissional sabem, as multidões futebolísticas são barulhentas. Isto é verdade nos Estados Unidos, onde as bolas de futebol são oblongas, e igualmente verdade no resto do mundo, onde são redondas. Os adeptos da minha equipa local, os Seattle Seahawks, levaram este fenómeno ao que alguns chamariam um extremo pouco saudável. Exatamente dois meses antes de a equipa ganhar o Super Bowl XLVIII, os seus adeptos bateram o recorde mundial da multidão mais barulhenta num evento desportivo ao ar livre, atingindo uns estridentes 137,6 decibéis no segundo dia de dezembro de 2013[1].

Uma vez que as multidões num jogo de futebol são caracteristicamente barulhentas, poderá algo, que não compreende absolutamente nada, ser capaz de encontrar o caminho para um jogo de futebol apenas procurando por barulho? Estou a pensar num robô pesquisador de ruído. Imagine um robô à prova de intempéries que possa ser lançado de paraquedas em qualquer local, em terra ou no mar. Ao aterrar, solta o paraquedas e começa a rastrear fontes de som. Primeiro, utiliza um microfone direcional para medir o som em todas as direções a partir da sua localização atual. Depois, nada ou rasteja uma curta distância na direção do som mais alto captado, parando então para repetir a medição. Este ciclo de escuta e movimento é repetido durante o tempo suficiente para que os pequenos movimentos somem uma distância considerável, embora a distância que o robô vai percorrer dependa do grau de retilinearidade do percurso.

A questão é: o que teria de acontecer para que um robô deste tipo encontrasse o caminho para um ruidoso estádio de futebol? Ser lançado num local ao alcance do barulho da multidão, ou pelo menos na sua proximidade, seria útil. Mesmo assim, haveria muitas coisas que podiam correr mal. Sons concorrentes – como o do trânsito nas ruas – poderiam interferir. A multidão no estádio provavelmente geraria muito mais ruído do que o trânsito, mas, como o som diminui com a distância, o trânsito nas proximidades do lançamento podia ser registado como mais alto do que o produzido pelas claques distantes. Ainda assim, se for lançado ao alcance do ruído de um estádio, há pelo menos uma pequena esperança de que o robô encontre o caminho para um jogo.

Mas suponha que o local de lançamento é completamente aleatório – qualquer lugar na Terra com a mesma probabilidade. Neste caso, as hipóteses de sucesso seriam de facto muito reduzidas. Mesmo tendo em conta todos os estádios de futebol do mundo, a Terra é tão grande em comparação com as regiões próximas dos estádios, que há poucas probabilidades de o nosso robô ouvir o mais pequeno som de uma multidão futebolística. Por muito poderoso que seja o barulho da multidão dentro de qualquer estádio, é completamente inaudível na maior parte do planeta. O nosso pobre robô acabaria provavelmente numa costa qualquer, seduzido pelo som das ondas a rebentar. Mesmo que aterrasse numa cidade com um estádio de futebol, seria mais provável ser atraído por um ar condicionado ou ser atropelado por um autocarro do que chegar a um jogo de futebol (figura 7.1).

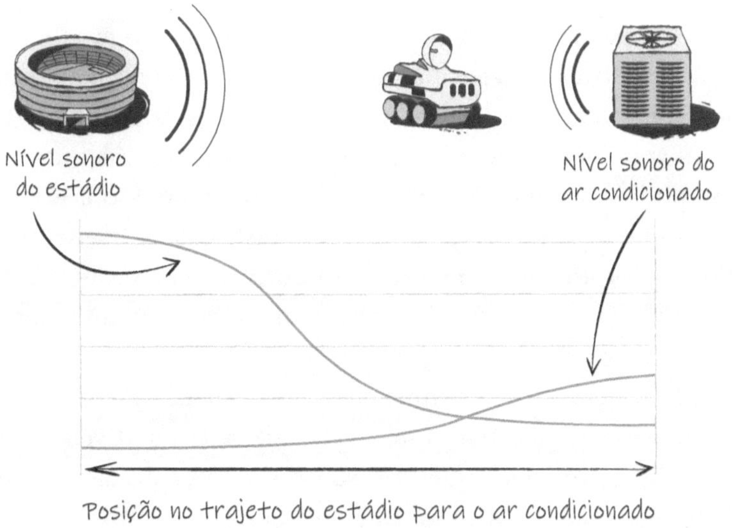

Figura 7.1 O dilema do robô que procura ruído. Mesmo em locais onde o barulho da multidão no estádio é audível, existem fontes sonoras concorrentes. Embora nenhuma fonte concorrente esteja a produzir tanto som como a multidão, o robô registará os sons próximos como mais altos do que os sons distantes. Combinado com a abundância de fontes sonoras concorrentes, isto torna a localização muito menos fiável do que seria de outra forma.

Podemos fazer uma avaliação mais exata se olharmos para alguns números. Se partirmos do princípio de que existem cerca de dois mil grandes estádios de futebol no mundo, e que o ruído produzido em cada um deles pode ser escutado até cerca de um quilómetro de distância, então todas estas áreas ao redor dos estádios equivalem a cerca de seis mil quilómetros quadrados. Isto é um escasso milésimo de um por cento dos 500 milhões de quilómetros quadrados da superfície da Terra, o que significa que a probabilidade de o nosso robô aterrar num local onde se possa ouvir uma multidão de futebol – se for no momento certo – é de apenas uma em cem mil.

No entanto, os movimentos do robô podem eventualmente levá-lo a ficar ao alcance audível do estádio. O sucesso é improvável a curto prazo, mas, se supusermos que o nosso robô funciona com energia solar e foi construído para durar, as probabilidades deverão aumentar com o tempo. É quase certo que fontes de ruído irrelevantes serão rastreadas e investigadas durante muito tempo, mas, eventualmente, mudanças nas circunstâncias farão com que o robô abandone cada uma destas distrações e passe para algo novo. Isto pode acontecer de várias formas. Talvez a força de uma onda ou a pata de um urso curioso empurre o robô para um local onde sejam audíveis novos sons. Ou talvez o som de um trovão ou do vento nas árvores distraia o robô momentaneamente, apenas o tempo suficiente para o colocar numa nova rota. Uma vez que ocorrências como estas são possíveis, é apenas uma questão de tempo até acontecerem. A nossa expectativa, portanto, é que repetidas mudanças de circunstâncias acabem por colocar o robô ao alcance do ruído de um estádio de futebol. Poderá demorar anos, décadas ou mesmo séculos, mas o sucesso acabará por chegar se a experiência continuar por tempo suficiente.

Contudo, há algo de estranho nesta versão de sucesso. Começámos por perguntar se a capacidade de procurar ruído poderia permitir a um robô encontrar um estádio de futebol, e agora estamos a invocar um outro fator, que não a busca de ruído, para alcançar o sucesso. Este outro fator é a repetição – repetição de oportunidades para se deparar com circunstâncias favoráveis raras. Para o observador, esta repetição cega é tão pouco promissora, que se assemelha mais a uma espera interminável. É certo que a espera pode funcionar se puder ser prolongada indefinidamente. Mas, se a espera interminável é realmente uma opção, qual a relevância inicial da capacidade de rastrear do robô? Afinal, mesmo algo completamente passivo – como um amendoim numa embalagem de esferovite – pode chegar a um estádio de futebol se esperarmos tempo suficiente.

A Ligação à Evolução

Esta questão da relevância, que de início motivou imaginarmos este cenário hipotético, impõe-se à nossa discussão sobre a evolução. De facto, existem fortes semelhanças entre o nosso robô e a evolução de uma espécie, sendo a principal delas o facto de a seleção natural atuar de forma muito semelhante à do rastreio. Tal como o robô se desloca em direção ao ruído mais alto, considerando a sua localização atual, também a seleção natural tende a desviar a composição genética de uma espécie em direção à melhor aptidão, considerando os seus membros atuais. O rastreio do robô causa movimento no espaço geográfico; o rastreio da seleção natural causa movimento num espaço abstrato, nomeadamente o espaço genético que consiste em todas as sequências genómicas possíveis. Cada movimento neste espaço genético consiste numa mudança na sequência do genoma que tipifica a espécie, demorando muitas gerações a concluir.

A figura 7.2 mostra como seria uma dessas mudanças se conseguíssemos observar uma espécie durante o tempo suficiente. O processo não é nada mais do que uma substituição gradual do tipo genético mais comum (neste caso, besouros sem marcas), causada pela presença na população de um tipo genético mais apto (besouros de ponto duplo). Na verdade, na maioria dos casos estudados, as diferenças visíveis nestes tipos genéticos não seriam tão óbvias como neste exemplo hipotético. Além disso, o observador não poderia saber se a seleção natural foi a causa da mudança, porque estas transições acontecem frequentemente por razões que nada têm que ver com a aptidão. Porém, quando a aptidão é a causa, o processo é semelhante ao processo de rastreio passo a passo do nosso robô, como veremos em mais pormenor daqui a pouco. Outra semelhança entre o nosso robô e o tipo de movimento genético que nos interessa é o facto de que, para ambos, temos uma noção clara do que pode ser considerado um sucesso. Escolhi os estádios de futebol como o objetivo do robô porque são locais altamente distintos – numerosos e variados, mas sempre dignos de registo. Esses mesmos adjetivos aplicam-se de forma ainda mais profunda aos seres vivos, para os quais a teoria da evolução tem de dar uma explicação. Não estamos a perguntar se a seleção natural provoca qualquer tipo de mudança. Em vez disso, estamos apenas a concentrar-nos nas mudanças mais notórias. Queremos identificar no mecanismo evolutivo algo que possa ter o surpreendente poder inventivo que Darwin e os seus seguidores atribuíram à evolução.

Figura 7.2 O trabalho visível da seleção natural numa espécie hipotética de besouro. Oito besouros representam a composição da população em três ocasiões ao longo do tempo, com muitas gerações de intervalo. Na última ocasião, a seleção já se concentrou na variante de pontos duplos, como se pode ver pelo facto de esta ser agora a característica da espécie.

Selecionar: Sair pela Esquerda

Com esse objetivo, a coisa mais importante que aprendemos com o nosso robô é que a capacidade única de rastrear fontes de sinais não é a responsável pelo sucesso. Em vez disso, o sucesso ocorre quando o tipo certo de fonte está suficientemente perto para se sobrepor a qualquer outra fonte. Reconhecemos isso quando verificámos a baixa produtividade do rastreio, a menos que o ruído que estivesse a ser seguido viesse de um estádio nas proximidades. Se aplicarmos a mesma analogia à evolução, devemos esperar algo semelhante para o rastreio realizado pela seleção natural.

Como mostra a figura 7.3, a situação é de facto semelhante. Tal como o robô representado na metade superior da figura, a espécie avança em direção à mais fraca das duas fontes de sinal apresentadas. Em ambos os casos, isto acontece porque a fonte mais fraca está mais próxima e, por conseguinte, é percecionada de forma mais intensa. A diferença é que o robô recebe o som diretamente da fonte mais próxima, enquanto a espécie tem de se contentar com informação muito menos definitiva. Tudo o que a espécie deteta é a aptidão relativa dos diferentes genomas que existem atualmente entre os seus membros. Podemos ser levados a pensar que isto é uma quantidade enorme de informação, considerando quantos milhões de indivíduos podem pertencer a uma espécie. No entanto, a composição genética da maioria dos indivíduos difere apenas de forma negligenciável de outros tantos, estando assim relativamente poucas variações genómicas em jogo em qualquer momento (representadas pelos pontos na metade inferior da figura). A ação de rastreio da seleção natural limita-se a passar do ponto atual (designado por localização inicial) para o melhor ponto disponível (nova localização). A figura mostra um desses passos. Na maior parte das vezes, a melhor localização disponível seria a localização atual, pelo que não seria dado qualquer passo.

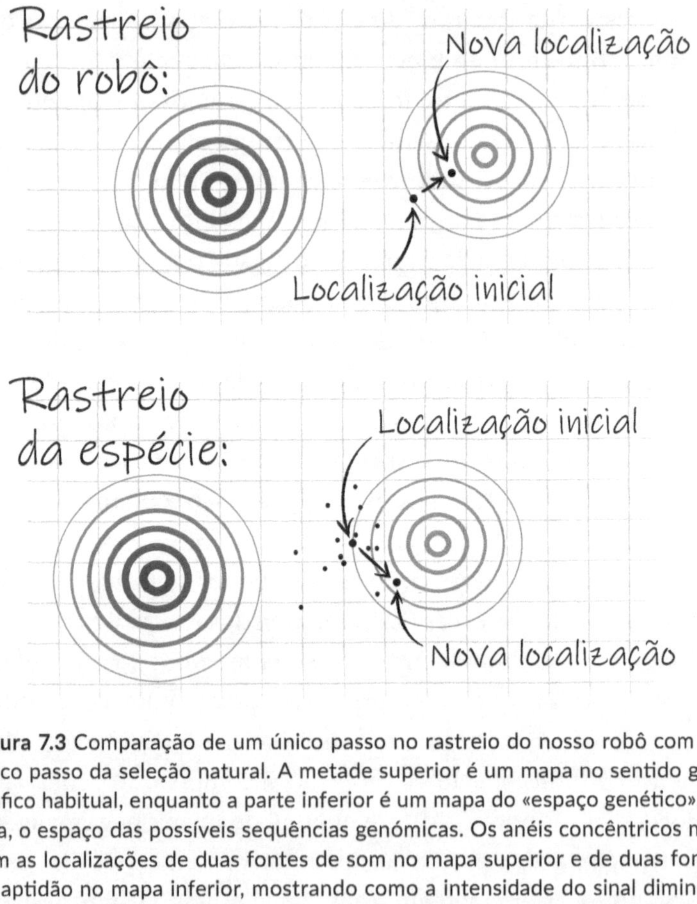

Figura 7.3 Comparação de um único passo no rastreio do nosso robô com um único passo da seleção natural. A metade superior é um mapa no sentido geográfico habitual, enquanto a parte inferior é um mapa do «espaço genético», ou seja, o espaço das possíveis sequências genómicas. Os anéis concêntricos marcam as localizações de duas fontes de som no mapa superior e de duas fontes de aptidão no mapa inferior, mostrando como a intensidade do sinal diminui à medida que nos afastamos destas fontes. As sequências genómicas nas espécies são mostradas por pontos. Os pontos maiores indicam os genomas predominantes antes e depois do passo no rastreio.

Para os nossos objetivos, o que é crucial perceber é que uma nova característica funcional – uma invenção – não produz qualquer sinal de aptidão até que pelo menos um indivíduo na espécie já tenha essa invenção... o que significa que a própria seleção natural não pode inventar! Suponha, por exemplo, que a fonte forte da aptidão, no canto inferior esquerdo da figura 7.3, é um tipo de invenção genuína e que a fonte fraca, no canto inferior direito, é completamente insignificante em termos de invenções (em breve, darei exemplos concretos). Alheia a questões relevantes, a seleção natural afasta a espécie da invenção porque, neste caso, a invenção é completamente «invisível». Ou seja, nenhum dos membros da espécie possui uma das sequências genómicas especiais necessárias para que a invenção seja produzida. Obviamente, se eu tivesse colocado outro ponto perto da invenção, o resultado teria sido diferente. A questão é que este ponto só estaria lá se a sequência genómica especial que ele marca já existisse na espécie. A seleção natural não pode colocar os pontos. Ela apenas segue os pontos, de forma «míope» e com grande dificuldade.

Assim, quando a seleção natural começa a favorecer uma invenção, outra coisa, que não a seleção natural, já a inventou. Esta é uma daquelas joias da ciência comum que deve ser guardada – uma constatação óbvia que apenas ganha um estatuto revolucionário pelo facto de tradicionalmente ser ignorada. Permita, por alguns momentos, que este pensamento ganhe forma: apesar de todas as afirmações grandiosas – desde o apelo popular em *The Blind Watchmaker [O Relojoeiro Cego]*[2], de Richard Dawkins, até ao estilo técnico de Graham Bell em *Selection: The Mechanism of Evolution*[3] [«Seleção: O mecanismo da evolução»] –, a própria lógica da seleção natural garante-nos que o poder de invenção reside noutro lugar. E, uma vez que os evolucionistas nunca chegaram a acordo sobre o que é esse outro lugar, a brecha profunda que sempre existiu no meio da teoria da evolução continua lá.

Dan Tawfik acertou em cheio: nada evolui a não ser que já exista.

A brecha na teoria da evolução

A teoria da evolução atribui o poder inventivo apenas à seleção natural. No entanto, uma vez que a seleção só pode identificar o sinal de aptidão de uma invenção depois de essa invenção já existir, na realidade, ela não pode inventar.

A resposta a esta evidência, proferida pelos defensores da teoria de Darwin, é que a seleção natural não produziu olhos, cérebros ou pulmões de uma só vez. Muito antes de trabalhar em órgãos complexos como estes, ela estava a aperfeiçoar muitas outras coisas, mais simples, que prepararam o caminho para o aparecimento de coisas mais complexas. Segundo eles, cada uma das coisas mais simples era benéfica em si mesma, pelo que a seleção foi capaz de trabalhar mesmo quando as funções superiores ainda não existiam.

Embora esta resposta continue a apresentar a seleção natural como o herói da história, mais uma vez, outra coisa tem de estar a fazer todo o notável trabalho de invenção. A seleção pode levar uma espécie a dar passos genéticos, mas, sem qualquer forma de dirigir esses passos, um movimento desse tipo não iria a lado nenhum. Para chegar a um destino interessante, são necessários não apenas passos, mas passos coordenados, auxiliados por degraus evolutivos bem colocados.

Suponha, por exemplo, que uma característica biológica – chamemos-lhe X – desempenha a sua função mediante numerosas funções componentes. Para que X funcione, são necessários, digamos, um P funcional e um Q funcional e um R funcional, e para que P funcione são necessários um H funcional e um I funcional e um J funcional e um K funcional, e assim por diante. Tendo em conta todos estes requisitos, como é que a invenção de X pode ter surgido por acaso? O que é suposto ter coordenado o aparecimento de todas estas coisas necessárias, nos momentos e locais certos, criando os degraus evolutivos imprescindíveis para chegar a X de forma tão inteligente? Dizer apenas que os precursores de cada parte necessária foram selecionados por razões diferentes é ignorar as improváveis e complicadas circunstâncias que seriam necessárias para que isso acontecesse. Afinal, sabermos que uma determinada espécie beneficiaria de um X funcional não oferece qualquer razão para acreditar que os precursores de todos os componentes indispensáveis para construir X teriam sido benéficos previamente, cada um com a sua razão, ou que todos estes precursores poderiam ter sido persuadidos por pequenas modificações a desempenharem os seus novos papéis fundamentais para X, no preciso momento em que X era necessário. Só nos filmes de ação – onde o realismo nem sequer está na ordem do dia – é que as coisas se conjugam de forma tão prestável. A ciência, pelo contrário, deve encarar este tipo de alegações de coincidências prestáveis com desconfiança. Na melhor das hipóteses, são uma má interpretação da história, em que a seleção natural – o falso herói – rouba a glória a um herói sem nome que trabalha nos bastidores para que tudo corra bem.

Probabilidades Vencidas... ou Contornadas

Veremos em breve porque é que a invenção acidental deve ser altamente improvável. Entretanto, se aceitarmos isso provisoriamente com base nas nossas intuições, somos levados a perguntar-nos como é que uma explicação da vida se pode manter à luz destas improbabilidades, não as tendo ignorado, mas tendo-as tratado adequadamente. Parece haver apenas duas hipóteses: ou uma explicação supera as improbabilidades (isto é, contraria-as com algo igualmente potente), ou contorna as improbabilidades (isto é, torna-as irrelevantes).

Como deve ter reparado, as improbabilidades que estamos a discutir são facilmente contornadas se seguirmos a nossa *intuição de design*. As explicações da vida que atribuem a invenção dos seres vivos a algo sapiente evitam completamente o fardo da improbabilidade. Quanto a vencer as improbabilidades, a tática a que recorremos com o nosso robô acaba por ser a única tática. Ou seja, a única forma de vencer as improbabilidades é ter uma imensurável abundância de oportunidades para que o resultado improvável aconteça e a sua ocorrência deixe de ser improvável.

Outra dose de sopa de oráculos ajudar-nos-á a compreender isto. Imagine um cozinheiro a apresentar uma panela de sopa de letras e que, ao levantar a tampa, põe a descoberto umas instruções escritas. Agora, pergunte a si próprio o que seria uma explicação satisfatória para aquilo a que acabou de assistir. Alguém que tivesse passado algumas horas na cozinha a organizar as letras poderia ser uma justificação, mas isso seria contornar a improbabilidade, em vez de a superar. A minha pergunta é: supondo que o cozinheiro insistia que as instruções tinham sido formadas por nada mais do que o processo de ferver e arrefecer a sopa, o que é que o poderia convencer de que ele está a dizer a verdade?

Espero que não caia numa abordagem autoritária. Imagine uma equipa de físicos, todos empenhados no *materialismo*. Ficaria convencido se eles lhe oferecessem uma série de palestras técnicas, afirmando que as causas físicas responsáveis pelas instruções genéticas na sopa primordial tinham novamente atuado na sopa de letras? De certeza que não.

Para se manter firme face a esse tipo de intimidação intelectual, precisaria de um argumento simples e irrefutável de senso comum, e é exatamente isso que teria, porque nenhuma quantidade de paleio técnico pode mudar o facto de que é extremamente improvável que causas acidentais façam o trabalho do *insight*. Se os físicos atribuírem as instruções na sopa de letras ao «entrosamento correlativo» – seja lá o que isso for –, a sua primeira pergunta deve ser: «Este "entrosamento correlativo" recebeu alguma assistência de alguém que compreendia as instruções, ou foi um processo físico totalmente não direcionado?» E, se a resposta for «não direcionado», a sua próxima pergunta deve ser: «De todos os resultados possíveis que um processo não direcionado poderia ter produzido, como é que este "entrosamento correlativo" foi tão afortunado ao ponto de alcançar um resultado tão especial – que, para todos os efeitos, parece ter sido direcionado?»

Não existe uma resposta credível. O *insight* é algo absolutamente único, sem rival entre as causas irracionais às quais os materialistas se limitam, e, como veremos mais tarde, também não é redutível a essas causas. Sendo fundamentalmente diferentes do *insight,* as causas físicas não podem fazer o que o *insight* faz de forma sistemática. As ondas sonoras são diferentes das ondas de água na sua substância física, mas o facto de ambas serem ondas significa que apresentam um comportamento surpreendentemente paralelo em muitos aspetos. Os paralelos para o *insight,* por outro lado, são inexistentes.

A falta de qualquer paralelo para o *insight* significa que qualquer exemplo de causas irracionais a fazerem o trabalho do *insight* teria de ser um mero acaso... uma coincidência. Há muitos exemplos menores. De vez em quando, aparecem palavras curtas na sopa de letras, não por uma força misteriosa que atua no caldo, mas por coincidência. De facto, o nosso exercício com o robô mostrou que a improbabilidade da coincidência pode ser compensada pela repetição, pelo menos até certo ponto. Por conseguinte, vale a pena considerar se a repetição pode vencer o desafio da invenção biológica. Certamente, milhares de milhões de organismos que se propagam através de milhões ou milhares de milhões de gerações é repetição a uma escala gigantesca. Então, talvez venhamos a descobrir que a nossa *intuição de design* não está calibrada para ser usada numa escala dessa dimensão.

Uma consequência da singularidade do *insight*

A falta de qualquer paralelo para o insight *significa que qualquer exemplo de causas irracionais a fazerem o trabalho do* insight *teria de ser uma coincidência.*

De qualquer forma, podemos imaginar-nos surpreendidos. Continuando com o nosso cenário hipotético do cozinheiro, suponha que, depois de lhe manifestar o seu ceticismo, ele o conduz através das portas giratórias e você descobre que aquilo que pensava ser uma cozinha é, na realidade, um centro de logística – o Centro de Controlo para uma operação maciça de cozedura de sopa que envolve dez milhões de metros quadrados de espaço de cozinha espalhados por seis continentes! Com a ajuda da deteção automática de texto, os operadores humanos são alertados sempre que as letras da massa, em qualquer uma dos milhões de panelas arrefecidas, se assemelham a instruções, pelo menos aos olhos de um computador. Depois de o centro ter executado esta operação «a todo o vapor» durante pouco mais de nove anos, um desses alertas acabou por ser o verdadeiro. O conteúdo dessa panela vencedora foi cuidadosamente congelado para manter as letras no lugar durante o transporte a partir de uma cozinha nos arredores de Joanesburgo, e você teve a sorte de ser convidado a testemunhar a apresentação da sopa (depois de descongelada).

Suponhamos também que, com a ajuda de um estatístico, você faz as contas e tudo bate certo. Tendo em conta a escala da operação, calcula que instruções comparáveis às que viu devem aparecer a cada 7,2 anos, em média. Demorou um pouco mais do que o suposto, mas valeu a pena esperar. O seu ceticismo foi respondido. O cozinheiro tinha razão. E, curiosamente, enquanto a vasta escala de repetição foi o que possibilitou que as instruções fossem produzidas, o que fez com que fossem notadas foi a sua seleção, única. Portanto, a seleção teve um papel... mais modesto do que a invenção, certamente, mas não insignificante.

Claro que, considerando a quantidade de suposições que acabámos de fazer, uma inspeção mais atenta pode mostrar que todo este cenário é implausível. Resolveremos isso nos próximos dois capítulos. Aqui, o que interessa reter é que a invenção acidental teria de se valer da repetição para vencer as probabilidades desfavoráveis de uma coincidência extraordinária. No que diz respeito à invenção de seres vivos, então, um compromisso com o *materialismo* é um compromisso com a explicação acidental, e um compromisso com a explicação acidental é um compromisso com a coincidência, e um compromisso com a coincidência é um compromisso com o poder da repetição. Estas coisas ou são sustentáveis, ou caem em conjunto.

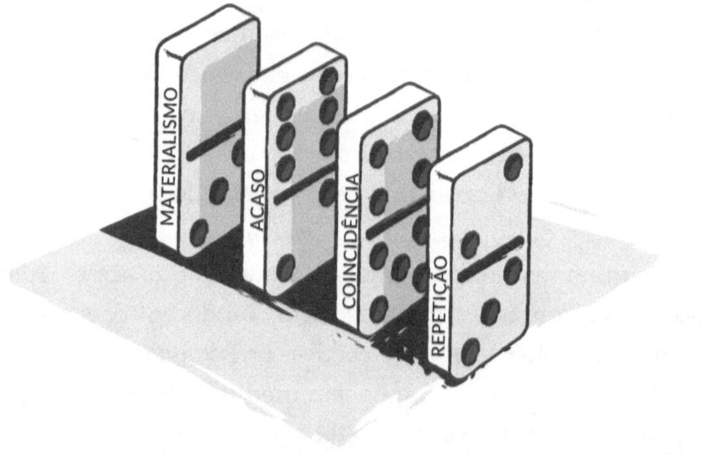

Figura 7.4 As peças de dominó que têm de ficar de pé para que o materialismo se mantenha.

Se existe algo que potencia a invenção acidental, é a repetição

Só através de uma coincidência improvável é que as causas acidentais podem fazer o trabalho do insight*, e só através da repetição é concebível que esta improbabilidade seja compensada.*

A Verdadeira Seleção – Boa, Má e Feia

Para terminar este capítulo, gostaria de descrever três casos de estudos laboratoriais que confirmam a conclusão a que chegámos sobre a seleção natural – que é um viajante sem rumo, incapaz de inventar. Por muito forte que seja o desejo de retratar a seleção natural com termos elogiosos, a realidade com que se confrontam os cientistas que trabalham com ela no laboratório é muito mais humilde. Ninguém tem uma noção mais precisa do que a seleção natural pode e não pode fazer do que aqueles que tentaram aproveitar o seu poder para a fazer atuar perante os nossos olhos. Quando digo que estas pessoas – incluindo eu próprio – chegaram, ao longo das décadas, a uma visão muito mais modesta da seleção natural, estou a dizer algo que vale a pena ouvir[4].

A visão modesta não é completamente negativa. A seleção natural faz uma coisa razoavelmente bem, de facto. Tendo fracassado como inventora, conseguiu provar que é habilidosa, semelhante ao tipo de «habilidades» que fazemos na nossa atulhada arrecadação de ferramentas ou garagem. Tal como um motor parado pode por vezes ser posto a funcionar com uma pancada lateral, ou uma peça de equipamento que mal funciona pode ser posta a funcionar melhor com uma gota de óleo aqui e um apertão de chave-inglesa ali, o mesmo acontece com os sistemas biológicos. Pequenos ajustes podem, por vezes, significar a diferença entre funcionar mal e funcionar bem, e a seleção natural parece ter um talento especial para encontrar ajustes desse tipo.

Uma vez, criei uma enzima mutante que se revelou o sonho de um habilidoso. Partindo de um gene natural que protege as bactérias da penicilina ao codificar uma enzima inativadora da penicilina chamada betalactamase, transformei este gene até ao ponto em que a enzima codificada mal funcionava. Esta enzima de baixa funcionalidade permitia que as bactérias que a produziam sobrevivessem a doses muito baixas de penicilina, sendo que qualquer dose superior era letal. Tal como um motor enferrujado num ferro-velho, esta enzima desconjuntada acabou por ser o tipo de coisa que um habilidoso consegue arranjar. No laboratório, eu e os meus colegas deixámos a seleção natural «à solta» com a enzima, criando muitas variantes mutacionais do gene codificador e deixando que a seleção natural escolhesse as que funcionavam melhor. Depois de seis rondas de mutação e seleção, utilizando uma seleção cada vez mais rigorosa em cada ronda, deparámo-nos com uma enzima espantosamente bem reparada[5]. De facto, o aumento de desempenho em 500 vezes conseguido por esta «habilidosa natural» ultrapassou inclusive o desempenho, altamente proficiente, da enzima natural que eu tinha desconjuntado!

Nestas circunstâncias favoráveis, a seleção natural é de facto capaz de identificar a aptidão para chegar a uma função bem coordenada. No início da nossa experiência laboratorial, as bactérias encontravam-se numa situação análoga à do robô, que procura no seu alcance o ruído de um estádio de futebol e um caminho desimpedido para a entrada do estádio. Contudo, por muito eficaz que tenha sido nesta experiência, o rastreio não fez nada que se assemelhasse a uma invenção. Para fazer os seus melhoramentos, a seleção natural teve de receber um gene que codifica uma enzima betalactamase funcional, o que não é coisa pouca.

Lembre-se de que as moléculas de proteína que formam as enzimas têm de ser dobradas na forma certa para realizarem reações químicas altamente específicas. A forma precisa de cada proteína e, normalmente, a montagem precisa destas num complexo multiproteico são o que permite às enzimas desempenharem as suas tarefas com uma eficiência e precisão notável. A seleção natural fez um bom trabalho ao fazer os ajustes necessários para que a minha betalactamase desconjuntada voltasse a funcionar bem, mas umas gotas de óleo e alguns apertos da chave-inglesa estão muito longe da genialidade que associamos à invenção.

A melhor maneira de o provar é desafiar a seleção natural a inventar a sua própria maravilha. Foi o que fizemos ao deixá-la «à solta» com outra proteína que confere às bactérias uma ligeira proteção contra a penicilina. Tal como a enzima débil que acabámos de descrever, esta variante derivava da enzima betalactamase natural. Neste caso, porém, a rutura estrutural foi tão extrema que a proteína nem sequer se qualificava como uma enzima. O seu gene codificador tinha sofrido a eliminação de 108 bases de ADN, cuja perda impedia a formação da fenda onde normalmente ocorre a inativação química da penicilina (figura 7.5).

No entanto, algumas das reações químicas mais simples podem ocorrer mesmo sem enzimas, e a inativação da penicilina é uma delas. A penicilina é uma molécula frágil que se decompõe numa questão de dias em água pura ou de horas em água ácida, pelo que não é necessária a sofisticação de uma enzima para a inativar – a não ser que estejamos com pressa. E as bactérias têm pressa. Uma vez que conseguem reproduzir-se meia hora após o seu «nascimento», não se podem dar ao luxo de esperar que a penicilina se decomponha sozinha. As betalactamases reduzem essa espera de dias ou horas para minutos ou segundos.

Descobri o mutante de deleção depois de expor células bacterianas, portadoras de uma variedade de genes de teste extremamente mutados, à quantidade suficiente de penicilina para as impedir de crescer[6]. Nessas condições, tudo o que era necessário para que uma das células crescesse era um pequeno aumento da tendência natural da penicilina para se decompor, talvez por algo tão simples como uma frágil cadeia proteica com vários aminoácidos ácidos. Um gene mutante completou este desafio e, embora só possa adivinhar como é que a sua proteína codificada aumenta a degradação da penicilina, consegui demonstrar de forma conclusiva que não funciona da mesma forma que uma betalactamase (ver legenda da figura 7.5).

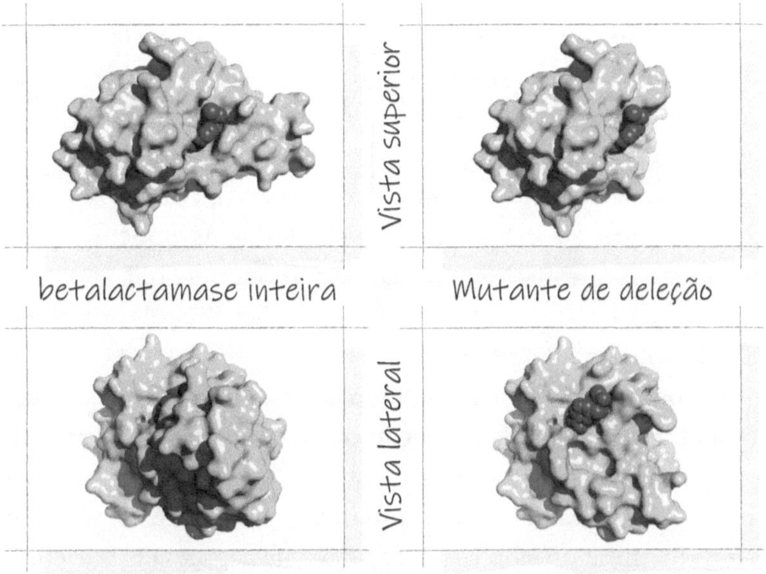

Figura 7.5 Representações de superfície da enzima betalactamase natural (esquerda) e o máximo que pode restar da estrutura natural no mutante de deleção (direita). Depois de se ligar a uma molécula de penicilina (cinzento-escuro) na fenda do local ativo, como é mostrado, a enzima (à esquerda) inativa-a rapidamente e depois expele o produto inofensivo. Assim que a fenda fica desobstruída, a enzima está pronta para se ligar à próxima molécula de penicilina. A imagem à direita é hipotética, pois mostra o que resta do mutante de deleção como se as peças tivessem sido removidas de uma construção de lego. No entanto, as proteínas são muito diferentes das peças de lego. Tendem a formar as suas estruturas de uma forma «tudo ou nada», o que significa que grandes deleções como esta podem facilmente impedir a dobragem do que resta. As cadeias proteicas que não se dobram de todo permanecem frouxas, como esparguete cozido em água a ferver. Não sabemos ao certo se o mutante de deleção é ineficiente, mas sabemos que a sua função de baixo nível não emprega o mecanismo da enzima verdadeira à esquerda, porque é indiferente à remoção de aminoácidos que são cruciais para esse mecanismo[7].

Tendo visto que o mutante de deleção dá às bactérias uma ligeira proteção contra a penicilina, quisemos ver se a seleção natural poderia aproveitar esse efeito para inventar uma enzima com a sofisticação estrutural e funcional de uma betalactamase natural. Apesar dos nossos melhores esforços – oferecendo à ilustre «habilidosa» todas as oportunidades anteriores –, desta vez o processo falhou, deixando-nos com uma proteína «evoluída» com menor desempenho do que a débil proteína inicial[8].

A comparação com o resultado anterior dá uma imagem clara da incapacidade de invenção da seleção natural. O rastreio estava em funcionamento em ambas as experiências, mas o resultado só foi bem-sucedido quando o sinal que estava a ser seguido vinha do tipo certo de fonte. Na segunda experiência, não havia nenhum mecanismo sofisticado subjacente à decomposição da penicilina, e isso revelou-se muito mais importante para o resultado evolutivo do que os níveis iniciais do sinal, que eram semelhantes nos dois casos (figura 7.6). Tal como o ruído era ruído para o nosso robô, também a aptidão é aptidão para a seleção, o que torna o rastreio completamente ineficaz se o sinal da fonte certa não for detetável desde o início. A menos que seja fornecida uma enzima que funcione, o trabalho que a seleção natural faz de forma tão eficaz é inútil.

Há exemplos mais embaraçosos. A seleção natural pode concentrar-se na fonte errada mesmo quando o sinal da fonte certa é detetável desde o início, e, pior ainda, pode queimar todas as pontes para a fonte certa na sua servil perseguição da fonte errada. Este cenário «feio» é equivalente ao do robô que é atraído para a sua morte pelo som de um autocarro que se aproxima, mesmo à saída de um estádio de futebol.

Um projeto de colaboração entre cientistas do Biologic Institute e da Universidade de Wisconsin-Superior demonstrou este facto ao examinar o destino evolutivo de bactérias portadoras de uma versão defeituosa de um gene que codifica uma das várias enzimas necessárias para produzir triptofano, um dos vinte aminoácidos utilizados na produção de proteínas[9]. O gene defeituoso continha mutações de uma única base de ADN em dois locais, cada uma das quais resultou na incorporação de um aminoácido errado na enzima. Ambos os erros tiveram consequências funcionais graves. Um revelou-se suficientemente disruptivo para eliminar a função por si só, enquanto o outro causou uma deficiência substancial, mas não total. Como resultado, as bactérias portadoras deste gene defeituoso eram incapazes de crescer a não ser que lhes fosse dado triptofano suficiente para sobreviverem. Ora, seria de esperar que a seleção natural fosse capaz de reparar este gene defeituoso, desde que as bactérias recebessem triptofano suficiente para crescerem e se reproduzirem lentamente. No fim de contas, os degraus evolutivos para a restauração completa pareciam ter sido cuidadosamente colocados. Uma mutação inicial podia ter corrigido o erro debilitante, proporcionando o benefício de uma produção de triptofano parcialmente restaurada. Essa vantagem deveria então ter levado a uma abundância de células com o gene parcialmente reparado, o que teria preparado o terreno para uma segunda mutação para corrigir o erro restante. Assim que isso acontecesse, o benefício da produção normal de triptofano teria permitido que as células restauradas florescessem.

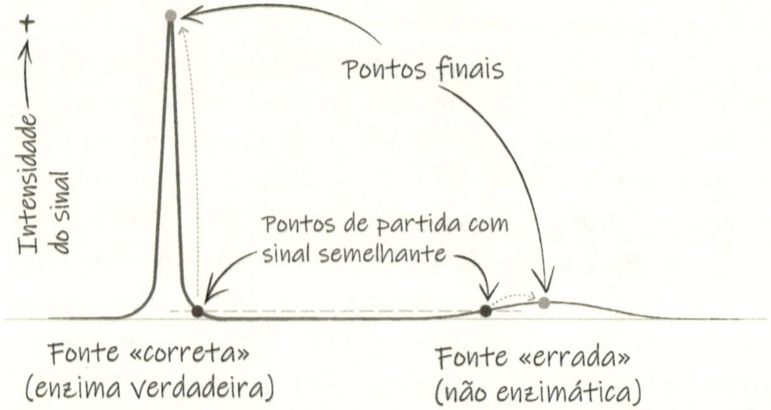

Figura 7.6 A forma como a fonte de aptidão, e não o grau de aptidão (o «sinal»), determina o resultado da evolução. A linha contínua mostra (com licença artística) a força do sinal de aptidão a várias distâncias das duas fontes diferentes. Em ambos os casos, o rastreio causou um movimento para o topo do pico local, indicado pelas setas cinzentas a tracejado. O resultado final foi, portanto, determinado pelo tipo de fonte rastreada.

Refiro-me a estas circunstâncias forjadas como degraus evolutivos, porque a natureza seria incapaz de satisfazer a evolução da forma como estes cientistas o fizeram – fornecendo um gene inicial quase correto e dando às células uma esmola de triptofano até deixarem de precisar dele. Assim, o sucesso evolutivo neste cenário artificial pouco contribuiria para reforçar o argumento do poder criativo da evolução na natureza. O fracasso, no entanto, seria um exemplo de que a evolução corre mal mesmo em circunstâncias favoráveis pouco realistas.

E correu mal. Não só a seleção não conseguiu restaurar o gene defeituoso, como também levou à inativação irreversível desse gene[10]! Além disso, fê-lo realizando exatamente aquilo que a seleção faz bem: rastrear a fonte mais acessível de maior aptidão.

Uma vez que, ao descodificar as instruções da sequência de um gene para criar moléculas de proteína, a célula tem de suportar um custo material e energético, os genes defeituosos são um fardo para as células que os carregam. Silenciar estes genes para que não possam ser processados elimina este fardo metabólico. Restaurar o gene teria trazido uma vantagem muito maior neste caso, mas a seleção natural é incapaz de recusar vantagens imediatas por algo que consideraríamos valer a pena esperar. A vantagem de restaurar parcialmente o gene teria sido também imediata, mas seria mais difícil porque teria exigido uma mutação específica – anulando a alteração debilitante na base –, enquanto qualquer uma das inúmeras mutações possíveis seria capaz de silenciar o gene. Assim, no final, nem mesmo os bem colocados degraus evolutivos, indicando o caminho, poderiam conduzir a seleção natural na direção certa (figura 7.7).

Figura 7.7 Como a seleção correu mal, mesmo num caso em que tudo parecia estar preparado para o sucesso. Cada degrau representa uma versão diferente do gene experimental, em que o ponto escuro marca a versão inicial com as duas mutações. A altura dos degraus representa a aptidão das bactérias portadoras dos respetivos genes. Os três degraus mostrados à esquerda parecem preparar o caminho para que a seleção leve a população bacteriana até à restauração total, mas as populações experimentais nunca seguiram este caminho. Como o gene pode ser silenciado por qualquer uma das muitas mutações – muito mais do que as cinco mostradas –, este foi o resultado preferido. As mutações silenciadoras são becos evolutivos sem saída porque normalmente levam à perda do gene.

A Conclusão sobre o Rastreio

Tendo em conta a seleção natural, concluímos que lhe falta o poder de inventar. Isto não quer dizer que a seleção natural seja completamente inútil – apenas é inútil como inventora. No final, ficamos com dois candidatos para o papel de inventor da vida: um que se encaixa na nossa *intuição de design* e o outro que a desafia. Se o *insight* se revelar a única causa plausível da invenção, a nossa intuição terá sido confirmada. Em alternativa, se for a repetição – presumivelmente, a uma escala muito para além da habitual – que tem o poder de inventar, a nossa intuição terá sido destronada.

Para decidir entre estas alternativas, temos de considerar os limites da repetição. O nosso robô pesquisador de ruído apenas conseguiu encontrar um estádio ao vaguear sem destino e durante o tempo suficiente até ficar ao alcance do ruído, e é expectável que algo semelhante aconteça com a evolução. Ou seja, para tropeçar numa invenção, uma espécie teria de vaguear sem rumo durante o tempo suficiente para que esse fosse um resultado provável. Mas será isto possível? Para o descobrir, vamos refletir sobre as limitações das buscas cegas no próximo capítulo.

CAPÍTULO 8

PERDIDOS NO ESPAÇO

No capítulo 6, vimos que a nossa *intuição de design* explica porque é que consideramos que os integrais dinâmicos são produtos da intenção e como as coisas vivas são o melhor exemplo dessa categoria. No capítulo 7, perguntámos se alguma coisa tem o poder de desafiar as probabilidades – e a nossa intuição – inventando a vida sem intenção. Apesar de todo o alarido que a rodeia, a seleção natural não tem esse poder. Observando o paralelo entre a deambulação sem rumo do nosso robô que pesquisa ruído e a deambulação genética sem rumo de uma espécie, percebemos que a repetição é o único fator que pode compensar a improbabilidade de tropeçar em invenções biológicas por acaso. Depois de termos associado esta improbabilidade à coincidência, precisamos ainda de a ligar aos temas anteriores dos integrais dinâmicos e da *intuição universal de design*. Fá-lo-emos nos capítulos 9 e 10.

Em jeito de preparação para isso, vamos agora debruçar-nos sobre a questão de que algumas coisas podem ser tão difíceis de encontrar quando se vagueia sem objetivo, que devemos considerar a sua descoberta acidental como impossível. Se isto for verdade, vamos querer saber se as invenções biológicas estão entre estas coisas impossíveis de encontrar. Se estiverem, saberemos que Darwin estava errado.

Caça aos Ovos

A forma familiar de encontrar uma coisa é partir em busca dela, o que, na nossa experiência, é sempre um esforço orientado para um objetivo. Neste caso, utilizaremos a palavra busca de forma diferente. Para os nossos propósitos, será útil chamar busca a qualquer processo que possa potencialmente encontrar algo, quer haja ou não um objetivo. Neste sentido lato da palavra, o nosso robô do capítulo anterior procurou um estádio de futebol, e as espécies em evolução procuram invenções biológicas úteis.

A estas buscas, vamos denominá-las por pesquisas de caça aos ovos, porque têm várias características importantes em comum com a caça aos ovos da Páscoa. A primeira é que há definitivamente algo especial a ser encontrado, quer o pesquisador esteja ou não ciente disso. A existência de um «tesouro» reconhecível de algum tipo faz com que um bom resultado seja não só possível como inequívoco. Nem todas as buscas são assim. A pessoa que garimpa uma praia com um detetor de metais, ou que vasculha uma lata de café cheia de moedas velhas, espera que haja algo valioso a ser encontrado, mas não há garantias de que tal coisa exista.

A segunda característica das pesquisas de caça aos ovos é o facto de ocorrerem num espaço bem definido. Ou seja, todas elas começam com um tesouro algures «lá fora», referindo-se a uma região definida e delimitada. Quanto mais pequena for essa região, mais fácil será a busca, mas não há limites; a região pode ser tão grande que a busca torna-se efetivamente impossível. Se um relógio de pulso deixado num comboio em Londres não aparecer no depósito de perdidos e achados no dia seguinte, sabemos que está a um dia de viagem de Londres, mas a parte do globo que satisfaz esta condição é demasiado grande para uma busca – o relógio desapareceu.

A característica final das pesquisas de caça aos ovos é o facto de procederem sempre sem assistência. A única forma de obter o tesouro é continuar a procurar ou a vaguear no espaço de pesquisa definido até o encontrar. Não existem dicas, sinais de orientação ou qualquer outra coisa que ajude sistematicamente a alcançar o sucesso. Para o nosso robô, por exemplo, o único ruído que serviu de sinal de orientação foi o som da multidão num estádio de futebol. Inúmeros outros ruídos foram porventura rastreados, mas nenhum deles teria sistematicamente levado o robô a um estádio. Consequentemente, a deambulação do robô quando está fora do alcance do ruído de um estádio é considerada uma busca não direcionada. Isto contrasta com o facto de o robô seguir o ruído de um estádio próximo, ou com o facto de uma criança encontrar o ovo escondido com a ajuda de um progenitor que diz «mais quente» ou «mais frio».

As buscas sem assistência são frequentemente designadas por buscas cegas. Utilizaremos este termo tendo em conta que se refere à ausência de previsão ou de discernimento e não à ausência de visão. O pesquisador numa busca de caça aos ovos move-se através do espaço de busca, deliberadamente ou não, e tem a capacidade de fazer uso do tesouro que se encontra nesse espaço, se e quando for encontrado, mas, de resto, não tem qualquer outro tipo de pista.

Pesquisa de Mundos não Físicos

Todos os exemplos de pesquisa que acabámos de mencionar partilham uma propriedade tão típica das pesquisas familiares que tendemos a ignorá-la: baseiam-se na localização física. O nosso robô deslocou-se de um local físico para outro, conseguindo apenas chegar ao local físico de um estádio de futebol. O garimpeiro na praia verifica um local físico após outro, na esperança de que um desses locais seja onde o tesouro desejado esteja escondido. As moedas numa lata de café podem ser movidas livremente para facilitar a sua observação, mas o objetivo continua a ser localizar fisicamente as moedas que fazem o esforço valer a pena. Até as pesquisas na Internet se resumem à localização física, ligando o pesquisador a um servidor físico com o conteúdo desejado.

Como seria uma pesquisa que não se baseasse numa localização física? A resposta é que teria lugar no domínio das ideias. Por exemplo, considere o jogo das vinte perguntas, em que um jogador pensa num objeto que deve ser adivinhado pelos outros jogadores. Quem está a adivinhar faz à vez até vinte perguntas sobre o objeto, sendo que as únicas respostas permitidas são «sim» e «não». Repare que, embora este jogo gire em torno de um objeto físico escolhido, a busca não é pelo objeto em si, mas pelo pensamento que o designa, e que é exprimido pelo seu nome. De facto, o mesmo jogo de adivinhação pode ser jogado com categorias não físicas, como profissões, nomes de família ou canções.

O espaço de pesquisa nestes jogos não é um espaço físico, mas o espaço conceptual de respostas possíveis – todas as respostas que, tanto quanto os jogadores que adivinham sabem à partida, podem estar corretas. Se fizer mais sentido, pense no espaço de pesquisa como um conjunto abstrato – um grupo de possibilidades conceptuais, não como um grupo de coisas físicas ou um espaço físico onde essas coisas possam estar localizadas (um armazém, por exemplo). Como sempre, as buscas cegas consistem em verificar consecutivamente uma possibilidade após outra – deliberadamente ou não – enquanto nos mantemos dentro do espaço de pesquisa.

Em breve, veremos que as pesquisas de caça aos ovos em espaços de pesquisa não físicos – o tipo de pesquisas relevantes para o mecanismo evolutivo de Darwin – são buscas nas quais o simples encontra o surreal. A busca permanece inteiramente simples, mas encontrar algo torna-se incompreensivelmente difícil à medida que os próprios espaços se tornam invulgarmente grandes.

Isto levanta uma questão importante sobre o significado de improbabilidade – uma questão que teremos de considerar para decidir se a invenção evolutiva é impossível. Por um lado, uma vez que a coisa que está a ser procurada – o alvo da pesquisa – existe definitivamente no espaço de pesquisa, é teoricamente possível que uma busca cega encontre esse alvo. Mas, por outro lado, uma vez que a explicação de Darwin para a invenção teria de funcionar na vida real, devemos rejeitá-la se a considerarmos praticamente impossível.

Para nos dar uma ideia tangível das magnitudes da improbabilidade, à medida que exploramos a distinção entre o que é e não é possível, vejamos uma pesquisa específica que se tornará um ponto de referência útil.

Em Busca da Cuna

Uma vez que temos uma melhor perceção dos espaços de pesquisa físicos do que dos não físicos, a nossa referência será uma pesquisa de caça aos ovos num espaço físico. E, como estamos a tentar compreender as improbabilidades mais extremas dos espaços de pesquisa não físicos – os evolutivos em particular –, devemos estender a nossa imagem física aos limites do que nos é familiar. O maior espaço físico em que navegamos habitualmente é a superfície da Terra, pelo que iremos utilizá-lo como o nosso espaço de pesquisa de referência. O alvo de pesquisa será um elemento na superfície terrestre que é suficientemente grande para ser visto quando estamos ao seu lado.

Estou a pensar num entalhe em particular, mais ou menos do tamanho de uma cabeça de alfinete, no meio de uma singular placa de bronze que está fixada no chão. O significado deste entalhe é o facto de se encontrar precisamente na «mira» formada pelas fronteiras do Colorado, Utah, Novo México e Arizona. Referir-me-ei a ele como o alvo da cuna, sendo o termo composto pelas primeiras letras dos nomes dos quatro estados (figura 8.1). Assim, a nossa busca de referência – a pesquisa da cuna – é uma busca cega de toda a superfície da Terra por este alvo da cuna, que é uma pesquisa-padrão de caça aos ovos, destacando-se das mais comuns apenas na sua dificuldade. O alvo da cuna cobre apenas uma parte em cem milhões de biliões de partes de igual tamanho nos 510 milhões de quilómetros quadrados da superfície da Terra, o que faz com que esta seja a busca física mais difícil que podemos imaginar.

Termos uma noção do quão ridiculamente difícil é a pesquisa da cuna será útil para quando olharmos para pesquisas muito mais difíceis (as evolutivas, em particular). A melhor forma de aperfeiçoar esta noção é experimentar virtualmente a pesquisa da cuna, o que poderá fazê-lo no *site* GeoMidpoint (*www.geomidpoint.com/random*). Este *site* permite-lhe lançar até 2.000 alfinetes em pontos aleatórios de todo o globo, após o que poderá ver as localizações dos alfinetes no Google Maps[1]. Ao fazer *zoom* sobre o alvo da cuna, verá a que distância esteve o alfinete mais próximo de o atingir. Não pode fazer o *zoom* suficiente para ver algo tão pequeno como este alvo, mas isso não importa – o alfinete mais próximo estará a quilómetros de distância.

Fixar o Princípio de Cobertura

Para nos dar a satisfação visual de acertar num alvo, vamos fazer uma busca cega no globo por algo maior. Que tal a Austrália? Com este alvo enorme, esperamos que acertem um bom número de alfinetes por cada lote de 2.000, lançados de forma aleatória. Mais precisamente, esperamos que a fração de alfinetes que aterram na Austrália seja quase igual à fração da superfície terrestre coberta pela Austrália, e esta aproximação deve tornar-se cada vez mais precisa à medida que mais alfinetes são lançados. Assim, como a Austrália cobre 1,5 por cento da superfície terrestre, devemos esperar que cerca de 30 em cada 2.000 alfinetes aterrem aí, sendo 30 alfinetes 1,5 por cento de 2.000. Pode fazer esta experiência para verificar isto por si próprio. Quando a realizei, 29 alfinetes aterraram na Austrália, o que está de acordo com as nossas expectativas.

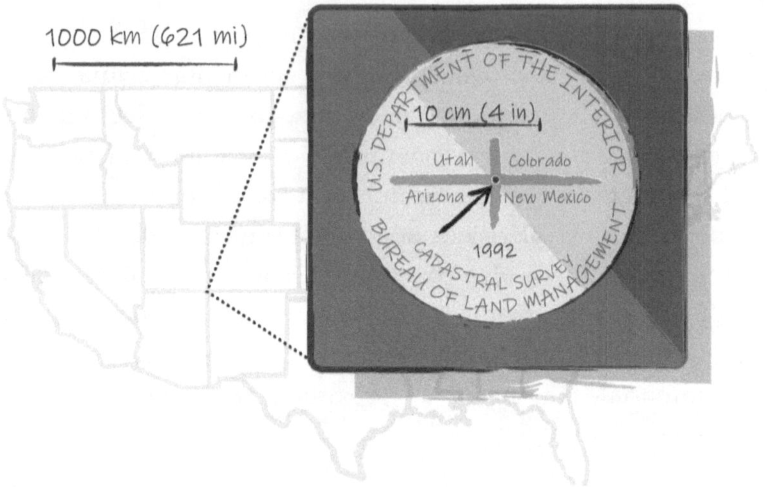

Figura 8.1 A placa circular de bronze no centro do Monumento Four Corners que marca o ponto onde Colorado, Utah, Novo México e Arizona se encontram. A seta aponta para aquilo a que chamamos o alvo da cuna, o pequeno entalhe (cerca de 2,5 milímetros de diâmetro) na intersecção da «mira».

A intuição que fundamenta a nossa expectativa é um princípio óbvio de cobertura: a facilidade de atingir um alvo acidentalmente é proporcional ao tamanho do alvo. Aplicámos a mesma intuição no capítulo 7 para calcular a probabilidade de o nosso robô aterrar ao alcance do ruído de um estádio de futebol, e quando descobrimos que essa probabilidade era muito pequena apelámos à repetição (movimentos repetidos de rastreio) como a única forma de ultrapassar as probabilidades desfavoráveis. A mesma coisa está a ser feita aqui com repetidos lançamentos de alfinetes em vez de movimentos repetidos. A Austrália é difícil de atingir numa tentativa aleatória, mas com cem tentativas torna-se muito mais fácil, e com mil é quase certo.

Estamos agora prontos para reformular o nosso entendimento intuitivo como o princípio de cobertura, que funciona da mesma forma para uma espécie que vagueia pelo espaço genético como para alfinetes lançados aleatoriamente num mapa. Lançar um alfinete é, metaforicamente falando, verificar uma das possibilidades num espaço de pesquisa, e dizer que o alfinete atingiu o alvo é dizer que o alvo foi encontrado. Nos termos desta metáfora do alfinete, o princípio de cobertura pode ser enunciado da seguinte forma:

> *Se um número suficiente de alfinetes for lançado aleatoriamente num espaço de pesquisa, espera-se que a fração de alfinetes que atingem um alvo dentro desse espaço seja igual à fração do espaço de pesquisa coberto por esse alvo.*

Como acabámos de ver, isto está de acordo com as observações verificadas quando o alvo é suficientemente grande para ser atingido com facilidade.

De facto, este princípio é tão intuitivamente convincente, que o assumimos como verdadeiro no capítulo 7 sem o testarmos. Assim, tem de ser verdadeiro. Por isso, em vez de o apresentarmos como uma afirmação empírica, devemos reafirmar o princípio como uma verdade probabilística. Uma vez que as probabilidades são elas próprias frações (frações de uma certeza absoluta), podemos substituir a primeira ocorrência de «fração» por «probabilidade» e eliminar a sugestão de que têm de ser lançados muitos alfinetes:

> *Se um alfinete for lançado aleatoriamente num espaço de pesquisa, a probabilidade de atingir qualquer alvo dentro desse espaço é igual à fração do espaço de pesquisa coberta por esse alvo.*

Para aplicar isto à nossa pesquisa de referência, recordamos que o alvo da cuna cobre uma parte em cem milhões de biliões de partes de igual dimensão na superfície da Terra, o que pode ser escrito como um numerador sobre um denominador ou como uma fração decimal:

$$\frac{\text{área-alvo da cuna}}{\text{superfície terrestre}} = \frac{1}{100.000.000.000.000.000.000} = 0.00000000000000000001$$

O princípio de cobertura afirma que esta fração representa também a probabilidade de um alfinete lançado ao acaso atingir o alvo da cuna. Não precisamos de uma demonstração desta afirmação porque a deduzimos de um princípio que sabemos ser verdadeiro.

Um último ajustamento tornará o princípio de cobertura mais versátil. Realmente, não é necessário que os alfinetes sejam lançados aleatoriamente para que o princípio se mantenha. O que importa é que acertar no alvo não seja sistematicamente favorecido de forma alguma, que é uma das características das pesquisas de caça aos ovos. Os alfinetes têm de ser lançados às cegas, o que pode ser bastante diferente de lançar aleatoriamente (por exemplo, num padrão de grelha ordenado), embora não tenha mais probabilidade de sucesso[2]. A nossa declaração final do princípio de cobertura substitui «aleatoriamente» por «às cegas» para refletir o seguinte:

O princípio de cobertura

Se um alfinete for lançado às cegas num espaço de pesquisa, a probabilidade de atingir qualquer alvo dentro desse espaço é igual à fração do espaço de pesquisa coberta por esse alvo.

Se o tirei da sua zona de conforto nesta parte da viagem, aguente-se! O terreno torna-se mais fácil logo à frente e verá que a subida íngreme nesta parte da nossa caminhada valeu o esforço. Por mais abstrata que toda esta conversa sobre buscas possa parecer, ela revelar-se-á inestimável quando examinarmos se as buscas evolutivas são possíveis.

Espaços de Dimensões Surreais

O princípio de cobertura é tão válido para as pesquisas em espaços não físicos como para as pesquisas em espaços físicos. Com este princípio e com a pesquisa da cuna, estamos prontos para questionar se o sucesso é impossível em certas pesquisas não físicas de caça aos ovos.

Vamos tentar construir uma busca impossível para ver se o conseguimos. Usando a nossa intuição de que espaços enormes dificultam a pesquisa, vamos pensar numa pesquisa não física de caça aos ovos num espaço inimaginavelmente grande. Que tal o espaço de possíveis imagens digitais? Isso deve ser bastante grande. Teremos de usar a palavra imagem de forma vaga, porque os píxeis aleatórios que preenchem a maior parte deste espaço não são aquilo a que normalmente chamamos imagens. Com isto em mente, vamos considerar este como o nosso espaço de pesquisa exato:

> *Todas as imagens possíveis com 300 píxeis por 400 píxeis de tamanho.*

Deixando de momento o objeto da pesquisa por especificar, pense na vastidão abrangente deste espaço de pesquisa. Por um lado, todas as fotografias que alguma vez foram tiradas ou que alguma vez serão tiradas, ou, de facto, que alguma vez poderão ser tiradas, têm uma versão de tamanho adequado neste espaço. Além disso, além de todas essas fotografias, o espaço contém tudo o resto que reconheceríamos como uma representação gráfica de qualquer tipo – desde diagramas de circuitos e padrões de papel de parede a listas de compras.

A existência garantida de todo este conteúdo pode dar a impressão de que acabámos de nos deparar com um tesouro digital. Afinal, temos uma espécie de contentor (o espaço de imagens) que contém demasiadas coisas de valor para que possamos começar a enumerá-las, a maioria das quais nunca foi vista antes. Tal como um arquivo roubado de um futuro distante, este contentor contém retratos de todos os grandes líderes mundiais – do passado, do presente e do futuro –, juntamente com instantâneos dos acontecimentos mais noticiados de todos os tempos e diagramas das melhores invenções de todos os tempos – inúmeras e incalculáveis surpresas à espera de ser descobertas pelos primeiros exploradores a pesquisar este espaço valioso. Que grande oportunidade!

No entanto, antes de nos entusiasmarmos demasiado, devemos lembrar-nos de que não se trata de um contentor vulgar. O nosso espaço de imagens não é mais do que um conceito para organizar alguns outros conceitos, nomeadamente as muitas imagens possíveis. E, embora seja verdade que algumas destas possibilidades foram concretizadas no nosso mundo físico (a figura 8.2 é um exemplo), é fácil mostrar que a esmagadora maioria não o pode ser. O nosso espaço de imagens é, portanto, intrinsecamente não físico.

A matemática elementar que demonstra este facto não é mais do que a multiplicação das possibilidades dos componentes. Cada píxel recebe a sua tonalidade através da atribuição de níveis (ou «intensidades») das três cores de base para um ecrã digital: vermelho, verde e azul. Estes níveis são números inteiros, variando normalmente entre 0 (o que significa que não há adição dessa cor) e 255 (o que significa a adição total dessa cor), num total de 256 níveis possíveis. O número de especificações de cor possíveis para um único píxel é, por conseguinte, calculado como o produto das possibilidades de nível das três cores de base, o que corresponde a mais de 16 milhões de cores (256 × 256 × 256 = 16.777.216).

Figura 8.2 Uma representação digital do mais antigo retrato presidencial de Abraham Lincoln, com uma resolução de 300 píxeis (largura) por 400 píxeis (altura).

Como uma imagem não é mais do que uma disposição de píxeis coloridos, podemos calcular o número exato de imagens no nosso espaço multiplicando essas possibilidades de cor por cada um dos 120.000 píxeis (300 × 400 = 120.000). Se considerarmos apenas os dois primeiros píxeis, existem 16.777.216 × 16.777.216 combinações de cores, o que equivale a centenas de biliões – que por si só é um número enorme, e ainda com 119.998 píxeis por considerar! Cada um destes píxeis restantes multiplica as possibilidades por outro fator de 16.777.216, produzindo um número final tão grande que tem de ser visto para se acreditar. O meu *software* de computação faz o cálculo completo numa fração de segundo, resultando num número do tamanho de um livro – um número que demoraria *198 páginas* a imprimir!

Para efeitos de comparação, uma única linha de texto de 80 caracteres seria suficiente para escrever o número de átomos no Universo, sendo que o número total de acontecimentos físicos ao longo da história do Universo exigiria apenas mais meia linha[3]. Assim, por muito grande e antigo que seja o nosso Universo, ele não envolve matéria suficiente nem se expandiu por tempo suficiente para que cada uma das possibilidades deste espaço de pesquisa tenha recebido uma representação física. O espaço de pesquisa nunca poderá ser materializado dessa forma e, no entanto, tem propriedades verdadeiras que podem ser verificadas através de uma análise, incluindo a estranha combinação de incompreensibilidade e cálculo exato em relação ao seu tamanho. É ao mesmo tempo real e surreal.

Números Fantasticamente Grandes

A distinção entre números que são tão grandes que não podem ser representados fisicamente (porque não há coisas físicas suficientes para corresponder ao número) e números que podem ser representados fisicamente é suficientemente importante para o objetivo que estamos a seguir, pelo que devemos ter uma forma fácil de identificar a diferença.

Na vida quotidiana, pensamos nos números como sendo grandes até ao ponto em que contar por unidades se torna inconveniente. Um vigilante numa visita de estudo conta facilmente algumas dezenas de crianças mantendo um registo mental, mas para contar centenas seria necessário um processo mais elaborado. Assim, a linha divisória entre números confortáveis e números incómodos – neste sentido prático e quotidiano – situa-se algures nas vizinhanças da centena.

Curiosamente, este entendimento comum de «grandeza» numérica acaba por ser útil quando tentamos compreender os números que desafiam a representação física, a que chamaremos números fantasticamente grandes. Como regra geral, quando o número de dígitos necessários para escrever um número é, por si só, um número grande, o número representado por esses dígitos é fantasticamente grande. Ou seja, os números que excedem cerca de cem dígitos em comprimento também excedem a representação física, ou quase. Por exemplo, o número de cores dos píxeis – 16.777.216 – é grande, mas não fantasticamente grande, enquanto o número de imagens no nosso espaço de pesquisa é fantasticamente grande.

De facto, um espaço de pesquisa muito mais pequeno continuaria a ser fantasticamente grande. O espaço das minúsculas «imagens» de 3 x 5 píxeis, por exemplo, inclui este número enorme de possibilidades: 2.348.542.582.773.833.227.889.480.596.789.337.027.375.682.548.908.319.870.707.290.971.532.209.025.114.608.443.463.698.998.384.768.703.031.934.976,4. Pense fantasticamente grande sempre que vir números de comprimento semelhante ou superior, e saiba que esses números estão para lá da representação física.

Pesquisador *versus* Espaço

Agora, estamos prontos para descrever completamente a nossa pesquisa impossível. Podemos pensar em qualquer pesquisa como uma competição entre o pesquisador e o espaço de pesquisa, com alvos maiores a tornarem as coisas relativamente mais fáceis para o pesquisador. Afirmo que o nosso espaço de pesquisa de imagens é tão fantasticamente grande, que podemos escolher um alvo fantasticamente grande e, ainda assim, demonstrar que o espaço ganha o desafio. Se isto for verdade, é uma lição importante para levarmos connosco para o próximo capítulo, onde iremos considerar se as pesquisas de caça aos ovos podem inventar coisas.

A figura 8.3 mostra uma das muitas maneiras de criar um alvo fantasticamente grande para a nossa pesquisa impossível. O nosso truque é usar píxeis para representar caracteres matriciais (letras, números e símbolos). Cinquenta filas de caracteres com cinquenta caracteres por fila preenchem perfeitamente o tamanho da nossa imagem de 300 x 400 píxeis, transformando a imagem no que parece ser um pequeno ecrã de telemóvel cheio de caracteres. Vamos chamar a qualquer imagem preenchida com caracteres desta forma uma captura de ecrã matricial, só para lhe dar um nome. O nosso objetivo de pesquisa, então, consistirá em:

> *Todas as imagens que representem qualquer captura de ecrã matricial.*

Sabemos que o número destas imagens-alvo será pelo menos tão grande como o número de combinações possíveis de caracteres, que é incrivelmente grande. Apesar disso, podemos torná-lo ainda maior, não exigindo que cada carácter seja feito de píxeis pretos contra um fundo branco. Ao experimentar, descobri que os caracteres são legíveis se os seus níveis de cor (vermelho, verde e azul) estiverem no terço inferior do intervalo (0 a 85), enquanto os níveis dos píxeis de fundo estão no terço superior (170 a 255). Agora, em vez de utilizar apenas duas cores de píxeis (preto ou branco) para construir os caracteres matriciais, podemos utilizar mais de um milhão.

Assim, o nosso concurso tem o seguinte aspeto: o pesquisador terá de verificar o maior número possível de imagens do espaço de pesquisa (todas as imagens possíveis de 300 x 400 píxeis) para ver se alguma delas «atinge» o nosso alvo de pesquisa por ser uma captura de ecrã matricial. A forma exata de como isto é feito não nos interessa, desde que o processo seja verdadeiramente cego, o que significa que a escolha das possibilidades a verificar não deve beneficiar de nenhuma forma de conhecimento que possa levar a suposições corretas. Se quiser imaginar o processo, pense num serviço de Internet que permite ao pesquisador carregar um número ilimitado de imagens de 300 x 400 píxeis, com um *e-mail* a notificar imediatamente o pesquisador caso uma dessas imagens carregadas seja um resultado positivo.

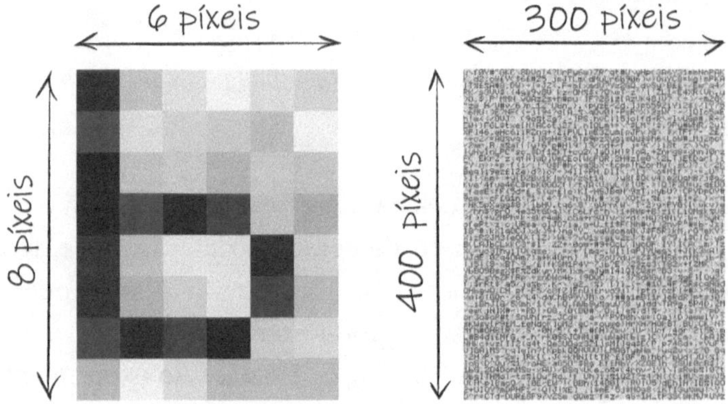

Figura 8.3 As cores claras e escuras (aqui mostradas em escala de cinzentos) são usadas para transformar uma imagem de 300 x 400 píxeis naquilo a que chamamos uma captura de ecrã matricial (50 linhas de 50 caracteres). Cada carácter ocupa um retângulo de 6 x 8 píxeis (à esquerda). Utilizei um conjunto de 93 caracteres (letras maiúsculas e minúsculas, mais numerais e símbolos) em ordem aleatória para construir o exemplo de uma captura de ecrã matricial à direita.

No entanto, esta é apenas uma forma de imaginar a pesquisa, que pode parecer muito diferente. O ponto-chave é que, independentemente do aspeto da pesquisa, cada palpite consome recursos físicos. As coisas físicas têm de ser manipuladas para que uma suposição seja concebida e testada, e isso requer que pelo menos um pouco de material físico seja dedicado a representar cada suposição durante um pouco de tempo. Por muito eficientes ou extensas que sejam as coisas que criam e verificam as suposições, estes bocadinhos tornam-se enormes à medida que o número de suposições se torna também enorme. E, por muito abundantes que sejam os materiais físicos e o tempo, não são infinitamente abundantes. Assim, chega-se a um ponto em que a pesquisa é tão exigente que simplesmente não pode ser concluída, seja qual for a forma como o pesquisador tenta abordá-la. Em última análise, o concurso resume-se a uma comparação entre *a*, o número de imagens que podem ser fisicamente materializadas (para que possam ser verificadas), e *b*, o número de imagens que teriam de ser materializadas para que uma captura de ecrã matricial estivesse entre elas por acaso.

Sabemos que *a* não pode ser fantasticamente grande, porque definimos a grandeza fantástica como algo demasiado grande para ser materializado. Isto significa que o pesquisador está em apuros se *b* for fantasticamente grande. Podemos estimar *b* utilizando o princípio de cobertura juntamente com a regra de senso comum, de que são necessárias um zilhão de tentativas para que um resultado, de um em um zilhão, aconteça por acaso (aqui, «zilhão» significa qualquer número grande específico). Vale a pena referir esta forma de estimar *b* em termos da nossa metáfora de lançar alfinetes porque vamos usar o mesmo método para decidir se as pesquisas evolutivas são viáveis. Usando «recíproco» no sentido matemático, em que o recíproco de *m*/*n* é *n*/*m*, temos:

O princípio da escala recíproca

O número de alfinetes que devem ser lançados num espaço de pesquisa, antes de se esperar que um determinado alvo seja atingido às cegas, pode ser calculado como o recíproco da probabilidade de sucesso no primeiro lançamento, ou – de forma equivalente – o recíproco da fração do espaço de pesquisa coberto por esse alvo.

Traduzindo a partir da metáfora dos alfinetes, isto significa que o número de imagens que o pesquisador terá de verificar antes de esperar que uma captura de ecrã de matricial esteja entre elas é igual ao tamanho do espaço a dividir pelo tamanho do alvo:

$$\text{escala de pesquisa} = \frac{\text{tamanho do espaço}}{\text{tamanho do alvo}}$$

Isto coloca o número assustadoramente grande de 198 páginas no numerador, o que significa que o pesquisador só pode esperar que tenhamos feito o alvo suficientemente grande para que a resposta resultante não seja fantasticamente grande.

Em vez de o cansar com mais multiplicações, direi apenas que o número no denominador – o número de capturas de ecrã matricial possíveis – é também fantasticamente grande, preenchendo cerca de 160 páginas. No entanto, por muito grande que seja, não é suficientemente grande para servir de alguma coisa ao pesquisador. O truque para avaliar o tamanho da resposta é subtrair páginas, como na figura 8.4. Isto diz-nos que a resposta – o número de imagens que teriam de ser materializadas – é um número de

38 páginas, que sabemos ser fantasticamente grande. O facto de ser muito mais pequeno do que poderia ser (se o alvo fosse mais pequeno) não tem qualquer importância. O pesquisador cego não pode ser bem-sucedido porque o sucesso exigiria que fossem verificadas mais imagens do que qualquer processo físico pode verificar. O espaço de pesquisa ganha este concurso de forma decisiva.

Podemos usar a pesquisa da cuna para ter uma ideia de como a situação é menos esperançosa para o pesquisador. O princípio da escala recíproca diz-nos que o número esperado de lançamentos cegos de alfinetes, necessários para atingir o alvo da cuna, é de cerca de cem milhões de biliões, o qual se escreve como um seguido de vinte zeros. Para uma série de *n* acertos consecutivos na cuna (se é que consegue imaginar tal coisa), espera-se que o número de lançamentos cegos necessários seja um número de 20*n* dígitos, em que *n* é o número de acertos consecutivos. O número de lançamentos cegos de alfinetes necessários para acertar quatro cunas seguidas, por exemplo, seria um número de oitenta dígitos, que preencheria uma linha de texto, sem vírgulas.

Dispomos agora de duas formas de avaliar a dificuldade de pesquisas muito difíceis. Ambas utilizam o número enorme que obtemos ao aplicar o princípio da escala recíproca e, em particular, o número de dígitos necessários para escrever esse número enorme. Em primeiro lugar, a divisão do número de dígitos por vinte indica-nos a dificuldade da pesquisa em termos de acertos consecutivos na cuna. Assim, se o princípio da escala recíproca diz que o número de possibilidades que o pesquisador precisa de verificar tem quarenta dígitos, isso significa que a pesquisa é tão difícil como lançar alfinetes às cegas até que o alvo da cuna seja atingido duas vezes seguidas – algo espantosamente improvável quando se imagina a pesquisa da cuna. Em segundo lugar, sabemos que, se o número de dígitos for superior a cem, seria necessário verificar um número fantasticamente grande de possibilidades, o que simplesmente não pode ser feito.

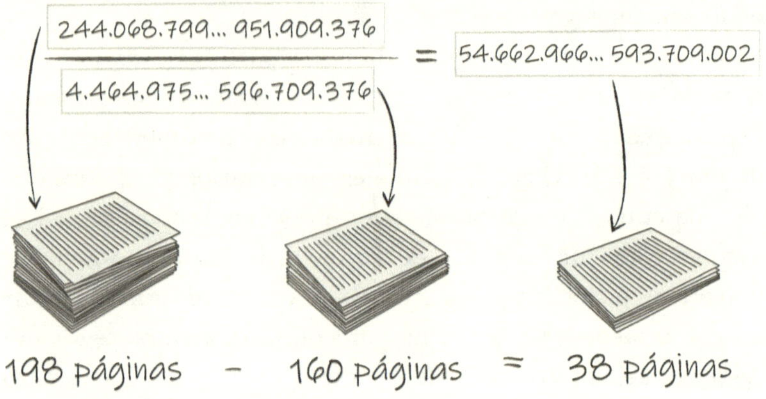

Figura 8.4 A divisão de números inteiros extremamente grandes (maior dividido por menor) é representada de forma abreviada no topo, com o comprimento total de cada número inteiro representado por uma pilha de papel impresso abaixo. Para números que não são do tamanho de uma página, pode utilizar o mesmo método com linhas em vez de páginas. Repare que, desta forma, não é necessário efetuar qualquer divisão para medir a magnitude do resultado.

Com 38 páginas, o número impressionante de imagens que teriam de ser verificadas para que o pesquisador encontrasse uma única captura de ecrã matricial tem mais de 160.000 dígitos. Dividindo este número por vinte, verificamos que a nossa busca cega de imagens é tão difícil como lançar alfinetes às cegas até que o alvo da cuna seja atingido oito mil vezes seguidas apenas por sorte!

Isso nunca acontecerá.

O espaço de pesquisa ganha.

A Possibilidade da Impossibilidade Física

Quem ainda estiver a torcer pelo pesquisador pode refugiar-se em dois pensamentos. O primeiro é a esperança de que, quando falamos de evolução, as pesquisas mais importantes se revelem muito mais favoráveis do que esta pesquisa que nos serviu de exemplo. Em particular, se os verdadeiros alvos de interesse cobrirem uma proporção substancialmente mais elevada dos respetivos espaços do que o espaço do exemplo, talvez o princípio da escala recíproca não seja, em última análise, um obstáculo intransponível. Isto tem certamente de ser devidamente considerado antes de chegarmos a conclusões definitivas sobre as pesquisas evolutivas, uma tarefa que abordaremos no próximo capítulo.

O segundo local de refúgio potencial é a ideia de que a palavra «impossível» deve ser reservada para situações em que a probabilidade de sucesso é exatamente zero. É certo que isto não é verdade para o nosso exemplo. Em vez disso, a probabilidade de obter uma captura de ecrã matricial por acaso numa tentativa seria representada por um zero seguido de uma vírgula decimal, seguida de uma série muito longa de zeros – preenchendo 37 páginas e transbordando para a trigésima oitava antes de aparecer o primeiro número diferente de zero. Essa probabilidade pode ser dilatada permitindo mais tentativas, mas a questão é que as tentativas só podem ser multiplicadas dentro de limites físicos rígidos. Mesmo segundo as hipóteses mais otimistas, o nosso Universo – vasto e antigo como é – não consegue reunir repetições suficientes para apagar mais do que uma centena desses zeros!

Não se esqueça de que o nosso interesse aqui é mais prático do que matemático. Os estudantes de matemática devem, evidentemente, aprender a distinção conceptual entre frações infinitesimais e zero. Mas decidir se o sucesso é suficientemente possível para ter implicações reais é fazer uma distinção prática e não conceptual. Tendo isto em conta, é evidente que alguns desafios de pesquisa favorecem o espaço de pesquisa em detrimento do pesquisador cego de forma tão esmagadora, que devem ser considerados impossíveis. Mais precisamente, nestas situações o sucesso deve ser considerado uma impossibilidade física, de modo a distingui-lo de uma impossibilidade conceptual. Somos livres de contar histórias sobre a superação de baixas probabilidades como essas, mas agora vemos muito claramente porque é que histórias desse tipo pertencem à secção de ficção – onde arquivámos a história da sopa de oráculos.

Se a explicação de Darwin para a vida também pertence a esta área, é algo que por enquanto ainda permanece por decidir. Se as peças do dominó caírem, a sua teoria cai com elas. A repetição seria a primeira peça a cair, se se revelasse inadequada para explicar as notáveis coincidências necessárias para que a vida seja um acidente. E isso pode acontecer. Como vimos agora, esse dominó é bastante instável.

CAPÍTULO 9

A ARTE DE FAZER SENTIDO

Com o objetivo de resolver o conflito entre a nossa *intuição de design* e a história evolucionista, partimos numa busca pela compreensão, semelhante à subida por um trilho de montanha. Começámos ao nível do mar, com uma ideia tão familiar que dá a sensação de ser algo obviamente verdadeiro – a *intuição universal de design*. Demorando-nos durante uns momentos a uma altitude baixa, tivemos tempo para apreciar a humanidade da ciência antes de iniciarmos a escalada. Subindo, acabámos por nos encontrar no ar rarefeito do cume, onde nos deparámos com temas que talvez nos tenham parecido pouco familiares. A partir de agora, a caminhada será mais fácil, porque chegámos ao ponto mais alto. Temos apenas mais uma ou duas coisas para ver a esta altitude antes de descermos de regresso ao sopé, revisitando pelo caminho lugares que já vimos antes.

Na aproximação ao cume, levei-o a uma exploração do tema geral das buscas cegas. Por mais desafiante que esse tópico possa ter sido, revelar-se-á fundamental para resolver o conflito entre a história evolucionista e a nossa *intuição de design*. De facto, o processo evolutivo, tal como é descrito pelos biólogos, não é mais do que uma grande coleção de buscas cegas contínuas – uma para cada espécie existente. Não há nada de controverso nisto. Por «cega», quero dizer sem presciência ou compreensão, tal como o evolucionista Richard Dawkins fez na sua aclamada defesa do darwinismo, *O Relojoeiro Cego*[1]. E por «busca» não me refiro a nada que seja inconsistente com cegueira completa. A ideia não é que qualquer espécie pretenda adquirir novas características, mas que todas as espécies adquirem novas características, supostamente, através de um longo processo de deambulações genéticas semelhantes às deambulações do nosso robô, no capítulo 7, que procura ruído. Portanto, é correto dizer que quaisquer características biológicas notáveis adquiridas desta forma foram encontradas, não por esforço deliberado, como o cão encontra a raposa ou como o detetive encontra o assassino, mas sim pelo curso normal da natureza, como o rio encontra o oceano ou como o relâmpago encontra o seu caminho para o solo.

A visão oposta é que o que parece ser fruto da genialidade é sempre fruto da genialidade. A *intuição universal de design* declara que assim é, e tudo na nossa experiência quotidiana reitera essa declaração. As invenções são coisas inteligentes, e as coisas inteligentes só podem ser obtidas através da inteligência. Os inventores procuram por vezes novas formas de fazer as coisas, mas nunca procuram às cegas. Ao fim e ao cabo, a invenção consiste em acender lâmpadas mentais para que as coisas sejam vistas claramente pela primeira vez. O que em nada se assemelha ao tatear no escuro que caracteriza uma busca cega.

Como os Seres Humanos Inventam

Sem partir do princípio de que todas as invenções têm de se processar da mesma maneira que as invenções humanas, será útil pensar na forma como nós, humanos, inventamos. Sei que a maioria das pessoas não pensa em si própria como inventora, tal como não pensa em si própria como cientista, mas isso deve-se ao facto de subestimarmos o significado daquilo que fazemos com facilidade. Quando chegarmos ao fundo do que é realmente a invenção, veremos que inventar é uma parte essencial do ser humano.

Para nos ajudar a lá chegar, dividi o processo de invenção humana nas três fases apresentadas na figura 9.1. A primeira, a fase mental, é aquela em que a ideia inicial da invenção é desenvolvida num plano detalhado pronto a ser implementado. A grande ideia de nível superior tem sempre de ser decomposta conceptualmente em ideias mais pequenas, que podem ter de ser ainda mais decompostas antes de se poder iniciar a implementação. Os passos descendentes na primeira fase da figura 9.1 são sugestivos desta progressão do conceito de alto nível para os pormenores práticos.

A segunda fase é quando o plano conceptual resultante é utilizado para construir uma coisa física. O trabalho mental nesta fase é mais orientado para a prática do que na primeira fase. O plano totalmente concebido é imposto a materiais físicos reais, o que requer tanto uma compreensão conceptual do plano, como a capacidade de resolver todas as questões de pormenor que surgem quando planos complexos são implementados pela primeira vez. Designo esta fase como a fase metódica, para sugerir que requer uma ação consciente e intencional, e que esta ação deve ter cuidadosamente em conta as propriedades dos objetos e materiais físicos que estão a ser manipulados. Repare que nesta segunda fase são subidos tantos degraus como os que foram descidos na primeira. O objetivo da primeira fase era formar ideias num modo descendente, passando da ideia de alto nível para os pormenores de baixo nível necessários para a implementar; o objetivo da segunda fase é formar um dispositivo físico num modo ascendente, passando das matérias-primas e acessórios disponíveis a um protótipo funcional.

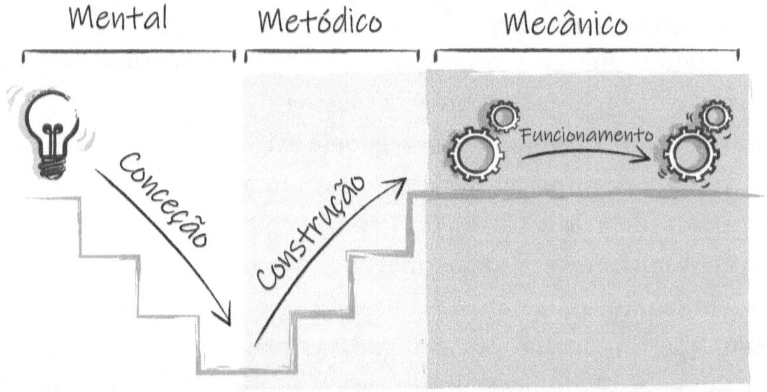

Figura 9.1 As três fases através das quais se processa a invenção humana. O sombreado indica a transição da atividade puramente mental (não sombreado) para a atividade puramente física (sombreado escuro). As fases mental e metódica não estão tão claramente divididas como esta representação sugere e, no entanto, existe uma progressão real da atividade puramente mental de conceber para as atividades fisicamente mais exigentes de construir e testar.

Se tudo correr bem, a ideia de alto nível será evidente para toda a gente na terceira fase enquanto se observa o dispositivo concluído a fazer aquilo para que foi concebido. Foi exatamente isto que deduzimos para o robô de piscina no capítulo 6. Todos os que observam este aparelho em ação apercebem-se de que está a limpar uma piscina, o que desencadeia imediatamente o reconhecimento de que foi conscientemente concebido para limpar piscinas. Assim, tendo observado diretamente a atividade física, inferimos que uma atividade consciente anterior produziu o tipo especial de atividade física que estamos a testemunhar, nomeadamente o dinamismo de um integral dinâmico. Ao vermos a invenção em funcionamento, inferimos que ela foi construída de acordo com um plano concebido.

Um exemplo ajudará a solidificar estas ideias.

Houston, Temos Um Problema

Em abril de 1970, a missão *Apollo 13* da NASA enviou três homens – Jim Lovell, Jack Swigert e Fred Haise – para o espaço com o objetivo de aterrarem na Lua. No terceiro dia da viagem, as coisas correram terrivelmente mal. Um tanque de oxigénio explodiu, causando grandes danos na nave espacial e obrigando o Controlo de Missão em Houston a replanear o resto da missão em torno de um novo objetivo: trazer a tripulação em segurança de volta à Terra. Apesar do início precário, a *Apollo 13* viria a ser um sucesso retumbante no que diz respeito a este novo objetivo.

Entre os muitos desafios críticos que tiveram de ser ultrapassados nos dias que decorreram entre a explosão e a amaragem no Pacífico Sul, um deles era evitar a acumulação letal de dióxido de carbono (CO_2) na secção da nave espacial onde os astronautas viajavam, o chamado módulo lunar. Havia cartuchos de purificador do ar a bordo para esse efeito, mas os que estavam acessíveis aos astronautas eram em forma de caixa, para utilização no módulo de comando, enquanto o módulo lunar tinha sido concebido para utilizar cartuchos cilíndricos. Com a vida da tripulação em risco, os engenheiros em terra tiveram de encontrar uma forma de fazer com que os cartuchos em forma de caixa funcionassem num sistema concebido para utilizar cartuchos cilíndricos. A sua solução, agora famosa, para este desafio foi apelidada de «caixa de correio» (figura 9.2).

Como todas as invenções, a caixa de correio da *Apollo 13* teve a sua origem em pensamentos. Primeiro, veio o pensamento motivador, que foi a perceção de que o CO_2 exalado pelos astronautas se tornaria letal se nada fosse feito para o remover. De seguida, veio uma análise da situação que forneceu o caminho mais promissor para uma solução. Assim, antes de serem manuseadas quaisquer coisas físicas, as ideias foram ponderadas e refinadas com o objetivo de conhecer todos os pormenores necessários para que a grande ideia fosse bem-sucedida. Esta é a primeira fase da figura 9.1 – a fase mental.

No início deste processo, os engenheiros no terreno começaram a avançar para a segunda fase da figura 9.1 – a fase metódica da construção. Digo começaram porque as fases mental e metódica da invenção geralmente se sobrepõem. É quase sempre necessário experimentar as ideias testando-as, e as ideias são quase sempre aperfeiçoadas durante o processo. No entanto, por mais importante que seja a experimentação, a urgência da situação dos astronautas exigia uma conclusão rápida. No espaço, onde realmente importava, tudo dependia da fase final da invenção: a fase em que a caixa de correio tinha de provar o seu valor a funcionar. Os astronautas precisavam, portanto, de ignorar todas as experiências e quebra-cabeças em que os seus colegas em terra estavam empenhados e, após uma passagem bem-sucedida pela fase metódica da construção, ir diretamente para a fase final.

Figura 9.2 A «caixa de correio» da *Apollo 13*, vista no cimo desta fotografia da NASA, foi uma invenção improvisada para remover o CO_2 do módulo lunar. Sem ela, os astronautas teriam morrido.

Para o conseguir, foi necessária uma invenção de outro tipo: uma combinação inteligente de palavras chamada instruções.

A Linguagem, o Meio Supremo de Invenção

Curiosamente, a importância de elaborar palavras não era exclusiva dos engenheiros da NASA, como mostram claramente estes excertos das transcrições de voz da *Apollo 13*:

03 08 22 13/ Controlo de Missão:

Sim. Gostaríamos de vos poder enviar um *kit*, e seria como montar um modelo de avião ou algo do género. No fim, esta engenhoca vai parecer uma caixa de correio quando a tiverem montada.

(...)

03 10 52 51/ Controlo de Missão:

(...) como sabem, temos uma forma de usar esses [cartuchos]. E, assim que a tivermos escrito com as palavras certas, passamo-vos isso. Talvez consigam fazer uma.

(...)

03 11 51 58/ Controlo de Missão:

(...) estamos a reunir as palavras necessárias para facilitar a construção de uma destas coisas, e parece que provavelmente serão precisos dois homens, por isso, acho que devemos planear fazer isso mais tarde.

(...)

03 18 08 43/ Controlo de Missão:

Está bem, Jim. Acho que a melhor maneira de o fazer é reunir o equipamento e deixar-nos explicar-lhe o procedimento enquanto o faz. Talvez possa dar os auscultadores ao Jack e reunir o equipamento, e nós explicaremos o procedimento passo a passo. Penso que será um pouco mais fácil fazê-lo dessa forma do que se tentar copiar tudo... e depois fazê-lo[2].

As instruções verbais que se seguiram a esta recomendação preenchem muitas páginas da transcrição datilografada, o que indica que esta foi uma daquelas situações em que os pormenores são importantes.

Tendo em conta a diferença categórica entre as palavras e os variados objetos que Jim Lovell devia reunir – cartuchos de purificador, fita adesiva, sacos de plástico e cartão –, é de salientar que os mesmos princípios de invenção se aplicam a todas estas categorias. Quer estejamos a inventar instruções ou um dispositivo mecânico de qualquer tipo, começamos sempre por conceber, e o processo de conceção vai sempre de um conceito completo – a grande ideia – até aos pormenores de baixo nível que têm de ser resolvidos para que essa ideia seja implementada. Por muito irregular que seja a transição entre a conceção e a implementação – por muitas tentativas e recuos que possa exigir –, acabamos com uma coisa física cuja estrutura hierárquica definida revela o nosso processo de pensamento. Ou seja, toda a gente pode ver como pensámos no problema examinando a estrutura hierárquica da invenção que criámos para o resolver. De facto, é esta mesma estrutura que faz com que a invenção funcione.

Dito isto, devo acrescentar que as invenções mais elegantes desempenham as suas funções de nível superior de forma tão impressionante, que as funções de nível inferior passam normalmente despercebidas. Quando a jogadora de ténis do capítulo 6 ganha o jogo, fala-se da perícia das suas jogadas e não do bom desempenho dos seus pulmões ou do seu coração. No entanto, o facto de ninguém ter pensado na respiração ou na circulação sanguínea da jogadora mostra a proficiência com que essas funções fisiológicas necessárias foram executadas. Elas apoiaram tão bem a excelência no ténis, que se tornaram praticamente invisíveis.

O que permite que as invenções funcionem de forma tão perfeita é uma propriedade a que chamaremos coerência funcional. E que não é nada mais do que o alinhamento completo das funções de baixo nível no apoio à função de nível superior. A figura 9.3 ilustra este aspeto de forma esquemática para uma invenção hipotética construída a partir de dois componentes principais, em que ambos podem ser decompostos em dois subcomponentes, cada um dos quais pode, por sua vez, ser decomposto em constituintes elementares. Os parênteses horizontais agrupam as partes de um determinado nível que formam algo maior num nível superior, com as setas para cima a indicar estas relações de composição. Repare que cada parte funciona no seu próprio nível de uma forma que apoia a função de nível superior. Esta unidade completa de função é o que designamos por coerência funcional.

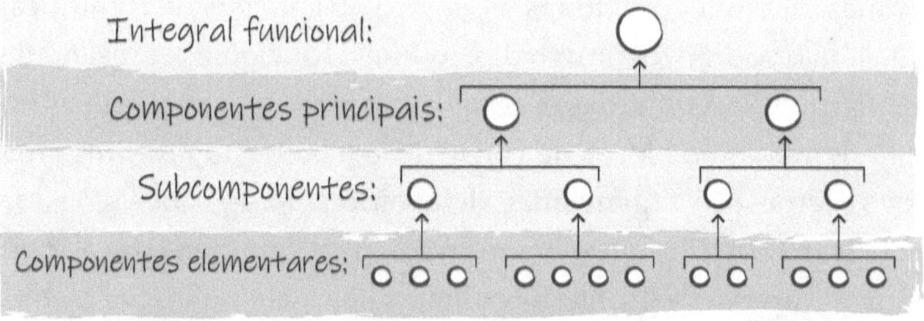

Figura 9.3 A estrutura hierárquica de uma invenção, mostrando a coerência funcional que caracteriza as relações entre as partes. Neste esquema, as partes em níveis intermédios (entre os constituintes elementares e o integral funcional) são designadas por componentes. O número de níveis intermédios e de componentes depende tanto da invenção como, em certa medida, da forma como escolhemos delinear as suas partes principais. O facto invariável é que as muitas partes devem desempenhar as suas pequenas funções de uma forma hierárquica particular para que toda a invenção desempenhe a sua grande função.

Coerência funcional:

A disposição hierárquica das partes necessárias para que algo produza uma função de alto nível - cada parte contribuindo de forma coordenada para o todo.

Por muito abstrato que isto possa parecer, tem implicações muito concretas e familiares, que se tornarão evidentes quando considerarmos como funcionam as instruções. As instruções da caixa de correio da *Apollo 13* continuarão a servir de exemplo, mas, em vez de nos preocuparmos com a maneira como o CO_2 pode ser removido do ar, concentrar-nos-emos na forma como as ideias são transmitidas pela linguagem. Quer examinemos a comunicação escrita ou falada, e quer escolhamos o inglês, o chinês ou o malgaxe, todas as peças substanciais de comunicação têm o padrão distintivo de coerência funcional representado na figura 9.3. As línguas escritas alfabéticas, por exemplo, utilizam letras como blocos de construção básicos no nível inferior. Estas letras são organizadas de acordo com as convenções da ortografia para formar palavras num nível superior. Para atingir o nível superior seguinte, as palavras são escolhidas com o objetivo de exprimir um pensamento e organizadas de acordo com as convenções gramaticais da estrutura das frases, para que esse pensamento seja transmitido de forma inteligível.

A necessidade de atingir níveis ainda mais elevados depende do objetivo. Se o objetivo for transmitir um pensamento simples, uma frase deve ser suficiente. Se o objetivo for levar os leitores a um processo de pensamento mais longo, serão necessárias muitas frases, cada uma delas cuidadosamente elaborada para transmitir o seu próprio ponto de vista de forma coerente com os pontos anteriores e abrir caminho para os pontos seguintes.

Fazer Sentido com as Letras

O objetivo do Controlo de Missão – possibilitar que os astronautas da *Apollo 13* construíssem um dispositivo para remoção de CO_2 – exigia muitas frases instrutivas, que por sua vez exigiam conhecimento, não só de como construir o dispositivo, mas também de como colocar esse conhecimento nas «palavras certas». De acordo com a nossa *intuição de design*, instruções como estas só podem vir de alguém que tenha uma compreensão mental do procedimento que está a ser transmitido e da linguagem em que deve ser transmitido.

Começamos agora a perceber porque é que esta intuição tem de estar correta. Para orientar o nosso pensamento, consideremos um cenário hipotético. Suponha que, em vez de receberem instruções verbais dos seus colegas em Houston, os astronautas tinham de trabalhar com base em instruções escritas. E suponha que essas instruções escritas vinham de uma fonte que não compreendia a situação dos astronautas, não fazia ideia de como a resolver e não compreendia a linguagem. Imagine que a responsabilidade por estas instruções críticas se encontrava nas mãos preênseis de um macaco – talvez um reformado dos antigos tempos dos macacos espaciais. Equipado com uma máquina de escrever, mas de outra forma lamentavelmente mal equipado, este macaco teria claramente muito poucas hipóteses de produzir qualquer coisa que se assemelhasse a instruções adequadas.

Isso é óbvio. O mais interessante é saber se algum processo de busca cega – quer empregando macacos ou supercomputadores, quer funcione durante dias ou éones, quer esteja confinado a uma nave espacial ou distribuído por todos os planetas em mil milhões de galáxias – consegue produzir sequências de letras alfabéticas suficientes para que uma delas seja um conjunto eficaz de instruções que permitam construir a caixa de correio da *Apollo 13*. Para nos ajudar a responder a isto, converti as instruções de voz originais numa escrita concisa que, com 32 linhas, preenche pouco mais de meia página. Embora não seja muito texto, sabemos pelo capítulo 8 que o espaço correspondente de possibilidades totais – o número total de formas possíveis de preencher 32 linhas – é tão grande, que é fisicamente impossível que todas elas se concretizem. A questão é saber se o número de formas alternativas de escrever as instruções pode ser suficientemente grande para que um processo de busca cega triunfe sobre este enorme espaço de pesquisa. Não foi esse o caso na disputa entre o pesquisador e o espaço que examinámos no final do capítulo anterior, mas alinhámos essa conclusão à ideia de que talvez os alvos mais relevantes cubram suficientemente os seus espaços para que uma busca cega seja bem-sucedida.

Certamente, tudo o que possa ser transmitido por palavras pode ser transmitido de muitas formas. Porém, no que concerne ao número total dessas formas, não conheço nenhuma maneira de fazer essa contagem. Felizmente, podemos avaliar esta pesquisa através de uma abordagem diferente. Em vez de tentarmos contar as formulações alternativas para as instruções da caixa de correio, perguntaremos simplesmente quão rara é a coerência funcional que todas as instruções escritas exigem. Começando pelo nível mais baixo, em que as letras são unidas para formar palavras, a primeira pergunta é: quão raras são as combinações de letras usadas na escrita quando comparadas com as combinações de letras possíveis?

Para responder a esta questão, imagine duas páginas impressas, uma preenchida com escrita inteligível e a outra preenchida com datilografia aleatória. Ambas as páginas estão cobertas por folhas de papel preto com uma série de pequenos buracos retangulares, cada um deles suficientemente grande para expor apenas três letras consecutivas. Será que o que vemos através destes buracos revela a que página pertence? Se sim, então a coerência é discernível mesmo em fragmentos de texto mais pequenos do que uma palavra média.

A figura 9.4 mostra exemplos do que poderíamos observar. Inspecionando as quatro colunas de letras reveladas na página superior, não vemos exemplos que não pareçam pertencer a uma escrita inteligível. Combinações como «ngt» e «rtr» (ambas na primeira coluna) podem deixar-nos perplexos por um momento, mas podemos facilmente acreditar que provêm de palavras inglesas, mesmo que tenhamos dificuldade em lembrar-nos de qualquer exemplo (para os curiosos, provêm de *length* [comprimento] e *cartridge* [cartucho], respetivamente). Em contrapartida, a página inferior revela muitas combinações obviamente implausíveis, incluindo «qmf», «xdc», «wvw», «wrm» e «hzj», entre outras. Nesta página inferior, também vemos uma preponderância de combinações de letras que, embora não sejam definitivamente implausíveis, são, no entanto, peculiares. A sequência «ftb», por exemplo, talvez pudesse existir numa palavra composta como *softball,* mas não existe no dicionário de *software* com 93.000 palavras que estou a usar. Assim, parece que podemos detetar a incoerência da escrita aleatória mesmo em pequenos fragmentos de sequências de letras, desde que tenhamos vários fragmentos para inspecionar.

A figura 9.3 ajuda-nos a compreender isto. Neste caso, os constituintes elementares no nível inferior são as 26 letras do alfabeto mais a tecla de espaço para separar as letras que formaram palavras. Consideramos que combinações de letras como «hzj» são incoerentes porque a nossa familiaridade com o inglês nos diz que não podem fazer parte de nenhuma palavra inglesa. No que se relaciona com a figura 9.3, estas combinações não podem ser colocadas sob um parêntese horizontal no nível inferior porque não podem formar uma palavra no nível seguinte.

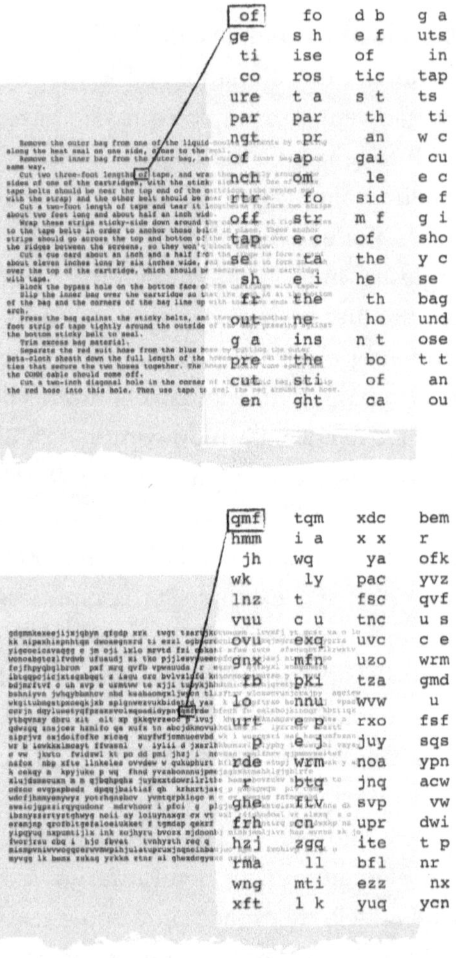

Figura 9.4 Exemplos do que se veria através dos buracos retangulares descritos no texto. Os buracos expõem três posições consecutivas de letras (algumas das quais podem ser ocupadas por espaços) em locais aleatórios nas duas páginas. A página superior contém instruções reais da «caixa de correio». A página inferior apresenta uma datilografia aleatória, simulada através da representação das 26 letras do alfabeto e da tecla de espaço em proporção ao tamanho das respetivas teclas num teclado normal, em que a tecla de espaço é cinco vezes maior do que uma tecla de letra.

Como seria de esperar, a prevalência deste problema faz com que as palavras sejam uma ocorrência rara na datilografia aleatória. Dos 248 agrupamentos de letras na página inferior mostrados na figura 9.4, apenas oito são palavras reconhecíveis. A maior parte tem uma só letra, «a» ou «i» (*significando* «I») ou duas letras, como *he* e *uh*. A palavra mais comprida da página é a palavra de três letras *ink* [tinta]. No total, estas pequenas palavras constituem apenas um por cento do conteúdo da página.

Não tendo ainda considerado nenhum dos pormenores da escrita, já temos o que precisamos para decidir se as instruções acidentais da caixa de correio estão dentro do domínio da possibilidade física. A observação de que 248 agrupamentos de letras resultaram em apenas oito palavras reais significa que as letras aleatórias que caem entre espaços sucessivos têm apenas uma probabilidade de 1 em 31 de serem palavras (8 / 248 = 1 / 31). E, quando são palavras, tendem a ser muito curtas, com uma média de apenas duas letras ou três toques no teclado (contando o espaço que termina a palavra). Assim, como são necessários cerca de 1800 toques de teclado para preencher meia página, a datilografia aleatória teria de produzir cerca de 600 palavras consecutivas só para preencher meia página com palavras (1800 ÷ 3 = 600). Se o fizesse, não haveria coerência acima do nível das palavras, mas o facto de se evitarem sequências de letras irreconhecíveis satisfaria pelo menos esse requisito de nível inferior para instruções úteis.

Por muito inadequado que seja, este requisito fornece uma forma fácil de calcular uma probabilidade que pode ser utilizada com o princípio da escala recíproca do capítulo 8. Isso dir-nos-á se uma busca cega de combinações de teclas pode encontrar algo tão insignificante como um amontoado de palavras minúsculas que preencha meia página. Se este alvo excessivamente generoso não puder ser encontrado, então encontrar instruções coerentes para construir a caixa de correio da *Apollo 13* está completamente fora de questão.

Para calcular a probabilidade de meia página teclada de forma aleatória consistir inteiramente em palavras inglesas, começamos com 1 e multiplicamos por 1/31 (a probabilidade de um grupo de letras ser uma palavra) várias vezes, num total de 600 vezes. De acordo com o princípio da escala recíproca, espera-se que o número de meias páginas que teriam de ser preenchidas com datilografia às cegas[3], para que uma delas fosse inteiramente constituída por palavras, seja aproximadamente igual ao recíproco desta fração multiplicada. De forma equivalente, podemos começar com 1 e multiplicar por 31 (o recíproco de 1/31) várias vezes, 600 vezes. Quando este cálculo é efetuado, o resultado impresso preenche pouco mais de onze linhas com algarismos, o que faz com que seja um número do tamanho de um parágrafo em vez de um número do tamanho de um livro... mas, mesmo assim, fantasticamente grande.

Ora, se vivemos num Universo que não consegue produzir sequer duas linhas que representem tentativas físicas de qualquer coisa, este número de onze linhas dá uma vitória esmagadora ao espaço de pesquisa. Considerando a metáfora de lançar alfinetes, a dificuldade da busca cega em encontrar inclusive este emaranhado de palavras curtas sem sentido equivale a acertar aleatoriamente no alvo da cuna 44 vezes seguidas (quatro acertos por linha, como referido no capítulo 8).

Note como a busca cega foi derrotada de forma tão compreensiva. Perguntámos se podia produzir instruções para construir a caixa de correio da *Apollo 13* e, no processo de deduzir que não pode, descobrimos algo muito mais profundo: uma busca cega não consegue produzir de maneira nenhuma um fragmento extenso e coerente de escrita! Nada que dê uso a meia página é fisicamente possível, sejam instruções, receitas, listas de afazeres, cartas de amor, poemas ou outra coisa qualquer.

Coincidências Impossíveis

A melhor solução para alguém que queira encontrar um meio de contornar este facto indesmentível é compreender, de forma objetiva, por que razão se trata realmente de um facto indesmentível. E o meio mais comum de fazê-lo é através daquilo que designámos, no capítulo 7, por degraus evolutivos. Esta ideia é certamente tentadora no contexto presente. Muitas vezes, comunicamos com frases curtas – *Over here!* [Aqui!] – ou mesmo com palavras simples – *Help!* [Socorro!] Assim, uma vez que as buscas cegas conseguem encontrar alvos simples como estes, tendemos a simpatizar com a ideia de que os sucessos nesta escala modesta, em que é necessária muito pouca coerência funcional, podem servir de base para produzir gradualmente sucessos em escalas muito maiores – até mesmo à escala de umas instruções completas.

Penso que esta simpatia está relacionada com o facto de nós, enquanto pensadores criativos, adorarmos a ideia de construir a partir de condições modestas. Fazemo-lo a toda a hora... mas não sem *insight*. O problema é que não temos forma de desligar o *insight*. Surge-nos tão naturalmente que estamos sempre a usá-lo sem darmos por isso, mesmo quando não é necessário.

Desta forma, tendemos a corroborar as histórias evolucionistas da mesma forma que corroboramos outra história qualquer: preenchendo as lacunas e acrescentando uma interpretação favorável.

Seja a simpatia parte ou não da explicação, a lógica dos degraus evolutivos é muito comum nas discussões sobre a evolução. Por essa razão, quero sublinhar mais uma vez porque é que essa lógica não funciona. Como disse no capítulo 7, as causas cegas são tão fundamentalmente diferentes do *insight*, que qualquer instante em que pareçam tê-lo será apenas uma coincidência. As coincidências acontecem, claro, mas sabemos por experiência que as maiores são muito mais raras e, portanto, mais surpreendentes do que as mais pequenas. É a ciência comum em ação. Uma palavra de três letras que aparece na sopa de letras merece ser mencionada, uma de cinco letras merece ser fotografada e uma palavra de sete letras é absolutamente suspeita.

Tudo o que estamos a fazer neste capítulo é a dissecar esta intuição para mostrar por que razão a nossa firme convicção, de que certas coisas não podem acontecer por acidente, é absolutamente correta. O que estamos a observar é que a quantidade de coerência funcional, rotineiramente produzida pelo *insight* humano, não pode realmente ser produzida por acaso. A razão para tal está relacionada com o que aprendemos nos capítulos 7 e 8: causas acidentais que imitam o *insight* a esta escala seriam uma coincidência fantasticamente improvável, o que significa uma coincidência fisicamente impossível.

Ora, uma vez que o grau de coincidência é o que torna implausíveis as explicações acidentais, não há forma de aliviar o problema inventando histórias criativas de coincidências.

Por muito criativas que sejam essas histórias, a criatividade apenas dissimula a coincidência. Nenhuma delas elimina a coincidência porque a própria afirmação de que as causas acidentais fizeram o que o *insight* faz é a coincidência. O problema reside na própria coincidência e é por isso que as reviravoltas nestas histórias, quer sejam degraus evolutivos ou qualquer outra coisa, nunca ajudam. Voltando à hipotética equipa de físicos do capítulo 7... é por isso que não precisávamos de saber o que queriam dizer com «entrosamento correlativo». Desde que estivessem a referir-se a algo sem *insight*, sabíamos que estavam a contar com uma coincidência impossível.

As implicações para a invenção são claras. Se a invenção de um X funcional é um projeto global que requer uma coerência funcional nova e extensa, então a invenção de X por acidentes de qualquer tipo é fisicamente impossível. Porquê? Porque seria uma coincidência fantasticamente improvável que causas acidentais correspondessem a esta escala de *insight*, e o nosso Universo simplesmente não consegue proporcionar coincidências fantasticamente improváveis. O facto de coisas muito mais simples poderem ser obtidas por acidente é completamente irrelevante. A única coisa que precisamos de saber para rejeitar todas as explicações de que X foi inventado por acaso é que todas estas histórias tentam desculpar uma coincidência impossível.

Por esta altura, nada disto deve ser novidade. Quer estejamos a falar de coincidências impossíveis ou de buscas impossíveis, o facto indesmentível é exatamente o mesmo: a coerência funcional de alto nível não pode ser encontrada por qualquer busca cega, porque isso equivaleria a uma coincidência impossível. Só o *insight* pode acertar num alvo como esse, o que não é nenhuma coincidência.

Dar Sentido às Palavras

Embora nos tenhamos deparado com este facto indesmentível ao analisar a coerência no nível mais baixo das combinações de letras, a situação só piora à medida que subimos na hierarquia. A correção ortográfica automática não existia em 1970, mas se imaginarmos que existia, mesmo com uma versão de alta potência que convertesse o teclar aleatório em palavras aproximadas, os astronautas não teriam ficado em melhor situação. Tal como as letras, as palavras devem ser organizadas de forma coerente, o que implica escolher as palavras certas e colocá-las numa ordem correta. Não é tão fácil calcular a probabilidade de isto acontecer às cegas tal como foi para formar palavras a partir de letras. No entanto, podemos facilmente constatar que o vocabulário é fortemente limitado pelo objetivo da escrita.

Por exemplo, das cerca de 14.000 palavras de sete letras em inglês, a minha versão das instruções escritas para a caixa de correio da *Apollo 13* utiliza apenas onze. Sem dúvida que seria possível usar outras palavras, mas não quaisquer palavras. Para ter uma ideia de como o tema da escrita condiciona o vocabulário, experimente dar a alguém as palavras que utilizei (contra, outro, entre, cantos, cortar, comprimentos, exterior, plástico, armações, seguro e apertado) e peça-lhe que adivinhe o tema do texto do qual fazem parte essas palavras. Facilmente será deduzido que está relacionado com algum projeto de construção – um que envolva plástico, armações, cortar e apertos seguros. A capacidade de inferir um entendimento elevado a partir de uma pequena quantidade de fragmentos de texto é uma marca da coerência. Se a coerência coincidente for tão rara a este nível do vocabulário, tal como era ao nível da ortografia, obterá um resultado muito diferente quando apresentar a alguém uma seleção aleatória de palavras de sete letras. Um exemplo deve ser suficiente para o demonstrar. Eis, então, onze palavras de sete letras escolhidas aleatoriamente do dicionário de 93.000 palavras incluídas no *software* do meu computador: orçar, demónio, números, adentrar, reparador, incisivo, sobreposto, bolacha, genomas, vingado e apontador*. Nestas palavras, penso que não há qualquer indício de um tema coerente.

Não precisamos de ir mais longe. A busca cega falha a todos os níveis. Tal como as pessoas que escrevem, sabemos que a necessidade de *insight* aumenta à medida que subimos na hierarquia, e isso só faz com que a coincidência da coerência cega seja mais difícil. Qualquer processo que não consiga substituir a competência em ortografia ou vocabulário não consegue certamente substituir a competência em gramática ou redação. A nossa *intuição de design* está absolutamente certa neste ponto. Precisamos de conhecimento para escrever instruções úteis e nenhum processo acidental pode substituir esse conhecimento.

Sem insistir muito no assunto, quero mostrar-lhe a generalidade desta conclusão através de um exemplo que é muito diferente da linguagem.

* No original, as palavras de sete letras são: *luffing, dickens, numbers, inbound, roofers, incisor, overlap, Brownie, genomes, avenged* e *tallier.* (N. do T.)

Compreender através de Píxeis

Para tal, voltemos brevemente ao tema das imagens digitais, desta vez centrando-nos nas fotografias. O padrão de coerência funcional hierárquica também está presente aqui. Logo acima do nível mais baixo dos píxeis, as fotografias digitais mostram uma coerência análoga às pinceladas de um pintor, quando as cores são espalhadas e misturadas. Acima disso, vem um nível em que os limites e as formas são definidos. Ainda mais alto está o nível em que as características e os objetos são reconhecidos, e, acima disso, vem o nível em que o assunto principal toma a sua forma completa, juntamente com o cenário no qual foi fotografado. As fotografias dignas de nota exibem um nível ainda mais elevado, em que a maneira como o assunto foi fotografado evoca uma impressão que vai muito além do mero reconhecimento.

A *intuição universal de design* garante-nos que nada disto acontece por acaso e, mais uma vez, podemos utilizar o princípio da escala recíproca para o confirmar. Utilizando uma coleção de fotografias de baixa resolução (400 x 300 píxeis), escrevi um programa que escolhe repetidamente uma ao acaso e copia um quadrado de 2 x 2 píxeis de um local escolhido ao acaso. O conjunto 1 de amostras da Placa 1 [ver exemplos a cores em: *www.luminal-editora.pt/inegavel-douglas-axe*] mostra uma centena de exemplos destes quadrados de 2 x 2, retirados de uma coleção de 59 fotografias. Para comparação, o conjunto 2 de amostras exibe cem quadrados 2 x 2, retirados de uma imagem completamente aleatória. A diferença entre os dois conjuntos é visualmente notável. Por mais apelativos que sejam os quadrados aleatórios, é evidente que não espalham ou misturam cores da mesma forma que os quadrados fotográficos[4]. Por exemplo, cerca de metade dos quadrados fotográficos dão a primeira impressão de serem uma cor sólida, enquanto nenhum dos quadrados aleatórios o faz. Além disso, os quatro píxeis que compõem um quadrado são imediatamente discerníveis em apenas alguns dos quadrados fotográficos e, nesses casos, as variações de tonalidade tendem a ser agradavelmente subtis. Para os quadrados aleatórios, tende a acontecer o contrário.

Repare nas semelhanças entre esta comparação de quadrados de píxeis e a nossa comparação anterior de combinações de letras. Tal como conseguimos detetar combinações de letras incoerentes em pequenos fragmentos retirados de uma datilografia aleatória (figura 9.4), também conseguimos detetar misturas de cores incoerentes em pequenos fragmentos retirados de uma imagem aleatória. Em ambos os casos, a coerência a este nível inferior é um começo necessário para construir uma hierarquia funcional totalmente coerente, tal como aquele representado na figura 9.3, mas é um começo muito frágil. Para que algo de significativo possa surgir, é necessário construir níveis de coerência muito mais exigentes a partir deste nível inferior.

Para vermos como seria difícil para uma busca cega encontrar coerência em qualquer um dos níveis superiores, tudo o que temos de fazer é construir a coerência de nível inferior. Não nos preocupámos em demonstrar isto para as instruções escritas, porque a incoerência daquelas palavras aleatórias de sete letras convenceu-nos de que a escolha acidental de palavras é tão problemática como a escolha acidental de letras. Para fazer a demonstração relativamente a imagens digitais, usei dois dos comandos de processamento de imagem do Mathematica's[5] para transformar a imagem aleatória do lado esquerdo da Placa 2 na imagem da direita. A nova imagem resultante deste processamento tem coerência não só ao nível inferior da extensão e mistura de cores, mas também ao nível superior da forma e do estabelecimento de limites. Essa coerência foi fornecida pelo processamento. Qualquer coisa acima disso seria coincidência e, como vemos claramente, não há nada acima disso – e nunca haveria, mesmo que passássemos o resto das nossas vidas a gerar estas imagens.

Efetuando um cálculo semelhante ao que fizemos para o espaço das combinações de teclas possíveis, podemos mostrar que a coerência funcional de alto nível se perde irremediavelmente no espaço das imagens possíveis. Se dissermos que 1 em cada 20 quadrados do conjunto 2 de amostras parece ter pelo menos uma cor ligeiramente misturada, como se pudesse ter vindo de uma fotografia, então a probabilidade de uma imagem aleatória constituída apenas por esses quadrados é calculada começando com 1 e multiplicando repetidamente por 1/20, num total de 30.000 vezes – uma para cada um dos quadrados que compõem a imagem completa. O número resultante é a fração de cobertura do espaço de imagens ocupado por este alvo mais «acessível», pelo que o seu recíproco é – pelo princípio da escala recíproca – o número de imagens que uma busca cega teria de concretizar para ter uma hipótese razoável de encontrar esse alvo. Por esta altura, já sabemos o que isto significa. Se fizéssemos o cálculo, descobriríamos que este número é tão fantasticamente grande que seria fisicamente impossível atingir mesmo este alvo desinteressante. Como o alvo interessante de todas as fotografias possíveis é muito mais pequeno, sabemos que também ele é irremediavelmente ultrapassado por imagens que nos pareceriam completamente aleatórias.

O Fio Condutor

O facto de termos compreendido um conjunto tão estranho de invenções - fotografias digitais, uma engenhoca improvisada para remover CO_2 de uma cápsula espacial e meia página de instruções escritas - sugere que atingimos algo muito geral com o conceito representado na figura 9.3. Qualquer pessoa que realize projetos que requerem soluções bem organizadas deve aperceber-se de algo familiar na estrutura hierárquica aí representada - reafirmo, qualquer pessoa. Por outro lado, o mesmo acontece com todos os que se maravilham com os seres vivos.

Antes de ficarmos maravilhados com a vida no capítulo 10, vamos terminar este capítulo completando a nossa caminhada de regresso ao sopé da montanha que acabámos de escalar. O tema simples, ao nível do mar, e que liga tudo o que discutimos, é o papel indispensável do conhecimento no processo de invenção. Começando no capítulo 2 com tarefas tão simples que nem sequer as associamos à invenção - fazer uma omelete ou embrulhar um presente -, reconhecemos a necessidade de *know-how* mesmo para estas pequenas tarefas. E, porque requerem *know-how,* a nossa experiência coletiva diz-nos que nunca acontecerão a não ser que alguém as saiba fazer. Esta convicção foi expressa como a *intuição universal de design*: as tarefas que necessitam de conhecimento para ser realizadas só podem ser realizadas por alguém que tenha esse conhecimento.

A vantagem da nossa escalada ao cume é que agora vemos por que razão esta intuição está correta. A confeção de uma omelete é, na terminologia do capítulo 6, a conclusão de um projeto global: a junção de muitas pequenas coisas e circunstâncias da forma mais correta, para produzir um grande resultado. E agora vemos mais precisamente o que queremos dizer com isto: essas pequenas coisas e circunstâncias têm de ser organizadas de uma forma funcionalmente coerente, de modo que todas trabalhem em conjunto para produzir algo consideravelmente mais significativo do que a soma das partes. Arranjos deste tipo nunca acontecem por acaso porque não podem acontecer por acaso. Para nós, é fácil fazer uma omelete não porque não exija qualquer tipo de aptidão, mas porque dominamos todas as muitas aptidões simples que ela exige. E o próprio facto de cada aptidão ter de ser dominada – desde partir os ovos até ao movimento de objetos de forma coordenada – mostra que os «acidentes» não são suscetíveis de corresponder a essas aptidões. De todas as coisas que podem ser manuseadas na cozinha, a pega da porta do frigorífico é apenas uma. E de todas as coisas que podem ser manuseadas no interior do frigorífico – se este for aberto – o pacote de ovos é apenas uma. E de todas as formas que o pacote de ovos pode ser manuseado apenas uma mínima parte dessas possibilidades é conducente a fazer uma omelete. E assim por diante. No final, por mais vulgar que pareça a confeção de uma omelete, o facto de terem de ser tomadas muitas ações apropriadas, cada uma com grandes probabilidades de correr mal, significa que os procedimentos apropriados se perdem por completo no gigantesco espaço de possibilidades. A vantagem do *know-how* pode parecer modesta a cada pequeno passo, mas depois de multiplicar todas essas vantagens modestas torna-se absolutamente decisiva.

O conhecimento é o ingrediente principal de qualquer omelete.

E, se isto é verdade para coisas tão flexíveis como as omeletes, então também é verdade para as coisas muito mais limitadas a que chamamos invenções. A conclusão fascinante da nossa viagem ao cimo da montanha é que estas coisas especiais – coisas que só podem ser feitas através do manuseamento inteligente de materiais e ações físicas, moldando-os e combinando-os da forma certa para alcançar um grande resultado – desencadeiam a nossa *intuição de design* pela razão certa. A razão pela qual deduzimos haver um propósito nas invenções – integrais dinâmicos e projetos globais – é precisamente a razão pela qual elas não podem ocorrer por acaso: exibem uma coerência funcional organizada que só pode resultar de uma ação deliberada e inteligente. São concebidas de cima para baixo e construídas de baixo para cima. Podem funcionar apenas por causas físicas, mas certamente que não têm origem dessa forma. A eventualidade de serem descobertas por coincidência, espalhadas como estão no vasto espaço de probabilidades, simplesmente não é um resultado que o nosso Universo possa oferecer.

Resumindo

No capítulo 5, perguntámos porque é que as tarefas que precisam de conhecimento para ser realizadas nunca são realizadas sem conhecimento, e agora sabemos porquê. A figura 9.5 resume toda a linha de raciocínio através da qual encontrámos a nossa resposta. O argumento central é suficientemente simples para ser apresentado numa única frase:

Resumo do argumento

A coerência funcional torna a invenção acidental fantasticamente improvável e, por conseguinte, fisicamente impossível.

A conclusão é resumida de forma ainda mais sucinta: a invenção não pode acontecer por acaso. A invenção requer *know-how*, e não há substituto para o *know-how*.

Conseguimos! As peças do dominó caíram. O conflito terminou.

A nossa *intuição de design* ganhou!

É claro que a nossa viagem não pode ser substituída por duas frases. Em vez disso, utilize estes resumos para avaliar se seguiu o argumento na íntegra e, se o fez, como uma forma de recordar rapidamente as ideias principais. No que diz respeito a argumentos científicos, este não é complicado, mas alguns aspetos não serão familiares para muitos leitores na primeira leitura, o que pode ser intimidante. Aguente-se! Se teve a determinação necessária para chegar até aqui, tem o que é preciso para compreender os pontos principais, talvez dando uma segunda vista de olhos àqueles que lhe pareceram difíceis na primeira leitura. A legenda da figura irá guiá-lo para as secções que poderá querer rever.

De facto, mesmo que ache que o argumento está errado, peço-lhe que pare por um momento para se certificar de que o compreendeu corretamente. Tenho mais a dizer para o persuadir, mas este é o momento de se certificar de que o argumento de que discorda é aquele que estou a apresentar.

Figura 9.5 Duas formas de concluir que as invenções não acontecem por acaso. Mesmo quando nos deparamos com uma invenção muito simples, como um grou em origami, inferimos automaticamente uma conceção intencional ao reconhecer que foi necessário conhecimento. É a *intuição universal de design*, representada à esquerda. Depois de examinarmos cuidadosamente esta inferência, vemos que é completamente confirmada por uma série de deduções sólidas, que, no caso do grou em origami, são apresentadas sob a forma de seis afirmações numeradas. A forma geral do raciocínio está resumida na única frase à direita. Para revisão, a *intuição universal de design* é descrita no capítulo 2; o conceito de coerência funcional começa a tomar forma no capítulo 6 (ver «Integrais Dinâmicos e Projetos Globais»); o capítulo 7 mostra que qualquer poder inventivo na evolução deve residir na repetição, e não na seleção natural; o capítulo 8 examina o papel da repetição nas buscas cegas, mostrando que a improbabilidade fantástica significa impossibilidade física; e o capítulo 9 desenvolve plenamente a ideia de coerência funcional, ligando-a à invenção e mostrando que o *insight* é a sua única causa possível ao demonstrar que as causas acidentais são fantasticamente improváveis.

CAPÍTULO 10

Despertar para a vida

O conflito interno foi resolvido. O confronto entre a nossa *intuição de design* e a visão consensual das origens biológicas foi vencido pela nossa intuição... e com toda a vantagem. Como se esperava, a vitória não se deveu à força da ciência técnica, embora esta tenha certamente puxado pelo lado vencedor, mas à força da ciência comum – raciocínios e observações em que podemos confiar por estarem intimamente ligados ao que sabemos por experiência. Por muito significativo que tudo isto seja, ainda não nos deu uma resposta satisfatória à nossa grande questão: a que ou a quem devemos a nossa existência? Temos apenas uma resposta vaga. Sabemos que não devemos acordar todas as manhãs para agradecer à seleção natural ou à repetição cega pela nossa vida. Sabemos que não nascemos de uma pesquisa de caça aos ovos, o que significa que não somos filhos de uma causa acidental. Isto faz com que o propósito seja um ingrediente-chave da nossa origem... e talvez muitos de nós se contentem em deixar as coisas assim.

Thomas Nagel convenceu-me de que devemos ir mais longe. Como ateu, ele procura «explicar o aparecimento da vida, da consciência, da razão e do conhecimento, não como efeitos secundários acidentais das leis físicas da natureza, nem como resultado de uma intervenção intencional na natureza a partir do exterior, mas como uma consequência não surpreendente, senão inevitável, da ordem que governa o mundo natural a partir do interior»[1]. Uma vez que a nossa principal conquista até agora foi excluir a causa acidental que Nagel rejeita, ele concordaria connosco.

Por um lado, considero a sua concordância até este ponto como uma coisa boa, tendo em conta a qualidade do seu pensamento. Por outro lado, como o meu objetivo neste livro tem sido identificar a fonte de onde viemos, eu, enquanto pensador cristão, sentir-me-ei em falta se um pensador ateu puder concordar até ao fim... mesmo um pensador ateu excecional como Nagel. Temos de continuar com o objetivo de chegar a uma compreensão mais clara desta fonte não acidental de onde viemos – uma compreensão que se enquadre ou na visão de Nagel, de um poder impessoal dentro da natureza, ou na minha visão, de um poder pessoal fora da natureza, mas não em ambas.

Os próximos quatro capítulos da nossa viagem irão proporcionar essa compreensão de forma natural, sem forçarmos demasiado esse fim. Também abordaremos as razões mais comuns para duvidar da nossa conclusão de que a *intuição de design* venceu. Estes dois objetivos exigem um olhar mais atento à vida do que aquele para que estávamos preparados no capítulo 6, beneficiando agora da nossa compreensão aperfeiçoada da invenção. Este capítulo servirá esse objetivo.

Levar a Invenção a Um Nível Completamente Novo

Por muito que o engenho humano tenha aproveitado as regularidades do Universo – transformando os elementos em coisas como *smartphones* e telescópios espaciais –, não conseguimos escapar à perceção de que alguém foi melhor do que nós. A aranha atarefada, o heroico salmão, a graciosa orca e, na verdade, todas as obras-primas vivas que nos rodeiam demonstram que os materiais e processos físicos podem ser utilizados de forma muito mais elegante do que nós alguma vez o fizemos. Note-se que digo isto como tecnófilo de longa data, não para menosprezar a invenção humana, mas antes para nos lembrar que a vida ocupa uma categoria que está inquestionavelmente acima da invenção humana.

Por exemplo, entre os produtos mais avançados da tecnologia humana está um veículo subaquático movido a energia solar chamado *Tavros 2*. Operado pela Universidade do Sul da Florida, o *Tavros 2* foi concebido para realizar missões de um mês no golfo do México, medindo e comunicando a profundidade e a temperatura da água. O que torna este veículo particularmente sofisticado é o facto de funcionar de forma autónoma, sob o controlo total do seu computador de bordo. O *Tavros 2* está programado para subir à superfície quando precisa de ser recarregado com energia solar, após o que mergulha para a sua localização anterior e retoma a recolha de dados. Se este robô aquático tivesse um currículo, a navegação por GPS estaria listada na rubrica «Competências Técnicas», e os tuítes estariam em «Outros Interesses», sendo esta a forma como envia os dados para os cientistas do laboratório marinho (ou para qualquer outra pessoa que goste de seguir tuítes *nerds*).

Mas tente comparar o *Tavros 2* com algo vivo. Os golfinhos, sendo mais ou menos do mesmo tamanho, podem parecer uma espécie adequada para comparação, mas assim que começamos o exercício apercebemo-nos de como estas duas invenções são incomparáveis. Como todos os robôs, o *Tavros 2* faz exatamente o que foi programado para fazer, enquanto os golfinhos parecem fazer o que querem fazer. Um é uma máquina física, enquanto o outro é, ao que parece, algo profundamente mais grandioso do que isso – algo que ultrapassa o aspeto físico.

No capítulo 13, exploraremos o significado desta profunda diferença. Por agora, porém, vamos continuar a concentrar-nos nos aspetos físicos dos seres vivos – aspetos que se assemelham a máquinas, embora máquinas de um tipo muito notável. Veremos que a maquinaria da vida apresenta uma coerência funcional a uma escala que está atualmente para lá da compreensão humana, e ainda mais distante da imitação humana.

Escuma Aquática de Alta Tecnologia

Começaremos com uma «máquina» viva, ou seja, uma forma de vida que, ao contrário dos golfinhos, parece funcionar de uma maneira inteiramente física. Muito mais simples do que qualquer uma das células individuais no corpo de um golfinho é a forma inferior de vida microbiana aquática denominada por cianobactérias. Embora as cianobactérias sejam organismos unicelulares, os indivíduos de algumas espécies aderem uns aos outros para formar longos filamentos que se entrelaçam em enormes colónias, semelhantes a tapetes, em águas estagnadas ou de correntes lentas. São, literalmente, a escuma aquática do nosso planeta.

Apesar de ocuparem esta posição humilde no grande esquema da vida, as cianobactérias estão anos-luz à frente do *Tavros 2* em termos da sua sofisticação técnica. Para observarmos isso, vejamos alguns paralelos e contrastes. Uma semelhança notável é o facto de o *Tavros 2* e as cianobactérias serem ambos movidos a energia solar. No entanto, quando examinamos esta característica com mais pormenor, descobrimos que os dois não são realmente comparáveis. A máquina não viva precisa de um coletor solar do tamanho de uma mesa de centro, enquanto a máquina viva se dá muito bem com um coletor que tem cerca de um bilionésimo desse tamanho. E, enquanto a máquina não viva dispõe apenas de um truque para obter a luz do sol – vir à superfície –, a máquina viva é capaz de muito mais. As cianobactérias filamentosas controlam a sua profundidade em resposta à luz solar, mas também são capazes de coordenar movimentos complexos de deslizamento e oscilação para levar toda a sua colónia a ficar virada para a luz solar. Assim, em termos de sofisticação de movimentos para captar a luz solar, as cianobactérias vencem, de forma inquestionável, o *Tavros 2*[2].

O contraste torna-se ainda mais extremo quando consideramos as capacidades de fabrico. O *Tavros 2* não tem nenhuma, enquanto cada cianobactéria alberga uma fábrica inteira no interior das suas paredes microscópicas. A alimentar todas as operações desta fábrica está o processo conhecido como fotossíntese, que converte a energia luminosa em energia química. Grande parte desta energia química é utilizada para produzir moléculas de açúcar a partir do CO_2 e da água, libertando oxigénio (O_2) como subproduto. O açúcar é, portanto, rico em energia, o que significa que as células o podem «queimar» para obter calorias. Em alternativa, o açúcar serve como um composto de carbono versátil que as células podem utilizar para construir a enorme variedade de outras moléculas ricas em carbono necessárias à vida.

Figura 10.1 O *Tavros 2* a ser lançado ao mar por um investigador da Universidade do Sul da Florida.

Embora pensemos na fotossíntese como um processo natural, no sentido de que está a acontecer à nossa volta na natureza, num outro sentido ela é muito pouco natural. Mais do que qualquer invenção humana, a fotossíntese é uma exploração engenhosa das regularidades naturais do Universo, radicalmente diferente de tudo o que essas regularidades consigam produzir por si mesmas. Para compreender isto, pense na fotossíntese como o inverso da queima de combustível, porque é a isso que ela equivale. A combustão é um processo muito natural, enquanto a não combustão não o é. Com apenas uma faísca para iniciar o processo, o oxigénio consome rapidamente as moléculas de combustível como se houvesse açúcares nas suas chamas, formando CO_2 e vapor de água. Ao fazer exatamente o contrário, a fotossíntese destaca-se como uma daquelas invenções inteligentes, como o ar condicionado, que aproveita as regularidades naturais para trabalhar contra elas. E destas duas invenções a fotossíntese é de longe a mais inteligente.

O meu desafio é explicar esta ideia sem fazer uma exposição equivalente a dois ou três capítulos de um manual de bioquímica. Felizmente, isso pode ser feito à semelhança do livro *Stephen Biesty's Incredible Cross-Sections,* [«As incríveis secções transversais de Stephen Biesty»] que nos oferece uma ideia da complexidade de várias formas de engenharia como helicópteros de resgate e vaivéns espaciais[3]. Biesty remove artisticamente a camada exterior para nos mostrar como todas as peças estão dispostas no interior. Vamos utilizar uma abordagem semelhante para o fotossistema I, um dos principais componentes do aparelho fotossintético das cianobactérias.

A lista de peças para esta maravilha da engenharia (figura 10.2) consiste em doze partes de proteínas e seis partes mais pequenas chamadas cofatores, um dos quais (clorofila a) é utilizado 288 vezes para construir o fotossistema completo. Estes cofatores essenciais são mantidos nas suas posições precisas pela grande estrutura proteica, como mostra a figura 10.3.

O fotossistema I completo, mostrado na parte inferior da figura 10.3, tem 417 peças, cada uma posicionada com precisão para que todo o dispositivo desempenhe a sua função de recolher os fotões do sol e converter a respetiva energia luminosa em energia química. De acordo com os meus cálculos, cerca de três dúzias de genes do genoma das cianobactérias são dedicados à construção deste conjunto: uma dúzia para codificar os componentes proteicos e as outras duas dúzias para codificar as enzimas necessárias para fabricar os cofatores. Todo o conjunto é maciço em termos moleculares, mas com um diâmetro de apenas 22 bilionésimos de metro, quinze milhões destas coisas podiam caber numa área do tamanho de um único píxel num ecrã Retina de um iPhone!

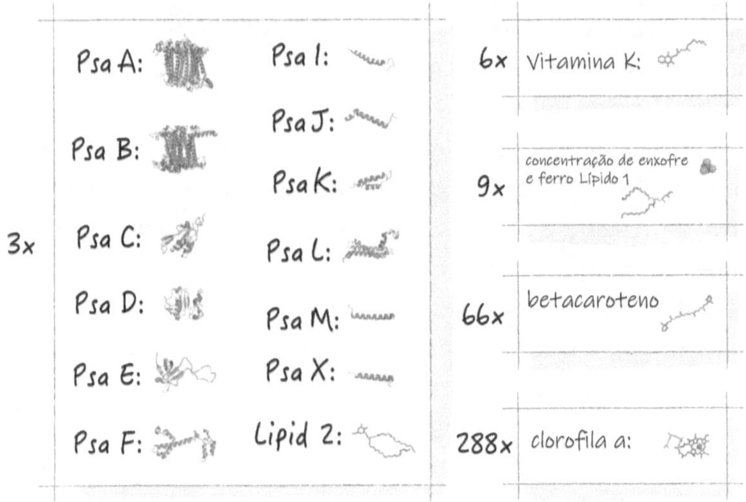

Figura 10.2 Lista de peças para a construção do fotossistema I das cianobactérias.

Para os interessados em saber como o sistema de antena ou a cadeia de transferência de eletrões (ambos mostrados na figura 10.3) desempenham as respetivas funções no fotossistema I, existem bons recursos disponíveis *online*[4]. Mas o leitor não precisa de fazer nenhum estudo aprofundado para ficar plenamente convencido de que o fotossistema I é uma invenção nanotecnológica engenhosa. Tudo o que tem de fazer é deixar que os diagramas falem por si.

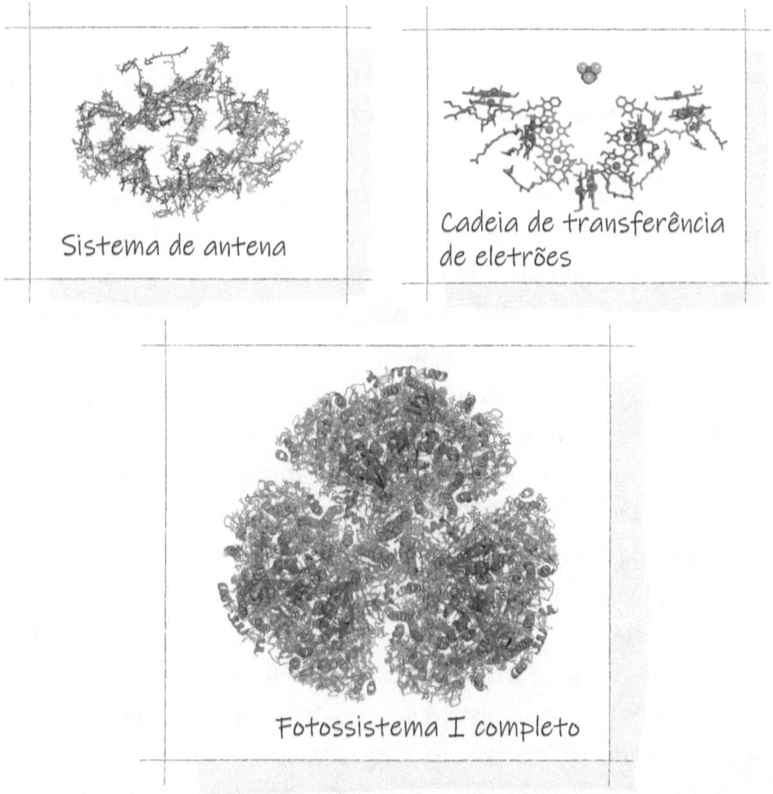

Figura 10.3 Fotossistema I de cianobactérias com dois dos seus componentes importantes mostrados acima.

O próprio facto de os cientistas que estudam o fotossistema I utilizarem designações como cadeia de transferência de eletrões e sistema de antena diz-nos que a função global deste fotossistema envolve múltiplas subfunções, incluindo a transferência de eletrões e a recolha de fotões por uma antena. Se decidir aprofundar a literatura técnica, encontrará uma série de outros descritivos de funções, incluindo local de acoplamento, dador primário de eletrões, recetor inicial de eletrões e carotenoides de defesa. Mesmo que a maioria das pessoas não faça ideia do que estes termos significam, toda a gente percebe que a função de alto nível do fotossistema I depende de uma extensa hierarquia de funções inferiores, o que deve parecer muito familiar, já que se trata de outro exemplo de coerência funcional hierárquica, particularmente notável pela escala minúscula em que foi implementado. Como sempre, reconhecemos imediatamente este padrão como a assinatura de uma invenção com propósito.

Por mais complexo que seja o fotossistema I, é apenas um componente dos muitos que compõem todo o sistema fotossintético. A figura 10.4 dá-nos uma ideia da complexidade de todo este sistema e está organizada numa estrutura hierárquica que lhe deve fazer lembrar a figura 9.3. No topo da hierarquia, está a célula cianobacteriana, representada por uma imagem de corte transversal obtida com um microscópio eletrónico. Abaixo desta, está o sistema fotossintético que, embora seja mostrado isoladamente, é apenas um dos muitos sistemas necessários para suportar a função de nível superior: viver como uma célula cianobacteriana.

No nível seguinte, o sistema fotossintético é composto por dois componentes: o sistema de membranas tilacoides e o sistema de concentração/reação de CO_2. O primeiro é responsável pela recolha da energia luminosa e pela sua transformação em energia química. O segundo é responsável pela utilização desta energia química para «libertar» o CO_2. As principais estruturas associadas a estes dois sistemas componentes são suficientemente grandes para serem visíveis na imagem em cima. As faixas concêntricas à volta do perímetro da célula são as camadas da membrana tilacoide que captam a luz. Os grandes pontos escuros no interior da célula são os carboxissomos, ou seja, os vasos de reação nos quais ocorre a desincineração.

Todas estas funções requerem uma sofisticação técnica requintada. A membrana tilacoide, por exemplo, forma compartimentos tão bem selados que mesmo um minúsculo protão (um átomo de hidrogénio sem eletrões) não consegue atravessar a barreira, a não ser através de um sofisticado canal proteico que o move sistematicamente de um lado para o outro. Alguns destes canais (fotossistema II e complexo do citocromo b6f) atuam como pequenas bombas, forçando os protões do lado de «baixa pressão» do compartimento para o lado de «alta pressão», enquanto outro (ATP sintase) atua como uma turbina, extraindo energia ao permitir que os protões fluam no sentido contrário.

Esta é apenas uma visão geral da complexidade da fotossíntese. Já foram escritos volumes sobre o assunto. E, por mais espantosa que seja a coerência funcional representada na figura 10.4, ela torna-se ainda mais espantosa quando consideramos o nível mais elevado da hierarquia, onde as várias funções se fundem num único objetivo. A partir deste ponto de vista do nível superior, vemos que a fotossíntese, apesar de toda a sua impressionante sofisticação, é apenas uma das funções principais necessárias para que as cianobactérias cumpram o seu objetivo de ser cianobactérias. Em última análise, todas as linhas de montagem moleculares no interior de uma célula cianobacteriana, e todos os genes e circuitos reguladores que lhes estão associados, cumprem as suas funções para que as cianobactérias ocupem o seu lugar entre as espetaculares invenções vivas que nos rodeiam – cada uma delas tão completa, que não pode ser outra coisa senão aquilo que é. Quando vista através desta

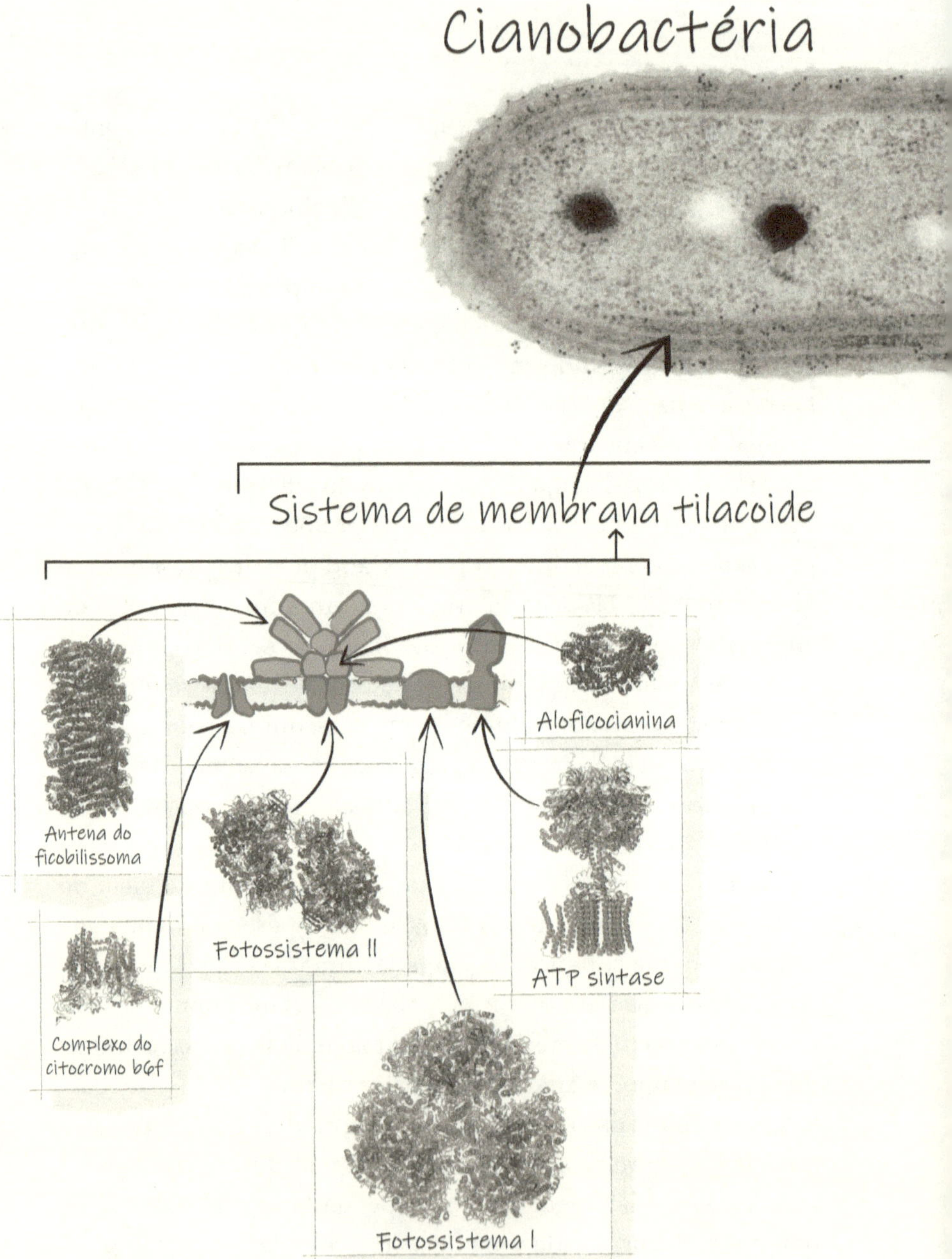

Figura 10.4 A organização hierárquica de todo o sistema fotossintético das cianobactérias.

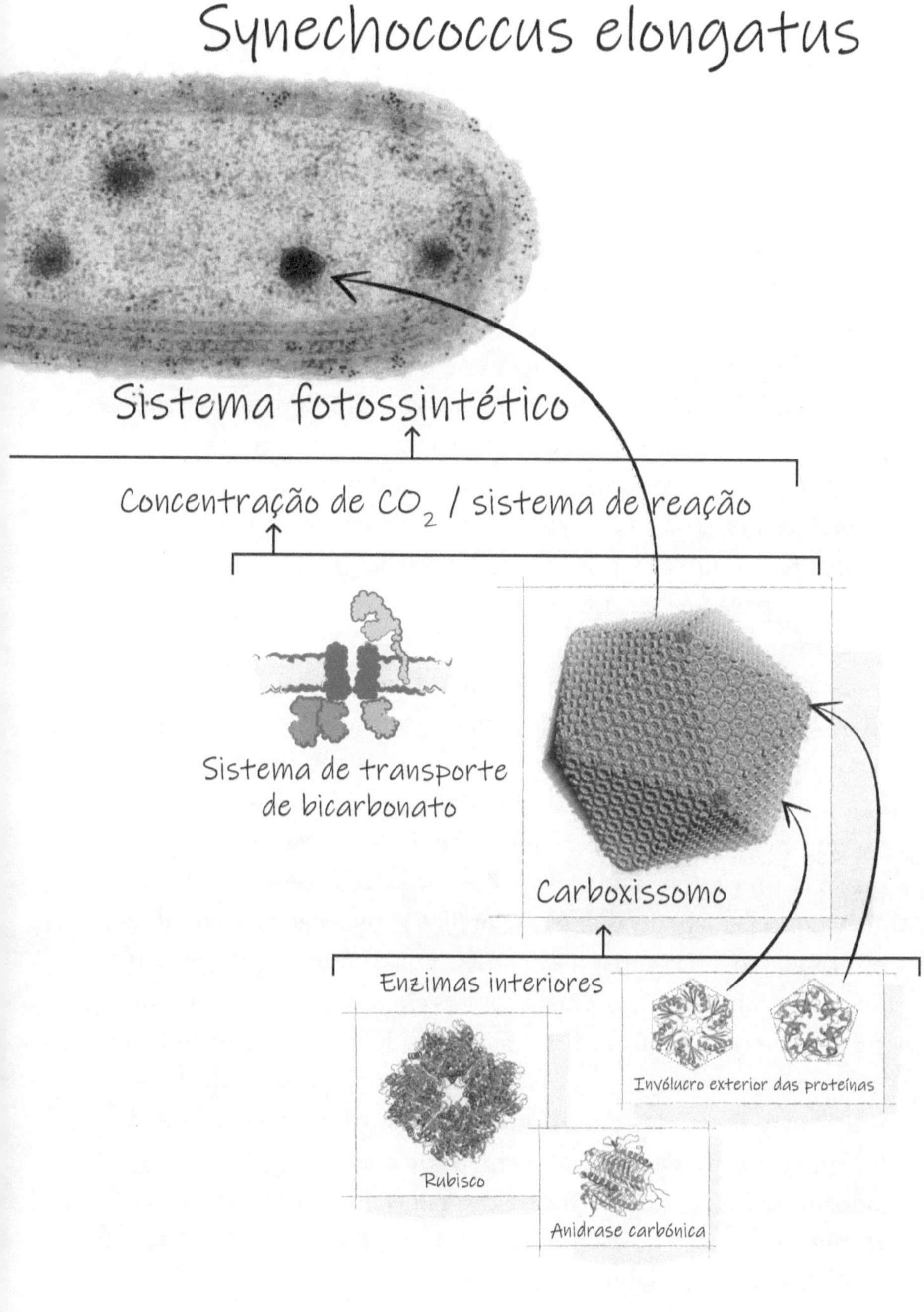
Synechococcus elongatus
Sistema fotossintético
Concentração de CO_2 / sistema de reação
Sistema de transporte de bicarbonato
Carboxissomo
Enzimas interiores
Invólucro exterior das proteínas
Rubisco
Anidrase carbónica

lente, a fotossíntese é uma dessas pequenas invenções requintadas que serve o seu objetivo superior de forma tão eficaz, que se torna quase invisível.

E, se a capacidade das cianobactérias para produzir açúcar a partir da luz solar, ar e água nos faz arregalar os olhos e ficar de queixo caído, como de facto deveria acontecer, tente imaginar uma reação proporcional ao facto de elas também produzirem cianobactérias a partir desses mesmos ingredientes naturais em bruto[5]! Na realidade, elas produzem açúcar apenas como um passo para produzir tudo o resto: todas as moléculas extraordinariamente complexas que têm de ser unidas em todos os sistemas e superestruturas espantosamente complexos e necessários para formar uma cianobactéria viva.

A mente fica perplexa.

Apenas nos resta pensar que o pobre *Tavros 2* não é mais digno de comparação com uma modesta cianobactéria do que com um eminente golfinho. Afinal, ingredientes naturais em bruto como areia, minérios metálicos e crude só se transformaram no *Tavros 2* com a ajuda competente de milhares de pessoas em centenas de instalações industriais de vários tipos. Com todo o respeito que é devido, esta invenção humana faz muito pouco em comparação com o esforço humano despendido para a fabricar. O contraste com as cianobactérias não podia ser mais evidente. Com uma genialidade quase paradoxal, o inventor destas maravilhas vivas dotou-as da capacidade de fabricar cianobactérias por si próprias! Ou seja, uma vez criada a primeira cianobactéria, seja como for que isso tenha acontecido, as restantes foram produzidas pelas cianobactérias exatamente como o são hoje – a partir do ar, da luz solar e da água.

Novamente, a mente fica perplexa.

Coerência em Esteroides

A cianobactéria evidencia ser um integral dinâmico vertiginosamente impressionante ao realizar um projeto global, também ele vertiginosamente impressionante – o fabrico de cianobactérias –, com aparente facilidade. E, se assim é, então a aranha trabalhadora, o salmão heroico e a elegante orca dificilmente podem ser menos do que isso. O sentimento de admiração e espanto que a humilde cianobactéria provoca em nós é apenas o começo.

Para o deixar com uma amostra da elegante complexidade subjacente a aspetos familiares de formas de vida superiores, tracei na figura 10.5 um ramo do sistema ótico dos mamíferos desde o topo da sua hierarquia funcional até ao nível inferior das pequenas moléculas. Mais uma vez, o objetivo é apenas ver a complexa hierarquia funcional que suporta a visão sem ter de a compreender. Seja qual for a forma como escolhemos representar esta hierarquia – seja qual for a forma como dividimos os níveis ou os componentes que ocupam cada nível –, a hierarquia em si é muito real e muito impressionante.

Ainda só arranhámos a superfície, não só em termos de amplitude mas também de profundidade. A verdade é que os organismos vivos são coerentes em termos funcionais num sentido muito mais profundo do que as invenções humanas. Tudo numa orca é completa e primorosamente dedicado ao objetivo de nível superior: ser uma orca. Todas as células do corpo sustentam o corpo e são sustentadas pelo corpo. As invenções vivas são, por conseguinte, «integrais de tudo ou nada» – totalmente empenhadas em ser o que são. O corpo está vivo e próspero quando todas as suas partes estão a funcionar, ou está morto e em decomposição quando não estão. Além dos seres humanos e dos animais de que cuidamos, nada permanece muito tempo entre estes extremos polares.

Os automóveis, os *smartphones* e os robôs de piscina não são tão unificados no seu funcionamento. Falham quando um componente-chave falha, mas na maioria dos casos os restantes componentes não são afetados por essa falha. A razão para isso é que os seres humanos não fabricam «integrais de tudo ou nada». Em vez disso, fabricamos coisas parte a parte e depois montamos as partes num todo. Cada parte é fabricada e testada independentemente, de acordo com as suas próprias especificações, e, de facto, muitas delas continuam a ser testadas e substituídas periodicamente, mesmo depois de terem sido incorporadas num todo. A vida não é nada disso. De alguma forma, quase inacreditavelmente, as invenções vivas desempenham um papel fundamental na construção e manutenção de si próprias – todas as suas partes formadas e tricotadas em uníssono dentro do todo. A vida não é nada mais do que um todo.

A mente fica perplexa.

Ao contrário das invenções humanas, as invenções vivas são integrais de tudo ou nada. Todas as células do corpo sustentam o corpo e são sustentadas pelo corpo. A vida não é nada mais do que um todo.

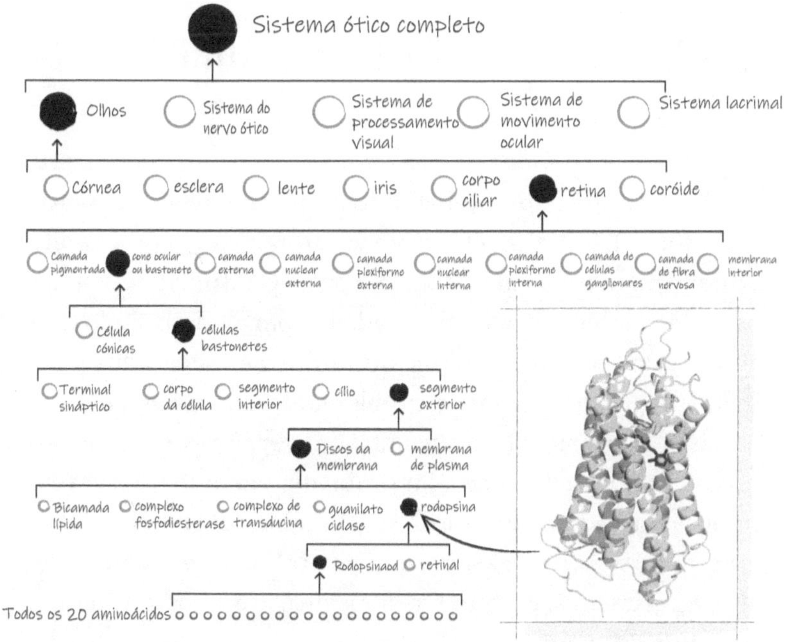

Figura 10.5 Um ramo da hierarquia funcional que suporta a visão nos mamíferos. Os círculos preenchidos indicam o componente em cada nível que é escolhido para expansão no nível seguinte. Para visualizar toda a complexidade da hierarquia, imagine que cada um dos círculos não expandidos foi expandido para formar uma árvore invertida muito grande (tronco no topo com cinco ramos principais, cada um dividindo-se em muitos ramos secundários, e assim por diante). A proteína apresentada é a rodopsina. Esta proteína contém uma única molécula de vitamina A, vista no meio. Quando a molécula de vitamina A absorve um fotão da cor certa, muda de forma, fazendo com que toda a rodopsina mude também de forma. Isto dá início a uma cadeia de respostas que culmina nos sinais neuronais que são percecionados como luz. Embora esta cadeia seja desencadeada por um único fotão, o sistema de processamento visual filtra o sinal para suprimir a perceção da luz, a menos que ocorram vários eventos de absorção num curto espaço de tempo na mesma região da retina. Para os seres humanos, são necessários cerca de doze eventos de absorção de fotões para que a luz seja percebida, enquanto os gatos e as corujas conseguem ver a luz de apenas alguns fotões!

Compreender através de Aminoácidos

A partir das experiências laboratoriais discutidas nos capítulos 6 e 7, observámos que o habilidoso molecular de Darwin não é, de todo, hábil a inventar novas proteínas e, neste capítulo, vimos quão profundamente a coerência funcional percorre os sistemas biológicos construídos a partir de proteínas. Até agora, estes podem ter parecido problemas separados para as buscas evolutivas cegas: o problema de encontrar novas proteínas e o problema de encontrar invenções úteis que usem proteínas. De facto, a raiz do problema em ambos os casos é a impossibilidade de encontrar a coerência funcional necessária através de buscas cegas, porque as proteínas, enquanto invenções moleculares, exibem em si mesmas uma coerência funcional impressionante.

A figura 10.6 ajuda-nos a compreender o que significa a coerência funcional no contexto de uma única cadeia proteica. A vantagem dos diagramas de fita, como o mostrado no lado esquerdo da figura, é que podemos ver onde a cadeia forma uma das duas conformações regulares que caracterizam todas as proteínas dobradas: hélices alfa (mostradas como espirais) ou cadeias beta (mostradas como setas). Mas essa clareza visual tem o custo de uma simplificação excessiva, tal como mostra a representação mais exata à direita em forma de ramal. Entre os ramais, podemos, com algum esforço, discernir uma versão recortada do caminho gracioso traçado pela fita à esquerda, mas também vemos o que parece ser um emaranhado de apêndices de cor escura que se projetam desse caminho em todas as direções. Acredite ou não, a coerência funcional desta proteína está dentro desse complexo «emaranhado», e o mesmo acontece com todas as outras proteínas dobradas.

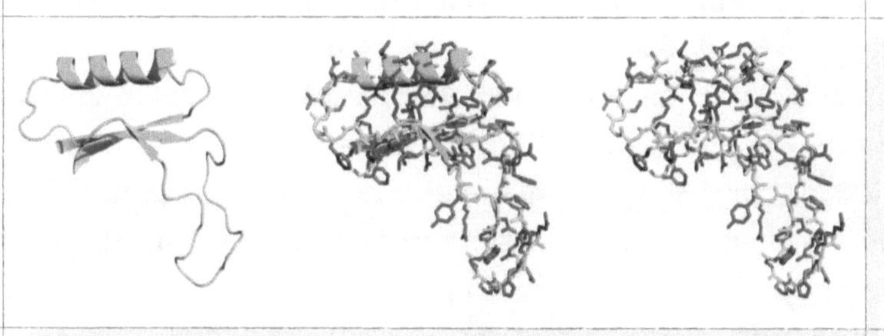

Figura 10.6 O papel dos apêndices de aminoácidos na formação de estruturas proteicas. Cada uma das três imagens representa uma porção da menor de duas proteínas que formam a enzima fotossintética rubisco (mostrada no canto inferior direito da figura 10.4). A imagem do meio é uma sobreposição do diagrama de fita (esquerda) e da representação em bastão (direita).

Como aprendemos no capítulo 3, os diferentes tipos de apêndices são o que distingue os vinte aminoácidos. O que nos parece ser uma confusão é, na realidade, uma disposição requintada dos apêndices de aminoácidos ao longo de toda a proteína, que suscita a formação de uma estrutura tridimensional estável, e que de outra forma seria uma longa cadeia desordenada. Dispostos sequencialmente desta forma especial, os apêndices encaixam-se melhor na sua configuração dobrada do que se estivessem a flutuar descontroladamente no fluido celular, como acontece com uma sequência aleatória de aminoácidos. Sem estas configurações dobradas, as proteínas da vida não poderiam desempenhar as suas funções vitais[6].

Quão refinados são então os ajustes de aminoácidos que fazem com que as cadeias proteicas se dobrem? Foi isto que me propus medir com o projeto experimental que descrevi no início do capítulo 5[7]. O meu objetivo nesse trabalho era medir a improbabilidade da coerência funcional para estes aminoácidos, da mesma forma que a avaliámos para as letras e os píxeis no capítulo 9. Comecei por fazer muitas variantes da pouco funcional enzima inativadora da penicilina que descrevi no capítulo 7 (a que podia ser otimizada por seleção porque já funcionava como uma enzima real). Em cada variante, um grupo de dez apêndices que formam um aglomerado, como mostrado na figura 10.7, foi substituído por alternativas aleatórias. Pode pensar nos apêndices dentro destes agrupamentos como sendo letras ou píxeis em grupos: as partes do nível inferior devem trabalhar em conjunto para produzir algo coerente. A ideia era avaliar esta coerência descobrindo quão difícil é para um conjunto aleatório de apêndices ser tão funcionalmente coerente como os apêndices que substituiu, ou seja, suficientemente coerente para que a enzima funcione.

Uma vez que isto foi determinado experimentalmente para os quatro aglomerados mostrados, o passo seguinte foi calcular a improbabilidade de a evolução encontrar essa coerência funcional mínima não só nesses quatro aglomerados, mas em todos os aglomerados necessários para a proteína se dobrar. Para isso, converti a fração de mutantes que funcionaram em cada uma das quatro experiências numa probabilidade média de coerência funcional por aminoácido. Depois multipliquei este valor para estimar a probabilidade de um gene totalmente aleatório ter a coerência funcional necessária para formar uma estrutura que suporte a função enzimática. Como disse no início do capítulo 5, o resultado foi surpreendente. Dos possíveis genes que codificam cadeias proteicas com 153 aminoácidos de comprimento, espera-se que apenas um em cem biliões de biliões de biliões de biliões de biliões de biliões codifique uma cadeia que se dobre suficientemente bem para desempenhar uma função biológica! Por isso, tal como no capítulo 7, por muito difícil que fosse para o nosso robô que procurava ruído encontrar um estádio, é ainda muito mais difícil encontrar uma invenção biológica, até mesmo ao nível reduzido de uma única proteína. Calculámos que o ruído dos estádios pode cobrir uma parte em cada cem mil da superfície terrestre, mas o resultado aqui apresentado mostra um quadro muito mais sombrio. Em vez da superfície da Terra como espaço de pesquisa, tente imaginar uma esfera do tamanho do Universo visível – 28 mil milhões de anos-luz de diâmetro – e, em vez de um alvo que cobre seis mil quilómetros quadrados, tente imaginar um do tamanho de um átomo de hidrogénio! Ora aí está um alvo que podemos descartar com segurança como perdido no espaço[8]!

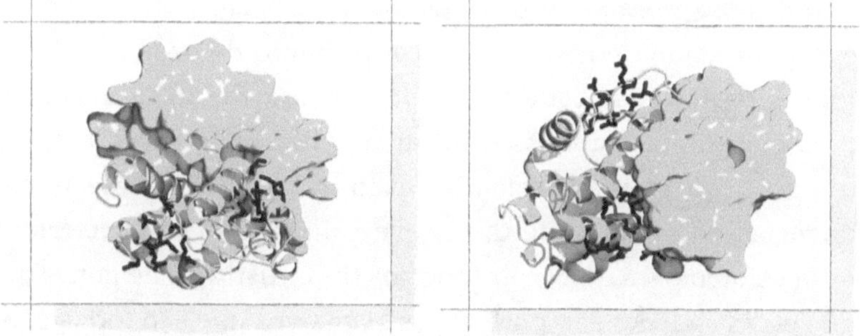

Figura 10.7 Dois dos quatro grupos de dez apêndices de aminoácidos que usei aleatoriamente para medir a raridade da coerência funcional são mostrados na figura da esquerda; os outros dois são mostrados na figura da direita. A enzima betalactamase é constituída por uma única cadeia proteica com 263 aminoácidos. A sua estrutura completa divide-se visualmente em duas porções chamadas domínios, que parecem ser unidades distintas de estrutura dobrada. Concentrei-me no maior destes domínios, que consiste em cerca de 153 aminoácidos. Este é mostrado como um diagrama de fita, com apêndices aleatórios mostrados como bastões. O outro domínio é mostrado numa representação de superfície.

Invenção de Cima para Baixo

Por muito convencido que eu esteja de que as dobras proteicas são invenções engenhosas em si mesmas, não quero dar a impressão de que toda a genialidade da vida reside nas proteínas. É evidente que não é assim. Como deve ficar claro nas figuras 10.4 e 10.5, a disposição inteligente dos aminoácidos para formar proteínas funcionais é apenas um aspeto da conceção refinada da vida, e um que ocupa uma posição relativamente baixa na hierarquia funcional.

Mas embora a invenção de novas formas de vida seja, sem dúvida, um exercício de nível superior se o compararmos com a invenção de novas formas de proteínas, esse exercício parece exigir o domínio do exercício de nível inferior. Uma das grandes surpresas dos projetos de sequenciação de genomas é a quantidade de genes únicos, e portanto de proteínas, que estão presentes em cada forma de vida, incluindo formas que para nós parecem apenas subtilmente diferentes. Por exemplo, um grupo de cientistas alemães examinou recentemente as sequências do genoma de dezasseis estirpes de cianobactérias, num esforço para discernir todos os tipos distintos de genes de que essas estirpes são portadoras[9]. Uma vez que são todas cianobactérias, podemos ser levados a pensar que são portadoras do mesmo conjunto de genes, talvez com um gene extra aqui ou um gene em falta ali. Com efeito, os cientistas descobriram que partilham um conjunto comum de 660 genes, o que não significa que estes genes sejam idênticos de uma estirpe para outra, mas sim que são suficientemente semelhantes para podermos ter a certeza de que codificam proteínas que se dobram na mesma estrutura global e desempenham a mesma função biológica. Muito mais surpreendente, no entanto, foi a sua descoberta de que quase 14.000 genes são exclusivos de estirpes individuais! Com uma média de 869 genes únicos por estirpe, isto torna estas estirpes bacterianas mais geneticamente diferentes do que semelhantes, apesar das suas semelhanças externas gerais.

A proporção de genes específicos de uma espécie varia de uma espécie para outra, mas a sua existência em grande número parece ser uma propriedade de todas as formas de vida, e não apenas das cianobactérias. Para citar o resumo de um documento técnico recente: «As análises comparativas do genoma indicam que todos os grupos taxonómicos estudados até agora contêm 10-20 por cento de genes que não têm homólogos reconhecíveis noutras espécies»[10]. Por outras palavras, todas as espécies têm muitos genes que, à primeira vista, parecem ser únicos – diferentes de qualquer gene encontrado em qualquer outro lugar. O trabalho meticuloso de encontrar as estruturas das proteínas que estes genes codificam está a mostrar que cerca de dois terços se assemelham a proteínas previamente conhecidas, sendo o restante terço genuinamente novo[11].

A origem de novas categorias de vida parece, portanto, requerer a origem de novos genes e proteínas. Mais uma vez, isto não significa de modo algum que as duas coisas sejam equivalentes, mas apenas que uma inclui a outra, e com implicações profundas. Tal como o domínio da ortografia e do vocabulário é apenas o primeiro passo básico para dominar a escrita, também o domínio da conceção de proteínas é apenas um primeiro passo básico para dominar a conceção da vida. O facto de o domínio deste passo básico estar completamente fora do alcance da evolução cega é, consequentemente, o malogro da evolução. No fim de contas, acreditar na história da evolução natural é acreditar em algo muito menos plausível do que acertar repetida e consecutivamente no alvo cósmico da cuna – um ponto atómico numa esfera do tamanho do Universo –, lançando alfinetes subatómicos às cegas.

Ninguém devia acreditar nisso.

Os Frutos da Ciência Comum

O que deduzimos ser verdade para as invenções em geral – que não podem acontecer por acidente – é ainda mais verdade para as invenções particularmente notáveis que vemos na vida. O que percebemos no final do capítulo anterior – que as omeletes estão completamente perdidas no espaço das possibilidades da cozinha – podemos agora estender às moléculas de proteínas no espaço das possibilidades dos aminoácidos. E o que é verdade para as proteínas é ainda mais verdade para os sistemas superiores que utilizam as proteínas para funções como a fotossíntese e a visão, e ainda mais verdade para os organismos completos que ocupam o mais alto dos níveis, em que as muitas funções se fundem num único objetivo. Tal como as instruções, os poemas e as cartas de amor estão completamente ausentes das montanhas de linguagem QWERTY sem nexo a que se pode aceder através de buscas cegas, o mesmo acontece com a vida. Realizar esta atividade a que chamamos viver é um feito tão notável, que só pode ser feito por algo extraordinariamente bem concebido e modelado. Toda e qualquer nova forma de vida deve, portanto, ser uma invenção magistral por direito próprio, incorporando a sua própria versão distintiva de coerência funcional ao mais alto nível.

Só consigo ver estas engenhosas invenções de rastejar, trepar, nadar, planar, florescer, escavar, atrair, investir, girar, esporular, fugir e lutar como tendo vindo da mente de Deus. Para mim, nada mais faz sentido[12]. O facto de cada uma delas ocupar um lugar único nas nossas mentes deve certamente refletir o facto de lhes ter sido dado o seu próprio lugar na oficina dessa mente suprema. Aí, não há lugar para disparates – nem para pensar que uma obra-prima pode dar lugar a outra, como se as ideias brilhantes pudessem ser misturadas como tinta. Que tenhamos sido escolhidos para contemplar as maravilhas vivas dessa oficina de trabalho, é algo que deve surpreender-nos, a nós, os guardiões das nossas próprias oficinas onde trabalhamos em projetos muito mais pequenos. E que tenhamos vindo dessa oficina deve surpreender-nos ainda mais. Entre todas as maravilhas que fazem da Terra a sua casa, só nós somos forçados a parar e a olhar, a absorver todo este espetáculo – cinco partes inspiradoras e uma parte perturbadora – e a refletir, sabendo que nada disto é acidental.

As crianças sempre tiveram razão.

CAPÍTULO 11

VER PARA CRER

A coragem para defender a nossa *intuição de design* não vem apenas do argumento da ciência comum que desenvolvemos, mas também do panorama geral. Tudo parece encaixar-se. Os seres humanos distinguem-se de todos os outros seres vivos como a única espécie que procura a sabedoria e o conhecimento – a espécie sapiente (*Homo sapiens*). Se nós, seres sapientes, fomos feitos para ser, então certamente fomos feitos para saber que fomos feitos para ser. E de facto sabemos. Muito antes do início da nossa educação formal, já dominamos a ciência simples de interpretar as nossas experiências quotidianas. Esta ciência produz nas nossas mentes mais jovens a *intuição universal de design*. Com ou sem a aprovação dos pais, sabemos instintivamente que as maravilhas vivas, tão extraordinariamente boas em serem o que são – aranhas sendo aranhas e orcas sendo orcas – existem apenas porque alguém as fez com o propósito expresso de serem o que são. Se, antes de começar a ler, considerava que este instinto era mais do coração do que da cabeça, espero que a nossa viagem tenha corrigido esse desequilíbrio.

Então, será que alguma coisa não se encaixa? Esta é uma pergunta importante a colocar sempre que pensamos ter chegado a um entendimento correto de um assunto controverso. Não se trata de uma questão de completude, mas sim de uma questão de contradição. De facto, como veremos no último capítulo, reconhecer que a ciência demonstra ter havido um *design* para a vida não é suficiente para responder às questões científicas importantes. Apenas abre a porta para uma conceção correta da biologia – uma porta que tem estado bloqueada e barrada há mais de um século. O pesado desafio intelectual de construir essa conceção correta e há muito esperada – depois de um grande número de pensadores se terem perfilado para entrar nessa porta – ainda mal começou. E isso é perfeitamente razoável.

O primeiro objetivo deste capítulo é simplesmente considerar a possibilidade de nos termos esquecido de algum facto que, de alguma forma, se recusa a encaixar nesta imagem coerente de um mundo objeto de *design*. Se não nos tivermos esquecido, o meu próximo objetivo será equipar os especialistas em ciência comum – como você – a manterem-se firmes num mundo onde alguns especialistas em ciência técnica fazem o seu melhor para dominar todos à sua volta.

Para começar, olhemos para aqueles que têm trabalhado sob a bandeira do *materialismo*, que (sem surpresa) é também a bandeira do darwinismo.

A Visão das Bancadas

De acordo com o jornalista Paul Rosenberg, no artigo que escreveu para a *Salon*, «as coisas podem piorar muito para os criacionistas por causa de Jeremy England, um jovem professor do MIT que propôs uma teoria baseada na termodinâmica, mostrando que o surgimento da vida não foi acidental, mas necessário»[1]. Por necessário, Rosenberg quer dizer tão fisicamente inevitável que não é digno de nota. Jeremy England parece adotar esta visão da origem da vida sem grandes problemas. «Começa-se com um aglomerado aleatório de átomos», diz ele, «e, se se fizer incidir luz sobre ele durante tempo suficiente, não deve ser assim tão surpreendente que se obtenha uma planta»[2]. A chuva acontece. A vida acontece.

O que devemos pensar disto? Em particular, o que deve o leitor fazer se tiver a certeza de que este professor do MIT está errado, mesmo sabendo que nunca conseguirá seguir o seu argumento? Pode pesquisar na Internet para encontrar pessoas com doutoramentos que contestem a afirmação dele, mas provavelmente haverá pessoas com doutoramentos que também contestarão os contestadores. E assim por diante. No final, esta troca de argumentos técnicos pouco ajuda a quem não é especialista, não obstante a comodidade de saber que pelo menos alguns especialistas estão do seu lado.

No entanto, se as questões decisivas nesta discussão não pertencem às disciplinas técnicas, mas sim, como afirmei, ao senso comum e à ciência comum, então esta imagem de não cientistas como espectadores num evento desportivo – em que a maioria dos jogadores veste a camisola de Darwin – está completamente errada. Quando se trata de raciocínios intuitivos simples, a competição faz-se em igualdade de condições e todos estão qualificados para jogar.

A Inconcebilidade da Invenção Acidental

À medida que os cientistas comuns descem das bancadas e invadem o campo, o conselho mais importante que devem ter em mente é o familiar apelo para «manter os olhos na bola». Chegámos ao que parece ser um argumento decisivo. Resumidamente: a coerência funcional torna a invenção acidental fantasticamente improvável e, portanto, fisicamente impossível. A invenção não pode acontecer por acidente. Portanto, esta é a bola. Distrairmo-nos com qualquer tipo de defesa das origens acidentais que não responda a este argumento é «tirar os olhos da bola». Em vez disso, perguntamo-nos se existe algum trabalho ou investigação que nos convença de que este argumento está errado.

E qual a forma que isso poderia tomar? Estaremos errados ao atribuir coerência funcional aos sistemas biológicos? Consigo imaginar pessoas que pensam que isto é errado, mas apenas por ignorância. Certamente, a ignorância quanto à necessidade de coerência funcional dentro das células existia entre alguns biólogos da época de Darwin. Escrevendo em 1868, nove anos após a publicação de *A Origem das Espécies*, o biólogo alemão Ernst Haeckel disse o seguinte sobre os microrganismos aquáticos que classificou sob o título Monera:

> *Estes organismos, os mais simples de todos os conhecidos e que, ao mesmo tempo, são os organismos mais simples que se podem imaginar, são os Monera que vivem na água; são corpúsculos vivos muito pequenos, que, em rigor, não merecem*

de todo o nome de organismo. Pois a designação «organismo», aplicada às criaturas vivas, assenta na ideia de que cada corpo natural vivo é composto por órgãos, por várias partes, que se encaixam umas nas outras e trabalham em conjunto (tal como as diferentes partes de uma máquina artificial), de modo a produzir a ação do todo. Nos últimos anos, temos vindo a conhecer os Monera, organismos que, de facto, não são compostos por quaisquer órgãos, mas consistem inteiramente em matéria sem forma, simples e homogénea. O corpo inteiro de um destes Monera, durante a vida, não é mais do que um pequeno pedaço de muco ou lodo sem forma e móvel, constituído por uma combinação albuminosa de carbono. Não conseguimos conceber organismos mais simples ou mais imperfeitos[3].

Como deve ter adivinhado, as cianobactérias – as maravilhas fotossintéticas espantosamente sofisticadas que conhecemos no capítulo 10 – estão entre as espécies bacterianas a que Haeckel se referia aqui. Não podia estar mais enganado sobre a sua estrutura interna e, além disso, o seu erro não pode ser desculpado como se ninguém soubesse que não era assim na altura. Cerca de duzentos anos antes, Anton van Leeuwenhoek, um dos pioneiros da microscopia de luz e o pai da microbiologia, observou o complexo movimento propulsionado de muitas espécies bacterianas na água[4]. Acrescente-se a isto a observação da divisão celular bacteriana e a demonstração conclusiva de Louis Pasteur de que as bactérias só provêm de bactérias – tudo demonstrado muito antes de 1868 –, e realmente não há desculpa para que Haeckel não tenha percebido os processos notáveis que estavam a ocorrer dentro destas pequenas criaturas. De facto, a escala minúscula desses processos deveria ter levado ao reconhecimento de que tinham de ser muito mais sofisticados do que os mecanismos artificiais que ele mencionava: relógios, motores a vapor e afins.

Apesar do seu erro, a citação mostra que Haeckel tinha uma noção correta de coerência funcional, evidente na sua descrição de uma hierarquia de componentes que trabalham em conjunto para formar um todo funcional. O que lhe faltava era a convicção de que as funções sofisticadas nunca são alcançadas sem coerência funcional. Atualmente, ninguém que se interesse por biologia comete este erro. O facto de todos os seres vivos, inclusive as bactérias, estarem repletos de sistemas que exibem coerência funcional até aos seus constituintes moleculares é agora um tema tão generalizado na biologia, que se torna imperdível.

Quanto à ligação entre coerência funcional e improbabilidade fantástica, também aqui temos algo que pode ser ignorado mas não refutado. Curiosamente, mesmo um dos mais fervorosos defensores do darwinismo nos últimos tempos, Richard Dawkins, não o ignorou. O primeiro capítulo do seu livro de 1986, *O Relojoeiro Cego*, intitula-se «Explicando o muito improvável». Aí, ele descreve essa ligação da seguinte forma:

> *Por muitas formas que existam de estar vivo, é certo que há muito mais formas de estar morto, ou melhor, de não estar vivo. Pode juntar células ao acaso, vezes sem conta e durante mil milhões de anos, e nem uma vez obterá um conglomerado que voe, nade, se enterre ou corra, ou que faça qualquer coisa, mesmo que mal, que possa ser remotamente interpretada como uma tentativa para se manter vivo*[5].

O mesmo princípio aplica-se a níveis acima e abaixo da célula. Esqueletos funcionais são impossivelmente raros entre arranjos aleatórios de ossos, tal como planos corporais funcionais entre arranjos aleatórios de órgãos, e máquinas moleculares entre arranjos aleatórios de proteínas dobradas, e proteínas dobradas entre arranjos aleatórios de aminoácidos. De acordo com a nossa análise, nenhuma destas invenções tinha qualquer perspetiva de se concretizar por acaso. Todas elas exigiram *insight.*

Dawkins continua a pensar que a seleção natural pode fazer o trabalho do *insight*, mas nós sabemos que não. Curiosamente, as suas próprias palavras apontam para a brecha profunda na teoria de Darwin, que vimos no capítulo 7. A seleção natural só acontece depois de as células estarem organizadas de forma a manterem o organismo vivo, pelo que a seleção não pode ser a causa destas admiráveis disposições. A explicação simplista de Darwin falhou, e os milhões de seguidores não têm nada em que se apoiar além da sua suposição ultrapassada.

Os degraus evolutivos, sobre os quais estes seguidores pensam que a vida saltou de uma forma para a seguinte, não são, de forma nenhuma, explicados pela seleção natural. A seleção direciona-se para formas de vida que já existem, pelo que não explica as formas em si, e muito menos as circunstâncias intrincadas que teriam sido necessárias para que estas formas estivessem ligadas através de linhas de descendência. E o problema nunca desaparece. Uma vez que a impossibilidade de invenção acidental está na raiz do problema, e porque cada nova forma de vida equivale a uma nova invenção de alto nível, a origem da milésima nova forma de vida não é mais explicável em termos darwinianos do que a origem da primeira. Mesmo que suponhamos que um primeiro inseto se tenha formado de alguma maneira – sem tentar explicar como –, todos os inúmeros insetos que diferem substancialmente desse primeiro continuariam a ser novas invenções de alto nível. As invenções dos componentes comuns a todos os insetos teriam tido as suas representações específicas nesse primeiro inseto, mas muitos desses componentes teriam de ser substancialmente reorganizados para se adaptarem a cada novo inseto. Isto teria sido um feito impressionante de reengenharia em si mesmo, para não falar da enorme variedade de novos componentes que teriam de ser inventados a partir do zero. No fim de contas, cada nova forma de vida equivale a uma nova e espantosa invenção e, uma vez que a marca distintiva da invenção é a coerência funcional – que as causas acidentais não podem explicar –, vemos, com razão, cada forma como uma obra-prima distinta.

O acaso está fora de questão. Degraus evolutivos a ligarem estas obras-primas ou são uma invenção da nossa imaginação de contadores de histórias, ou são a prova de que Deus, em tempos, converteu o mundo numa excecional instalação de nanofabrico. Assim, não havendo substituto para a genialidade, ou os degraus fazem parte da genialidade ou são irrelevantes. Não é a genialidade da vida que está em questão. A única questão é de que forma o Génio da vida fez o seu trabalho.

Uma vez que cada nova forma de vida equivale a uma nova invenção de alto nível, a origem da milésima nova forma de vida não é mais explicável em termos darwinianos do que a origem da primeira.

Revisitando England

Voltando a falar de Jeremy England e do meu objetivo de libertar os leitores da sua dependência dos especialistas, não pretendo sugerir que os não especialistas devam ignorar o debate entre especialistas. A recompensa de seguir esse debate, mesmo como observador casual, é ficar com uma noção de como as coisas estão a mudar dentro da academia, o que vale a pena. Por isso, embora espere que cada leitor seja capaz de dizer porque é que a equação de England

```
luz + átomos aleatórios + tempo = planta viva
```

não pode estar correta, penso que os leitores também estarão interessados em saber como é que um dos maiores químicos do mundo encara esta ideia de que a vida teve origem num acidente químico.

Estou a referir-me a Jim Tour, professor de química e nanoengenharia na Universidade Rice, que conheci em 2009 após uma apresentação impressionante que ele fez numa reunião na Universidade Baylor. A melhor forma de descrever o seu trabalho é dizer que ele e a sua equipa fazem com os átomos o que as crianças fazem com os brinquedos de construção. Se acha que estou a brincar, experimente pesquisar *nanocar* ou *nanodragster* no Google.

Quando se trata de compreender, por experiência própria, a dificuldade de fazer com que os átomos se juntem para formar dispositivos moleculares, muito poucas pessoas podem igualar Jim Tour. Eu certamente não consigo, e tenho a certeza de que Jeremy England também não. Com o devido respeito por England e pela sua teoria, seria interessante saber o que Tour pensa sobre a confiança casual que tantos cientistas parecem ter na capacidade que os processos naturais não direcionados têm de construir dispositivos moleculares complexos.

Felizmente, não temos de nos interrogar sobre este assunto. A propósito da separação dos produtos úteis dos inúteis, após cada etapa num complexo procedimento de síntese (sem a qual o procedimento falharia), Tour comenta:

> *Se perguntarmos às pessoas sem formação molecular como é que a natureza concebe reações com uma pureza tão elevada, a resposta é frequentemente: «A natureza seleciona para isso.» Mas o que é que isso significa para um químico sintético? O que significa seleção? Para selecionar, a seleção ainda tem de se livrar de todo o material que não selecionou. E de onde veio todo o material inicial necessário? E como sabe a seleção o que selecionar quando a utilidade só é avaliada muitas etapas mais tarde? Os pormenores deixam-nos estupefactos e os comentários mesquinhos demonstram a compreensão imatura de quem não tem formação*[6].

Por outras palavras, a única coisa que as pessoas demonstram quando presumem que tais coisas podem acontecer por acaso é que não sabem do que estão a falar.

A Cartola do Mágico

Para as ocasiões em que não tiver alguém como Jim Tour ao seu lado, eis uma forma simples de testar as supostas provas de que uma invenção acidental funciona. Pense na ilusão de tirar um coelho de uma cartola vazia. O que torna este truque divertido é o facto de parecermos estar a testemunhar o impossível. Sabemos que um coelho não pode sair de uma cartola se não tiver entrado primeiro e, no entanto, temos a impressão de que nada entrou, exceto a mão que entretanto segura o coelho. A primeira impressão é que parece magia, mas uma perspetiva mais alargada garante-nos que se trata apenas de uma ilusão, mesmo que não façamos ideia de como o truque foi realizado. No fim de contas, se alguém tivesse realmente a capacidade de criar coisas a partir do nada, encontraria uma forma mais produtiva de usar o seu superpoder do que trabalhar como animador. Tanto a impressão de magia como a nossa capacidade de analisar essa impressão – olhando para o panorama geral – ajudar-nos-ão a saber o que fazer com as supostas demonstrações do poder da evolução. Pense na cartola como uma caixa negra conceptual que envolve e esconde todo o funcionamento interno de uma destas demonstrações. Tal como no truque do coelho, a nossa estratégia é comparar o que entrou com o que saiu, sem nos preocuparmos com o que aconteceu no interior. Ao fazê-lo, devemos prestar especial atenção ao conhecimento, devido ao seu papel essencial na invenção (figura 11.1). A primeira pergunta a fazer acerca de uma demonstração é se ela dá a impressão de que o impossível aconteceu. Se não, então é óbvio que não responde ao nosso argumento. O nosso argumento é muito simples. Depois de notarmos que sabemos intuitivamente que a invenção não pode acontecer por acaso, acreditamos que chegámos a um entendimento firme da razão pela qual esta intuição deve estar correta.

Para contrariar esta afirmação, alguém teria de mostrar que aquilo que tanto a intuição como o cálculo afirmam ser impossível, de facto, não o é. Qualquer pessoa que não pretenda fazer isto não compreendeu o que precisa de ser demonstrado.

Das muitas demonstrações com que me deparei nos últimos trinta anos, nenhuma passou neste teste relevante. Ninguém disse: «Olhe! Encontrámos uma forma de fazer o impossível acontecer!» Em vez disso, oferecem exemplos pouco surpreendentes nos quais as pesquisas que deveriam ser bem-sucedidas o são, ou onde o rastreio seletivo que deveria funcionar também o faz. Nestes exemplos, ignoram o facto de que a invenção acidental exige que as pesquisas fantasticamente improváveis sejam bem-sucedidas. Uma vez que essa é a alegação nada credível, é isso que teriam de demonstrar. E se o fizerem? Bem, a sua demonstração seria o primeiro exemplo de magia cientificamente provada e matematicamente validada do mundo. Mesmo assim, penso que nos seria intrinsecamente impossível não atribuir o resultado a um ser sapiente invisível, o que deixaria intacta a nossa *intuição de design*.

O que entrou?	O que saiu?	Será magia?
Uma mão	Uma mão a segurar um coelho	*Sim!*
Um coelho e uma mão	Uma mão a segurar um coelho	Não: preparado pelo mágico
Sopa de letras e calor	Calor e instruções na sopa de letras	*Sim!*
Sopa de letras e calor	Calor e sopa de letras	Não: sem preparação
Luz e atómos aleatórios	Uma planta	*Sim!*
Um físico	Um físico com a teoria da origem da vida	Não: preparado pelo físico
Um planeta sem vida	Um planeta cheio de vida	*Sim!*
Deus e um planeta sem vida	Deus e um planeta cheio de vida	Não: preparado por Deus

Figura 11.1 Usando a cartola do mágico para testar demonstrações. A beleza desta abordagem é que não é preciso saber o que acontece dentro da cartola. Basta perguntar se o que saiu – o efeito final ou resultado – pode ser explicado em termos do que entrou. Os exemplos são dados em pares para mostrar como um resultado correto requer a identificação correta das entradas e saídas. Repare que só concluímos que houve magia quando o que aconteceu exige conhecimento e nenhum ser sapiente esteve presente.

Passar a Cartola (ou não)

Alguns exemplos vão prepará-lo para ser você a usar a cartola. O primeiro é uma demonstração que Richard Dawkins forneceu em *O Relojoeiro Cego*, na qual um programa de computador começou com uma sequência aleatória de 28 letras e espaços e acabou com a linha shakespeariana METHINKS IT IS LIKE A WEASEL [«EUPENSO ISTO É UMA DONINHA»] supostamente através da evolução. Ignoremos por um momento o modo de funcionamento do programa para vermos como funciona a cartola. Neste caso, como Dawkins fazia tanto parte da demonstração como o seu computador, ambos entraram na cartola. Passado algum tempo (quanto tempo não interessa), saiu de lá com METHINKS IT IS LIKE A WEASEL apresentado no seu computador. Ora, à primeira vista, deverá algo disto surpreender-nos? É evidente que não. O facto de uma pessoa com um computador produzir uma frase escrita não é nada de extraordinário. As frases que aparecem por magia na sopa de oráculos espantam-nos (para dizer o mínimo), mas isto é completamente diferente.

Esta parte foi fácil.

Agora que a cartola fez o seu trabalho, uma espreitadela rápida ao seu interior será mais informativa. Dawkins concebeu o seu programa para executar repetidamente dois passos simples. O primeiro passo era produzir muitas cópias da sequência matricial, começando pela aleatória, com erros ortográficos ocasionais e aleatórios. No segundo passo, cada cópia era comparada com a frase-alvo METHINKS IT IS LIKE A WEASEL, e a cópia com o maior número de letras corretas, por muito poucas que fossem, era selecionada como a matriz para fazer um novo lote de cópias, e assim por diante. Após cerca de quarenta rondas, foi encontrada uma correspondência exata.

Dawkins sabia que não se tratava de uma evolução cega, é claro. O que ele pretendia dizer era simplesmente que a seleção cumulativa, em que se permite que os melhoramentos se desenvolvam um pouco de cada vez, pode conseguir o que nunca seria conseguido se toda a coisa acabada tivesse de aparecer de uma só vez. Nas suas palavras: «Se (...) houvesse uma maneira pela qual as condições necessárias para a seleção cumulativa pudessem ter sido criadas pelas forças cegas da natureza, estranhas e maravilhosas poderiam ter sido as consequências»[7]. É verdade. Mas, afinal, suposições estranhas e maravilhosas muitas vezes implicam consequências estranhas e maravilhosas, não é?

Mais uma vez, o que se visiona aqui é uma extensa rede de degraus evolutivos que, por acaso, se alinham de forma a que a seleção natural siga por caminhos repletos de extraordinária sabedoria. Já denunciámos este estratagema. Os degraus evolutivos acidentais que conduzem a estes destinos fantasticamente improváveis seriam, eles próprios, fantasticamente improváveis. Se precisássemos de mais provas de que tais coincidências notáveis nunca acontecem por acaso, podemos agradecer a Dawkins por as ter fornecido. Não é difícil imaginar uma necessidade prática que exija um verso de Shakespeare – um trabalho escolar, por exemplo. Mas, quando pensamos nisto, vemos imediatamente que a seguinte linha de incoerência (apresentada por Dawkins como a primeira sequência selecionada) não satisfaria essa necessidade:

WDLTMNLT DTJBSWIRZREZLMQCO P.

É certo que sequências igualmente ininteligíveis satisfazem outras necessidades: palavras-passe longas ou mensagens encriptadas. O que não conseguimos imaginar, no entanto, é que uma série genuína destas necessidades não relacionadas se alinhem de tal forma que terminem na sequência aleatória original de Dawkins, METHINKS IT IS LIKE A WEASEL. Definitivamente, isso nunca poderia acontecer por acaso, razão pela qual foi o próprio Dawkins a ter de alinhar os degraus evolutivos. De alguma forma, porém, ele pensa que a implausível e complexa rede de degraus evolutivos que seria necessária para a evolução da vida se alinhou por acaso. E, de alguma forma, pensa que a sua demonstração completamente banal deve convencer-nos dessa afirmação completamente inacreditável.

Nós sabemos que não é assim. Os degraus evolutivos naturais podem levar a nossa imaginação a estranhos e maravilhosos destinos, mas o mundo real é diferente. Nada se torna útil ou maravilhoso até que a coerência funcional esteja presente em boa medida e, quaisquer que sejam as coisas úteis que o mundo natural possa fornecer em boa medida, a coerência funcional não está entre elas.

Quase vinte anos depois da demonstração de Dawkins, surgiu outra que vale a pena mencionar, esta anunciada na capa da revista *Discover* com o título «Testando Darwin – Cientistas na Universidade Estadual do Michigan provam que a evolução funciona»[8]. O que supostamente evoluiu foi uma função computacional, pelo que seria necessário um pouco de conhecimento técnico para compreender o que saiu do interior da cartola. Daqui a pouco, mesmo sem esse conhecimento, mostrarei como a cartola fez o que devia fazer, mas primeiro deixe-me dar-lhe esta garantia: a função computacional que foi produzida era tão básica que não teria merecido qualquer tipo de atenção além da alegação de que tinha evoluído[9]. Assim, uma vez que a informática foi uma das competências que os cientistas trouxeram para o projeto, temos novamente uma situação na qual o que saiu da cartola não é de forma nenhuma extraordinário, tendo em conta o que entrou.

Ainda assim, um aspeto desta demonstração pode dar a impressão de que desafia a nossa conclusão sobre a coerência funcional, pelo menos à primeira vista. A função de saída (*output*), neste caso, exigia que cerca de dezanove instruções elementares da máquina fossem organizadas num todo funcional, e os investigadores não forneceram explicitamente esta organização da mesma forma que Dawkins forneceu a sua. Isto parece implicar que a coerência funcional foi produzida no decurso desta simulação evolutiva.

O que devemos pensar disto? Em primeiro lugar, tenha em mente que a nossa afirmação não é que os processos cegos são incapazes de produzir qualquer coerência funcional, mas sim que são incapazes de a produzir nas quantidades necessárias para invenções úteis. Já vimos quantidades muito pequenas de coerência funcional aparecerem por acaso, como quando a palavra *ink* [tinta] apareceu no meio de meia página de escrita aleatória, ou quando um agrupamento aleatório de quatro píxeis podia aparecer com as cores misturadas. E isto pode ser ligeiramente melhorado se peneirarmos a aleatoriedade numa escala maior. Mesmo agora, escrevi um programa para fazer isto com datilografia aleatória e encontrei a palavra mais longa, *bobbled* [falhado], que requer nove toques de tecla coerentes, incluindo os espaços antes e depois. Mas o aumento da coerência teve um custo considerável, como acontece sempre nas buscas cegas. Para encontrar esta palavra solitária de sete letras, o meu programa teve de peneirar mais de 14.000 páginas de disparates!

Uma invenção séria não requer apenas um pouquinho de coerência funcional, mas largas quantidades dispostas numa hierarquia de níveis, e isto simplesmente não pode acontecer por acaso – para qualquer tipo de invenção. A ação dos buldózeres que removem os montes de lixo numa lixeira, por exemplo, pode muito bem fazer com que um rolamento de esferas encontre um encaixe improvisado, ou que uma alavanca encontre um ponto de apoio rudimentar, ou que um cabo se enrole à volta de um cilindro, mas nenhum destes simples arranjos faz algo suficientemente significativo para se elevar acima de lixo. Nem mesmo num bilião de biliões de planetas cobertos de lixo um robô acidental se levantaria e começaria a fugir dos buldózeres, e muito menos andaria à procura de peças para construir uma réplica de si próprio.

Quando se compreende este facto indesmentível, torna-se inútil pensar que nove toques coerentes num teclado, ou dezanove instruções coerentes de uma máquina, devam ser glorificados e anunciados como invenções significativas. Ambas são completamente insignificantes em comparação com o que as pessoas normalmente se propõem a realizar munidas de palavras ou códigos de computador, e nem precisamos de falar de todas as extraordinárias realizações a que chamamos vida.

No entanto, esta história não acaba aqui, pelo menos para aqueles capazes de ir mais fundo. Se tiver a capacidade de dissecar demonstrações que «provam que a evolução funciona», descobrirá que os investigadores geralmente incorporam nos seus modelos evolutivos o conhecimento do que é necessário para o sucesso. Por outras palavras, fazem batota, embora eles possam não pensar nisso como tal. De certa forma, é difícil não fazer batota com estas demonstrações simples. O problema é que os investigadores sabem demasiado. Em particular, sabem como a pesquisa deve ser conduzida para ter alguma hipótese de ser bem-sucedida e, como querem que seja bem-sucedida, é-lhes quase impossível evitarem dar uma ajuda.

Por exemplo, os cientistas que relataram a evolução da função computacional tiveram de contrabalançar o custo das instruções genéticas inúteis nos seus «organismos» digitais recompensando-os proporcionalmente com o tamanho dos seus genomas. Como vimos na experiência dos degraus evolutivos no final do capítulo 7, a vida real comporta-se de forma muito diferente. Os genes que não funcionam são um fardo, e a natureza não tem um programa de incentivos para contrabalançar esse fardo. Os cientistas que fizeram o projeto computacional sabiam disto, mas usaram uma versão muito pouco natural da seleção unicamente para obterem o resultado que queriam. Outros instantes de orientação foram documentados relativamente a esse estudo e a várias outras demonstrações que alegam mostrar que a evolução funciona[10].

No entanto, a maioria das pessoas não consegue aprofundar estes estudos. De facto, se nem sequer compreendemos o que saiu do interior da cartola, como é suposto decidirmos se aquilo se parece com magia? Como disse anteriormente, mesmo assim a cartola parece conseguir realizá-la. Portanto, em vez de perguntar se a demonstração parece magia, pergunte a si próprio se ela parece magia para as pessoas que a compreendem. Será que estão a agir como se tivessem encontrado uma fonte de invenção? Os especialistas estão a tremer de espanto? Os investidores estão a lutar para obterem uma fatia do bolo? Será que as empresas tecnológicas estão a despedir todos os seus funcionários inteligentes, convencidas de que o conhecimento humano se tornou supérfluo? Ou será que a reação é mais frouxa?

Olhe em particular para os cientistas que conduziram a demonstração. Será que estão dependentes dos seus empregos diários... tal como estão os mágicos? Se assim for, é um sinal claro de que não tiraram um coelho de uma cartola vazia.

Contrata-se Habilidoso

Como «descobridor» de invenções, o mecanismo evolutivo de Darwin é um completo fracasso, mas, como vimos no capítulo 7, por vezes torna-se útil quando é habilidoso. O exemplo que descrevi, em que uma enzima pouco funcional foi drasticamente melhorada, demonstra-o. O ponto de partida era ideal: uma invenção completa, com todos os componentes necessários no seu devido lugar e a funcionar, mas não afinada para um desempenho ótimo. A afinação envolve o ajuste de muitos e pequenos detalhes, pelo que a tentativa e erro é frequentemente a melhor forma de o fazer. Nestas situações, a otimização seletiva – um processo de afinação que seleciona repetidamente a melhor variante após a introdução de pequenas variações – é frequentemente útil.

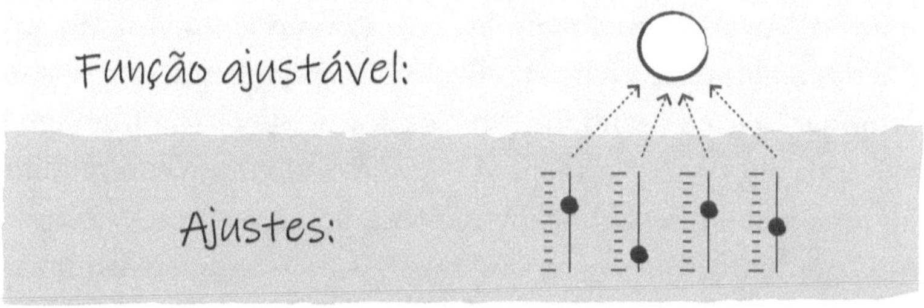

Figura 11.2 A relação entre os ajustes, e a função que afetam. As setas a tracejado indicam que a função que está a ser ajustada não é causada pelos ajustes, em contraste com as setas sólidas da figura 9.3. Ainda assim, é comum que os ajustes influenciem significativamente a complexa disposição das peças que configura a causa (não representada aqui).

Uma imagem pode ajudar-nos a perceber que a otimização seletiva, embora útil, em nada se parece com a invenção. O contraste entre a figura 11.2 e a figura 9.3 ilustra as diferenças. O mais importante é que, tal como as experiências descritas no capítulo 7 mostraram, a otimização seletiva só funciona com uma função preexistente. Ao contrário das funções de nível inferior da figura 9.3, os ajustes representados na figura 11.2 não originam a função de alto nível; apenas a afinam. Esta função de alto nível não estaria presente para ser afinada exceto se houvesse uma disposição funcionalmente coerente dos componentes que a originasse.

Por exemplo, a NASA utilizou a otimização seletiva para ajudar a conceber algumas das suas antenas, incluindo a de pequenas dimensões apresentada na figura 11.3. Esta antena, que parece nada mais do que um clipe de papel dobrado aleatoriamente e montado numa base roscada, tem na verdade as dobras nos lugares certos para permitir que funcione bem. As formas das antenas são ideais para a otimização seletiva porque quase todas as formas funcionam até certo ponto e, no entanto, pequenos ajustes têm efeitos mensuráveis. Repare que este tipo de otimização é, na realidade, uma aplicação do *insight* humano e não uma substituição do *insight* humano. Nenhum computador alguma vez irá desenhar uma antena por acaso. Em vez disso, os engenheiros humanos, que sabem tudo sobre o desenho de antenas, têm de preparar cuidadosamente o cenário para que a otimização computorizada faça exatamente aquilo que pretendem que ela faça. Por outras palavras, os humanos inventaram esta pequena antena reunindo tudo o que era necessário para a sua conceção, incluindo a pesquisa computacional que a aperfeiçoou.

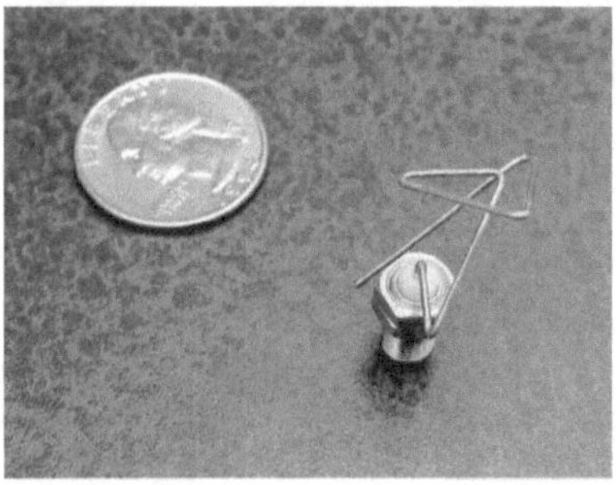

Figura 11.3 Uma das pequenas antenas concebidas pela NASA (ver www.nasa.gov/centers/ames/news/releases/2004/antenna/antenna.html).

Isto significa que a origem da antena falha no teste da cartola: não se parece nada com magia porque o conhecimento necessário foi fornecido da forma habitual. Mas esta constatação não diminui o valor da antena nem o valor da otimização seletiva. Ambos são claramente úteis. Por isso, lembre-se de que o teste da cartola não é um teste de utilidade ou validade científica, mas um teste de relevância para o nosso argumento contra a invenção acidental. Ao falhar o teste, a antena mostra apenas que não é uma invenção que surgiu por acaso. É uma invenção, claro... mas não é uma invenção acidental.

Uma equipa de cientistas de Cornell e da Universidade do Wyoming apresentou recentemente um exemplo mais divertido, que faz lembrar algo saído de um filme da Pixar[11]. Imagine cubos de gelatina pulsantes que se juntam para formar corpos que se bamboleiam e fogem de crianças que empunham uma colher, e terá uma ideia (figura 11.4). Tal como as invenções da Pixar, estas criaturas de gelatina existem apenas num mundo gerado por computador, mas, ao contrário das suas congéneres estrelas de cinema, as criaturas de gelatina tiveram de «aprender» a correr por tentativa e erro. Seguindo sugestões da biologia, os seus criadores cientistas utilizaram cubos de três tipos para facilitar a corrida. Um deles contrai-se e expande-se ativamente de forma rítmica, espelhando a contração e o alongamento rítmico dos músculos das pernas durante a corrida. Os cubos dos outros dois tipos têm papéis estruturais passivos, um rígido como o osso e o outro mais flexível, como a cartilagem.

Uma vez que os cubos pulsantes pulsam todos ao mesmo ritmo – alguns a contraírem-se nas batidas ímpares e outros nas pares –, podíamos ser levados a pensar que mesmo uma massa aleatória de cubos teria uma hipótese razoável de se bambolear numa direção, desde que contivesse um número elevado de cubos pulsantes. Talvez o fizesse, mas um movimento mais eficaz requer uma organização não aleatória dos tipos de cubos em regiões extensas, como indicado pelas cores claras e escuras na figura 11.4. Seguindo mais pistas da biologia, os inventores impuseram regras para estas regiões não aleatórias. A otimização seletiva foi então utilizada para aperfeiçoar os cubos corredores dentro das restrições impostas. Tal como a antena da NASA, estes corredores de gelatina mostram como a otimização seletiva pode ser explorada de forma inteligente no contexto de um grande projeto, concebido e implementado por seres humanos. Mas, por muito útil que seja, tem o aspeto familiar de uma ferramenta nas mãos de humanos inventivos – mais uma técnica entre muitas outras que nós descobrimos e aperfeiçoámos para servir os nossos fins inventivos.

Curiosamente, os seres humanos não foram os primeiros a utilizar esta ferramenta. A otimização seletiva encontra uma aplicação elegante na vida, sendo o exemplo mais notável o processo de refinamento de anticorpos (conhecido pelos biólogos como maturação por afinidade), que desempenha um papel importante nos sistemas imunitários de vertebrados como nós. O anticorpo apresentado na figura 11.5 é um complexo proteico com duas terminações adesivas viradas para fora que facilitam a resposta imunitária ligando-se a invasores como bactérias e vírus. O emaranhado de pequenos apêndices, presentes na terminação adesiva fechada, deve lembrar-lhe os emaranhados visualizados anteriormente, como nas figuras 3.5 e 10.6. Mais uma vez, estes são apêndices de aminoácidos. E, tal como todas as proteínas, o anticorpo está repleto destes apêndices, a maioria dos quais não é mostrada no diagrama de fita da figura 11.5.

Figura 11.4 O estilo de corrida lenta de um exemplo de «robô simples».

Eu e você devemos muito a estas terminações adesivas porque elas salvaram as nossas vidas, literalmente, muitas vezes. Sempre que apanhamos uma infeção, desde a constipação comum a um arranhão purulento, o nosso corpo entra em ação para combater os invasores microscópicos, e os anticorpos são uma parte fundamental para vencer estas lutas. Tal como os raios *laser* que guiam os mísseis para os seus alvos, os anticorpos marcam os invasores para destruição, e a elevada especificidade das suas terminações adesivas é o que lhes permite fazer esta marcação de forma tão eficaz. Para atingir esta especificidade, os nossos corpos utilizam uma versão extremamente elegante de otimização seletiva, em que são produzidos repetidamente milhares de milhões de variações das melhores terminações encontradas até agora, com as melhores a substituírem as anteriores até não ser possível fazer mais nenhum melhoramento. Contribuindo para a elegância do processo, os nossos corpos retêm as melhores versões destas terminações adesivas em cada uma destas batalhas, para que possam ser utilizadas rapidamente na próxima vez que o mesmo invasor for encontrado.

Mais uma vez, a otimização seletiva, tal como uma ferramenta, é aqui aplicada de forma limitada e perspicaz – como parte de uma invenção notável (o sistema imunitário adaptativo) que não pode ter surgido por acaso. De qualquer forma, esta ferramenta só se revela valiosa se for utilizada de forma inteligente por alguém que sabe o que pode e o que não pode fazer. Estes mestres da seleção são, portanto, os inventores. A seleção natural nunca inventou. Nenhuma ferramenta irá alguma vez criar um mundo próprio, da forma que Darwin julgava exequível pela seleção natural.

Assim, tudo se encaixa.

A otimização seletiva só se revela valiosa se for utilizada de forma inteligente por alguém que saiba o que pode e o que não pode fazer.

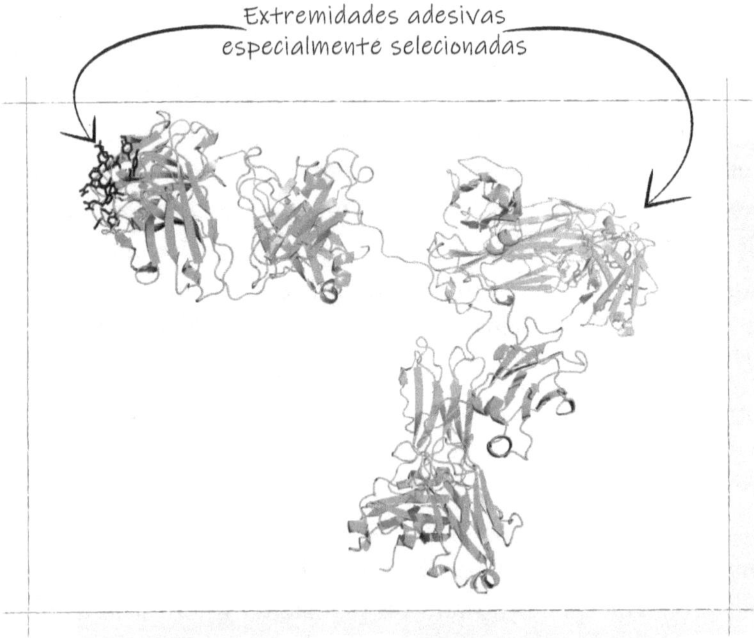

Figura 11.5 A estrutura molecular de um anticorpo. Quatro cadeias proteicas dobradas juntam-se para formar o anticorpo completo aqui apresentado.

Sobre a Linguagem e a Vida

Se estiver interessado em explorar mais os modelos evolutivos, disponibilizo o Stylus, uma ferramenta computacional gratuita desenvolvida no Biologic Institute. O nosso objetivo ao desenvolver o Stylus era criar um modelo que captasse características importantes do mundo das proteínas naturais. Em primeiro lugar, queríamos um mundo em que os genes transportassem instruções de sequência para a produção de cadeias longas, tal como os genes biológicos transportam as instruções para a produção de cadeias longas de proteínas. Essa parte foi fácil. Mais difícil era o objetivo de estas cadeias longas desempenharem uma grande variedade de funções concretas com base nas suas estruturas, tal como fazem as cadeias de proteínas. A importância de ter uma função concreta é que elimina toda a dissimulação sobre a existência de cadeias funcionais. De facto, a única forma de um modelo fazer justiça à coerência funcional é assumindo o objetivo global da coerência funcional, que é a função de alto nível.

Depois de considerar várias possibilidades, chegámos à analogia linguística representada na figura 11.6. Tal como todas as línguas escritas, a escrita chinesa é funcional na medida em que é legível e significativa, e, como sempre, a legibilidade depende da qualidade da formação dos caracteres. A linguagem escrita, portanto, fornece a conexão desejada entre estrutura (as formas dos traços no papel) e função de alto nível (a transferência de pensamentos do escritor para o leitor). No entanto, enquanto a forma de uma letra alfabética não faz mais do que desencadear o reconhecimento dessa letra, a forma de um carácter chinês oferece um significado (se o leitor souber ler chinês). Isto é análogo à situação das proteínas, em que cada molécula de proteína desempenha uma função distinta de acordo com os pormenores da sua estrutura.

Como pode recordar do capítulo 3, o código genético biológico descreve a forma como as células utilizam a sequência de informação de um gene para ligar os aminoácidos na ordem correta e produzir uma proteína. O truque consiste em ler as bases do ADN, três de cada vez, em codões. Utilizámos o mesmo truque para o Stylus. Os genes no mundo do Stylus parecem-se com as nossas representações alfabéticas dos genes biológicos – longas sequências das quatro letras A, C, G e T –, mas, em vez de especificarem cadeias de aminoácidos, os genes Stylus especificam cadeias de vetores. No lugar dos vinte aminoácidos estão os vinte vetores mostrados na figura 11.7. Estes vetores são unidos de ponta a ponta e acabam por formar um desenho bidimensional, tal como especificado pelo gene codificador.

Figura 11.6 Tal como as proteínas, os caracteres chineses têm de ser formados corretamente para funcionarem. Tendo em mente que a comparação pretende ser geral e não específica, vemos aqui uma semelhança grosseira entre a complexidade do traço de um carácter e a complexidade dos componentes de uma proteína. Tanto as proteínas como os caracteres chineses apresentam uma variação considerável de complexidade de um para outro.

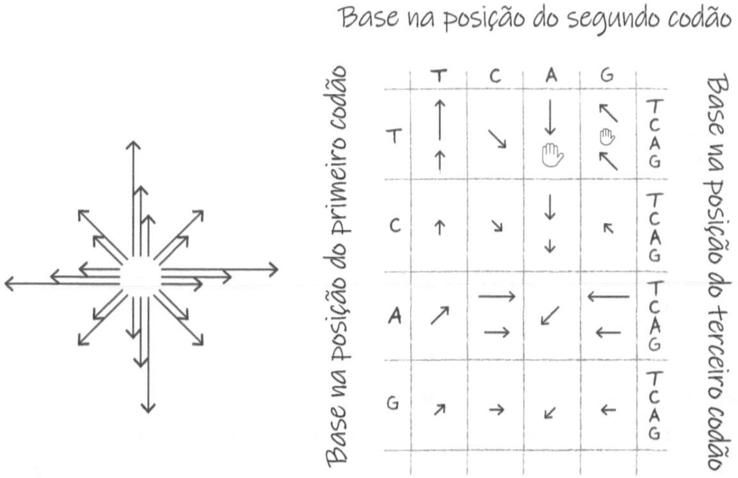

Figura 11.7 Os vinte vetores do mundo do Stylus (à esquerda) que substituem os vinte aminoácidos como blocos de construção para fazer cadeias longas, e o código genético que o Stylus usa para especificar estes vetores (à direita). Tal como no código genético biológico representado na figura 3.2, as mãos indicam os codãos que terminam uma cadeia de vetores.

Nenhuma analogia é perfeita, mas esta, pelo menos, é suficientemente enriquecedora para ser interessante. Por exemplo, tanto as proteínas como os caracteres chineses têm milhares de formas funcionais distintas. E, tal como um grande número de sequências de aminoácidos pode construir qualquer uma destas formas de proteína, também um grande número de sequências de vetores pode fazer o mesmo carácter chinês. Finalmente, como vimos no capítulo 10, as funções de alto nível, como a fotossíntese, são realizadas quando muitas proteínas funcionais de vários tipos são reunidas da forma correta. A linguagem escrita reflete isto de uma forma maravilhosa, utilizando a sua própria estrutura hierárquica para realizar funções de alto nível.

A ferramenta gratuita, tornada possível pelo trabalho árduo dos meus colegas Brendan Dixon e Winston Ewert, é uma aplicação do Stylus que o leitor pode utilizar para realizar experiências ao seu próprio ritmo, no seu próprio computador[12]. A aplicação permite-lhe mutar um gene matricial Stylus de várias formas e aplicar várias condições para selecionar um dos descendentes como a próxima matriz. O Stylus avalia automaticamente até que ponto o desenho produzido a partir de determinado gene representa determinado carácter chinês, calculando uma pontuação que vai de quase 0 (semelhança muito fraca) a 1 (semelhança perfeita), e fornece um *feedback* visual rico em conteúdo, incluindo imagens dos caracteres desenhados e gráficos que mostram como as pontuações mudam ao longo de uma experiência.

Como acontece com a maioria das ferramentas, o Stylus pode ser utilizado a vários níveis. Se quiser apenas compreender melhor como funciona o código genético ou como as mutações afetam as instruções contidas num gene, o Stylus é uma boa ferramenta visual e prática para isso. Ou então pode ser muito mais ambicioso. Eu e os meus colegas utilizámos o Stylus para construir um modelo de genoma análogo a um pequeno genoma bacteriano[13] e, entre as sequências genéticas deste genoma e a aplicação Stylus, ambas disponíveis gratuitamente, há muitas questões de investigação interessantes que podem ser abordadas a qualquer nível.

Como breve exemplo, relembre do capítulo 7 as duas proteínas que tinham uma fraca capacidade de inativação da penicilina. Uma destas proteínas foi drasticamente melhorada mediante repetidas rondas de mutação e seleção, enquanto a outra não o foi. A diferença residiu no facto de o sinal que estava a ser utilizado ser de uma enzima real – uma proteína cuja estrutura é especialmente adequada à degradação da penicilina – ou de algo muito menos importante, que ajudava ligeiramente à degradação natural da penicilina. A figura 11.8 mostra os resultados de uma experiência comparativa semelhante realizada com o Stylus[14]. Em vez de proteínas, começámos com duas cadeias de vetores, ambas adquiridas por mutação de um gene no genoma do Stylus que produz um carácter que significa secção (段). Tal como no capítulo 7, uma destas cadeias mutantes foi muito mais gravemente afetada do que a outra, o que pode ser visto comparando os dois desenhos no canto inferior esquerdo com a forma ideal. Embora o computador tenha dado pontuações muito baixas aos dois mutantes, vemos que o desenho a preto era, pelo menos, parcialmente reconhecível, enquanto o desenho a cinzento parecia um rabisco aleatório. De facto, o mutante preto estava estruturalmente completo, no sentido em que tinha todos os nove traços presentes; o problema era que alguns dos traços se tinham desviado das suas posições corretas (e o vertical também tinha encolhido). Tal como mostra a curva preta do rastreio, essas imperfeições, embora substanciais em efeito, podiam ser corrigidas por uma série de mutações individuais, em que cada uma delas melhorava a pontuação. O rabisco cinzento também podia ser ajustado selecionando alterações que melhorassem a sua pontuação, mas neste caso havia tão pouca conexão entre a pontuação e a legibilidade real, que não resultou nada de remotamente legível. Tal como acontece com as proteínas no capítulo 7, o rastreio seletivo só foi valioso quando a coerência funcional já estava presente em grande medida.

Nada evolui a não ser que já exista.

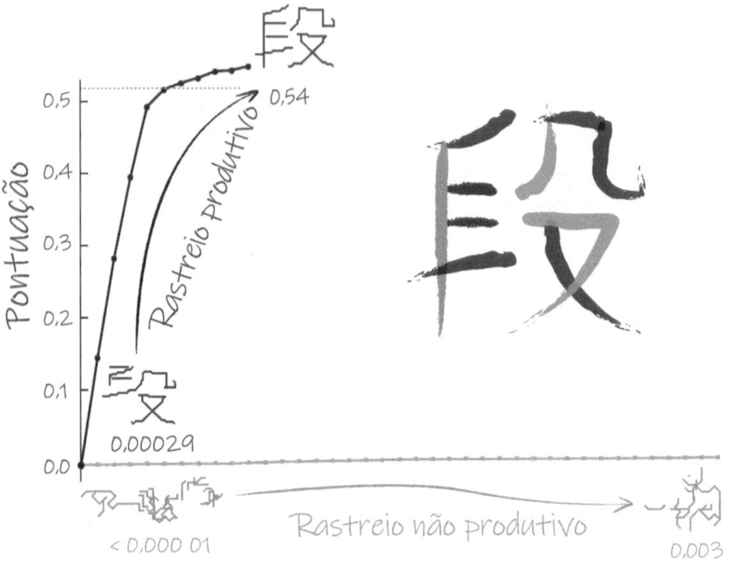

Figura 11.8 Seleção no mundo do Stylus. O carácter 段 é composto por nove traços, como se mostra com as pinceladas. O Stylus aplica um teste matemático a cada cadeia de vetores para calcular uma pontuação, que varia de 0 a 1 (escala à esquerda) e indica até que ponto qualquer cadeia de vetores representa a forma ideal. A utilização desta definição matemática de legibilidade em vez do julgamento humano permite-nos tirar partido da velocidade de «leitura» muito maior dos computadores. Para que o Stylus pudesse representar razoavelmente bem a perceção humana, foi utilizada a avaliação humana da legibilidade para calibrar a pontuação. O Stylus efetua experiências de rastreio automaticamente, produzindo e pontuando todos os genes possíveis que diferem do gene matricial por uma base (A, C, G ou T) e selecionando depois o que tiver a pontuação mais elevada como nova matriz. Isto é repetido até que não seja possível melhorar mais. A linha a tracejado mostra a pontuação (0,54) do gene original (designado 6BB5-02), que está incluído na aplicação Stylus, juntamente com todos os genes do genoma publicado.

CAPÍTULO 12

As Últimas Barreiras

Com a esperança de o ter persuadido ao longo da nossa viagem, de que a nossa *intuição de design* triunfou sobre a história evolucionista, quero agora pedir a sua ajuda. A verdade que alcançámos é suficientemente importante para que tenhamos a responsabilidade de a defender. Pense nisto como um movimento, não como uma batalha. Quando um movimento bom prevalece, todos ganham.

No entanto, os movimentos envolvem estratégia, tal como as batalhas, e o ímpeto é uma parte fundamental desta estratégia. Uma forma de um movimento ganhar ímpeto é, para aqueles que se juntaram à nossa causa, observar os oponentes dessa causa a recuarem. Ao contrário das batalhas, a nossa expectativa é chegar aos que estão a recuar para os encorajar a mudarem a sua lealdade. Para esse efeito, este capítulo centrar-se-á nas múltiplas frentes onde os defensores do *materialismo* e do darwinismo parecem estar a recuar.

O Recuo do Diálogo Crítico

A explicação que Darwin propõe para a vida revelou-se errada, mas nesse sentido junta-se a muitas outras ideias que tiveram a sua utilidade no desenvolvimento da compreensão científica. Originalmente, pelo menos, a ideia de Darwin foi articulada com suficiente clareza para garantir que acabaria por se revelar verdadeira ou falsa. Além disso, Darwin identificou claramente o ponto crucial do qual dependia esse veredito. Nas suas palavras: «Se pudesse ser demonstrado que existia algum órgão complexo que não pudesse ter sido formado por numerosas, sucessivas e ligeiras modificações, a minha teoria cairia completamente por terra»[1]. Ou seja, se alguma das invenções que vemos no mundo vivo não pudesse ser adquirida através de pequenas, sucessivas e benéficas mutações, as esperanças de Darwin na seleção natural seriam em vão. As suas palavras seguintes – «Mas não consigo encontrar nenhum desses casos» – revelaram de que lado estavam as suas simpatias, o que só confirma que ele era humano.

Algures na longa sucessão dos seus seguidores – todos eles pessoas brilhantes persuadidas a abandonar a sua *intuição de design* –, perdeu-se o reconhecimento de Darwin de que a sua ideia de invenção gradual era vulnerável à refutação. Os pormenores históricos desse desaparecimento são demasiado complicados para ser reconstituídos na íntegra, o que também é desnecessário. Em termos gerais, os fatores humanos que puseram fim à vulnerabilidade são muito familiares. Para os biólogos, a ideia da seleção natural como um génio em câmara lenta tornou-se parte da própria definição de vida, e com este elevado estatuto veio a imunidade à crítica. Questionar o axioma mais central da biologia moderna era, e é, afastar-se da companhia dos «biólogos modernos».

Na realidade, em assuntos que nos interessam, admitimos a possibilidade de estarmos errados com pouca relutância – mais como uma forma de nos mostrarmos razoáveis do que como uma forma de encorajar a crítica. Se, nalgum momento, essa concessão parecer desnecessária, estamos inclinados a retirá-la. Depois, com o passar do tempo, sentimo-nos tão confortáveis com a ausência de críticas públicas que ficamos indignados quando alguém, que desconhece as regras básicas, as viola. Por outras palavras, a progressão natural começa na aceitação relutante da crítica, como princípio, e termina, na prática, no ressentimento pela crítica.

Por muito humana que seja esta progressão, é nitidamente hipócrita quando se instala numa comunidade que se baseia na razão e no discurso aberto. As comunidades religiosas, sendo explícitas no seu compromisso com a doutrina, estão a ser fiéis aos seus valores fundamentais quando corrigem ou afastam as pessoas que se opõem ao que outrora concordaram em defender. Mas que a comunidade científica faça o mesmo, estando baseada na descoberta e não na doutrina, é violar os seus valores fundamentais. As consequências são sempre nefastas. Desprovida de qualquer epifania especial, a ciência orgulha-se de ter a abertura intelectual como a sua principal virtude. E que pujante virtude ela tem provado ser! Mas quando a abertura dá lugar a um dogma sobre qualquer afirmação científica em particular, em vez de boa ciência, ficamos com algo mais parecido com má religião.

Para detetar um destes exemplos nefastos, procure dois sinais reveladores. O primeiro é a denúncia oficial de qualquer ideia que represente uma ameaça ao dogma, e o segundo é uma cultura de desprezo por essa ideia ameaçadora. Quanto ao primeiro ponto, dê uma vista de olhos à página da Wikipedia intitulada «*List of Scientific Bodies Explicitly Rejecting Intelligent Design*» [«Lista de entidades científicas que rejeitam explicitamente o *Design Inteligente*»], onde encontrará nomes de mais de uma dúzia de organizações eruditas e académicas dos Estados Unidos que emitiram declarações contra o DI, juntamente com várias outras fora dos Estados Unidos ou de composição internacional. Entre as entidades listadas, estão duas das mais conceituadas organizações científicas do mundo: a Royal Society de Londres e a Academia Nacional de Ciências, dos Estados Unidos – uma oposição impressionante, para dizer o mínimo.

Sendo científicas, estas organizações não querem parecer que rejeitaram o DI por motivos doutrinários, pelo que os seus protestos afirmam que o DI não pode ter lugar à mesa do discurso científico porque é fundamentalmente religioso. Ironicamente, porém, o seu ativismo anti-DI tem quase um carácter religioso próprio. Se de facto acreditassem que a questão de saber se a vida foi inteligentemente concebida está fora do âmbito da ciência, não tomariam qualquer posição sobre a resposta. Mas tomam uma posição. A Royal Society de Londres declarou oficialmente que «a teoria da evolução é apoiada pelo peso da prova científica; a teoria do *Design Inteligente* não é». Da mesma forma, a maior sociedade científica do mundo, a American Chemical Society, instou as autoridades educativas a «asseverarem que a evolução é a única explicação cientificamente aceite para a origem e diversidade das espécies». E a Royal Astronomical Society do Canadá «é inequívoca no seu apoio à teoria evolucionista contemporânea, que tem as suas raízes no trabalho seminal de Charles Darwin e tem sido refinada por descobertas acumuladas ao longo de 140 anos»[2]. Em lado nenhum, sob a orgulhosa bandeira darwinista que paira sobre a academia moderna, é possível encontrar uma declaração institucional neste sentido: «Embora a vida possa muito bem ser obra de um criador inteligente, esta não é uma questão que a ciência possa abordar.» Isto só pode significar uma coisa: o ativismo anti-DI resume-se, afinal, a uma postura doutrinária.

Depois de uma análise mais cuidada a estas afirmações, torna-se evidente que o hastear da bandeira materialista-darwinista também trouxe consigo uma cultura de desdém por ideias ameaçadoras como o DI. O *Design Inteligente* é mencionado com bastante frequência nas revistas científicas darwinistas, mas sempre de forma negativa e muitas vezes com alguma expressão de condescendência ou desprezo. Nestas páginas académicas, encontrará o *Design Inteligente* descrito – aparentemente, com aprovação editorial – como um «mito»[3], um «ataque à biologia»[4], um «vírus intelectual»[5], um «movimento insidioso»[6], como «a face pseudocientífica do criacionismo religioso»[7], como algo que «ameaça toda a ciência e a sociedade»[8], como «um retrocesso à idade das trevas»[9] e, finalmente (não temos espaço suficiente para o catálogo completo de epítetos anti-DI), como «aterrorizante»[10]... «tal como o monstro de Frankenstein»[11].

Hum.

Apesar da completa racionalidade do argumento a favor do *Design Inteligente* da vida, não há maneira de tornar essa conclusão aceitável para as pessoas que querem acreditar que a ciência refutou Deus. A verdade é exatamente o oposto, o que é claramente desconfortável para alguns. Talvez isto explique porque é que algumas pessoas reagem de forma tão visceral – não porque o DI seja ilegítimo, mas exatamente o contrário: porque é dolorosamente legítimo.

A Retirada do Darwinismo

Por mais revelador que seja o recuo do diálogo crítico, há muitos outros indicadores, igualmente fortes, de que a busca por uma explicação natural para os seres vivos fracassou. Talvez o mais impressionante seja o repetido reconhecimento, por parte dos cientistas mais próximos deste assunto, de que Darwin não foi de facto bem-sucedido nessa explicação. É a brecha profunda que encontrámos no capítulo 7. No seu livro de 1904, *Species and Varieties: Their Origin by Mutation* [«Espécies e Variedades: A sua origem por mutação»], o grande botânico neerlandês Hugo De Vries enunciou a deficiência da seguinte forma:

> *Ao indicar os meios específicos pelos quais a mudança de espécies foi provocada, [Darwin] não conseguiu assegurar uma aceitação universal. Muito pelo contrário, as objeções foram levantadas desde o início, e com tal força que obrigaram o próprio Darwin a mudar os seus pontos de vista nos seus escritos posteriores. Isto, no entanto, não serviu de nada, e as objeções e críticas têm-se acumulado desde então*[12].

Assim, a súbita mudança favorável da opinião científica descrita por Darwin na sexta edição do seu livro, em que os biólogos passaram da crença da criação individual de cada espécie para aceitar o «grande princípio da evolução», não foi acompanhada por um reconhecimento geral da seleção natural como causa[13]. Por isso, De Vries terminou o seu livro com uma citação memorável que descreve aquilo que designamos como uma brecha profunda: «A seleção natural pode explicar a sobrevivência dos mais aptos, mas não pode explicar a chegada dos mais aptos»[14].

Apesar do enorme impulso dado nas décadas seguintes pelo desenvolvimento de uma teoria matemática da seleção natural e pela descoberta do ADN como material genético, Walter Fontana, um cientista no Instituto de Santa Fé, e Leo Buss, um biólogo de Yale, reconheceram em 1994 que esta brecha na teoria da evolução continuava por ser ultrapassada. Repetindo a memorável citação de De Vries noventa anos depois, Fontana e Buss intitularam o seu artigo «*The Arrival of the Fittest: Toward a Theory of Biological Organization*» [«A chegada dos mais aptos: para uma teoria da organização biológica»], que começa com uma grande concessão:

> *A estrutura formal da teoria da evolução baseia-se na dinâmica de alelos [i.e., variantes genéticas], indivíduos e populações. Como tal, a teoria tem de assumir a existência prévia destas entidades*[15].

Não deixe escapar a importância desta afirmação. Uma vez que todos os seres vivos se encontram entre «estas entidades», Fontana e Buss estão a admitir aqui que a teoria evolucionista moderna não explica realmente a origem de novas espécies, ou mesmo a origem de novos genes. Em vez disso, «a teoria atual presume tacitamente a existência prévia das entidades cujas características pretende explicar»[16].

Se está a pensar porque é que alguns cientistas se safam com tal memorável franqueza enquanto outros são censurados ou excomungados, tudo se resume a saber se o crítico é visto como um amigo da causa maior. Os cientistas podem dizer o que quiserem sobre o estado da teoria evolucionista se a sua fidelidade ao *materialismo* científico estiver intacta, e a melhor maneira de o demonstrarem é afirmar que preencheram a sua brecha profunda ou, pelo menos, que fizeram progressos significativos nessa direção. Tal como na reparação de estradas, o martelo pneumático pode ser usado impunemente desde que se remende tudo antes de deixar o trabalho. Usando essa estratégia, Fontana e Buss fizeram a sua crítica profunda como forma de introduzir uma teoria que, segundo eles, explica como «as organizações autogeridas surgem como uma consequência genérica de duas características da química, sem apelarem à seleção natural». Por outras palavras, Darwin estava errado, mas a vida continua a ser o resultado esperado da química cega, pelo que tudo está bem sob a bandeira materialista.

Tal como estes dois cientistas, muitos outros tentaram remendar a brecha na teoria de Darwin ao longo dos anos, mas nenhum desses remendos se revelou muito duradouro. Curiosamente, os progressos na biologia parecem piorar a situação. A era genómica, um período de progresso sem precedentes, estava apenas a começar quando o artigo de Fontana e Buss apareceu. Vinte anos mais tarde, surgiu um livro do biólogo evolucionista suíço Andreas Wagner. Portanto, se o remendo proposto por Fontana e Buss fosse sólido, Wagner estaria numa boa posição para o reiterar. Em vez disso, reafirmou a existência da brecha profunda, como é evidente no seu título: *Arrival of the Fittest – Solving Evolution's Greatest Puzzle* [«A chegada dos mais aptos – Solucionando o maior quebra-cabeças na evolução»]. Fazendo eco dos seus antecessores, Wagner admite que «a seleção natural pode preservar as inovações, mas não pode criá-las». Depois disto, diz:

Para avaliar a magnitude deste problema, considere que cada uma das diferenças entre os seres humanos e as primeiras formas de vida na Terra foi, em tempos, uma inovação: uma solução adaptativa para algum desafio único enfrentado por um ser vivo[17].

Aquilo a que Wagner chama inovações eu chamei invenções, mas a questão é a mesma e aplica-se tanto às aranhas, às baleias e às orquídeas como aos seres humanos. Das inúmeras invenções notáveis observadas nas inúmeras e notáveis formas de vida, a seleção natural não explica nenhuma delas.

Wagner escapa a esta crítica devastadora do darwinismo da mesma maneira que Fontana e Buss: oferecendo a sua própria solução. Por certo que, se a solução de Wagner remendou efetivamente a brecha, tal deveria ser anunciado como um feito extraordinário, na medida em que poria fim a 155 anos de fracassos. Estando familiarizado com os assuntos que ele investiga, poderia dizer-lhe por que razão penso que ele não foi bem-sucedido, mas, na realidade, estaria a pedir-lhe que confiasse em mim e não nele, o que nenhum de nós deveria considerar satisfatório. Em vez disso, o meu único objetivo tem sido prepará-lo para confiar na sua própria *intuição de design*.

Wagner termina o seu livro com esta síntese da sua tese:

Com um número limitado de blocos de construção ligados entre si num número limitado de formas, podemos criar um mundo inteiro. A partir desses blocos de construção e das ligações-padrão entre eles, a natureza criou um mundo de proteínas, circuitos de regulação e metabolismos que sustentam a vida, que deram origem a vírus simples e a seres humanos complexos e, por fim, à nossa cultura e tecnologia, da Ilíada *ao iPad*[18].

A primeira frase de Wagner – onde o protagonista é o leitor – é certamente verdadeira. Ele escreveu o seu livro da mesma forma que eu estou a escrever o meu, ou seja, ligando os 26 blocos de construção alfabéticos entre si. Os programadores de *software* ligam comandos e depois compilam-nos para obter longas listas de zeros e uns ligados entre si. A tabela periódica dos elementos organiza os blocos de construção materiais fundamentais de uma forma que explica as ligações químicas normais entre eles. Esses elementos, e as suas ligações, tornam possível absolutamente todas as coisas físicas que nós, humanos, fazemos, incluindo o iPad. Mas, por muito necessários que sejam todos estes blocos de construção para as nossas atividades inventivas, não são eles os inventores. Somos nós[19].

Por conseguinte, a segunda frase de Wagner – em que o protagonista é a natureza – assemelha-se a um conto de fadas para todos aqueles cuja *intuição de design* ainda está intacta. E, mais uma vez, a menos que tenhamos errado profundamente na nossa forma de pensar, devia parecer-nos como um conto de fadas. A sopa de letras está repleta de blocos de construção, mas a natureza é obviamente tão incapaz de fazer o que nós fazemos com os blocos de construção, que soubemos imediatamente que a história da sopa de oráculos não podia ser verdadeira. Como percebemos no capítulo 2, uma demonstração irrefutável dessa sopa misteriosa só nos convenceria de que alguém invisível está a organizar as letras.

No entanto, a história da sopa de oráculos não nos causa calafrios, pela simples razão de que não temos razões para a considerar verdadeira. O mesmo se passa com todas estas histórias de invenção pela natureza. Passado mais de um século e meio de histórias, temos certamente o direito de pedir algo mais. A conversa tem o seu devido lugar na ciência, mas àqueles que esperam convencer toda a gente de que a invenção acidental é possível, eu digo: se apenas nos dizem que as plantas «acontecem» quando a luz incide sobre átomos aleatórios ou que a natureza criou um mundo de proteínas, a resposta continuará provavelmente a ser dececionante. Apresentem-nos essas coisas mágicas e terão toda a nossa atenção. Forneçam uma demonstração que passe com distinção no teste da cartola. Continuaremos a ficar perplexos com a vossa insistência de que a magia deve ser considerada vulgar, mas terão a nossa atenção.

O Recuo da Testabilidade

Uma vez que os argumentos e as provas contrariam a ideia de Darwin, talvez não devêssemos ficar surpreendidos por ver os defensores dessa ideia a recuarem do discurso científico. A figura 12.1 ilustra o seu dilema. Atribuir a invenção de toda a vida complexa a um mecanismo natural, posto em movimento com a vida primária simples, é atribuir um poder criativo espantoso a esse mecanismo. No entanto, quando eu e os meus colegas desafiamos este mecanismo evolutivo a inventar numa escala muito menos impressionante – alterando uma enzima existente para desempenhar uma nova função –, descobrimos que ele falha. É difícil exagerar a magnitude desta contradição. Imagine um grupo de pessoas que insiste que um certo homem consegue saltar para a Lua. Nós, sendo céticos, desafiamos esse homem a «afundar» uma bola de basquetebol e descobrimos que ele nem sequer consegue chegar ao aro do cesto. Quando publicamos a nossa descoberta, recebemos muitas queixas, todas do género: «Nunca dissemos que ele conseguia afundar uma bola de basquetebol... ou, pelo menos, não aquela bola de basquetebol e naquele aro!»

Por outras palavras, reconhecendo a dificuldade de levar o seu homem a alcançar o aro, já para não falar da Lua, a maioria dos defensores de Darwin está a tentar arduamente abraçar a contradição. O pressuposto é que a inépcia evolutiva, relativamente à resolução de problemas na história da vida na Terra que ninguém afirma terem sido solucionados, não exclui a competência na resolução dos supostos problemas históricos. Mas a questão da competência deve ter prioridade sobre os pressupostos históricos. Ou seja, a afirmação de que a evolução inventou proteínas, tipos de células, órgãos e formas de vida só é cientificamente legítima se soubermos que a evolução consegue inventar essas coisas. Consequentemente, a nossa demonstração da incompetência evolutiva para um exemplo simples destas invenções – uma nova função para uma enzima existente – põe em causa todo o projeto de inferir histórias evolucionistas. Se nada consegue evoluir até à sua existência, é porque nada o fez.

A afirmação de que a evolução inventou proteínas, tipos de células, órgãos e formas de vida só é cientificamente legítima se soubermos que a evolução consegue inventar essas coisas.

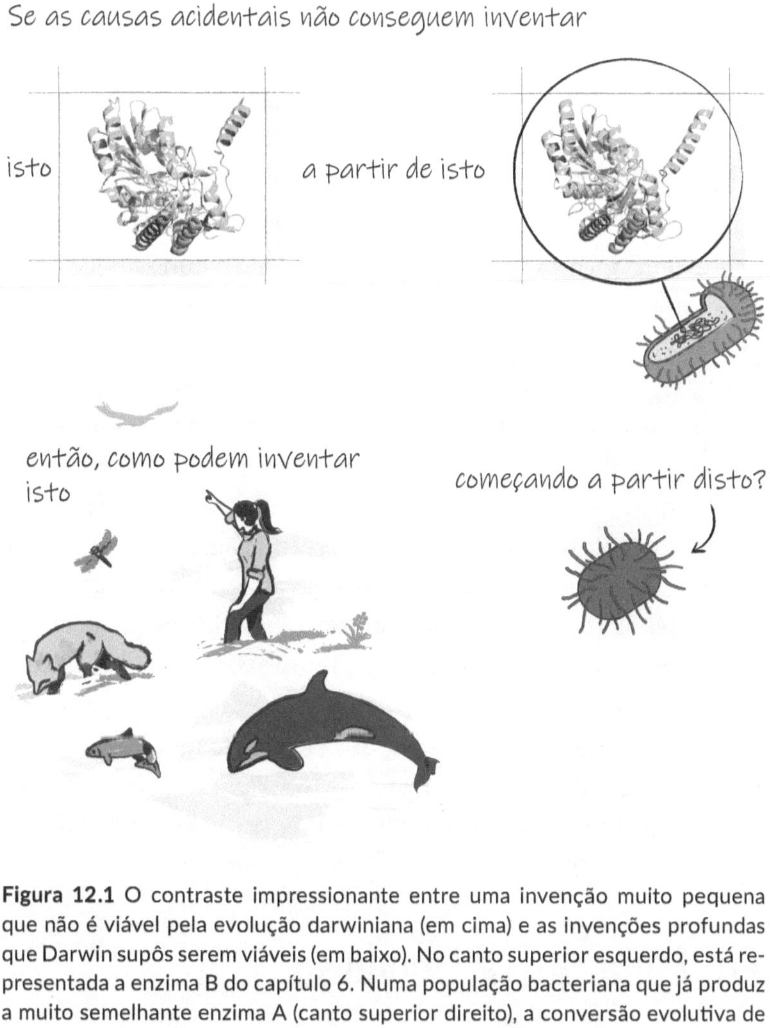

Figura 12.1 O contraste impressionante entre uma invenção muito pequena que não é viável pela evolução darwiniana (em cima) e as invenções profundas que Darwin supôs serem viáveis (em baixo). No canto superior esquerdo, está representada a enzima B do capítulo 6. Numa população bacteriana que já produz a muito semelhante enzima A (canto superior direito), a conversão evolutiva de A para B parece não ser viável com base nos nossos estudos. A metade inferior da figura ilustra a invenção ao nível muito mais elevado das formas de vida complexas. Aqui, a evolução teria de inventar toda a vida a partir de uma espécie bacteriana primitiva que se supõe ser o antepassado.

Quando a afirmação anterior já não é considerada como verdadeira, sabemos que chegámos ao ponto final de uma retirada faseada da testabilidade. Tal como mencionei perto do final do capítulo 6, é aqui que o debate se encontra atualmente. A posição atual é que a evolução foi tão bem-sucedida que aperfeiçoou a vida ao ponto de as formas modernas já não evoluírem, tornando todo o processo ainda mais afastado da categoria dos fenómenos observáveis. Segundo este ponto de vista, a observação direta da invenção evolutiva exigiria o acesso a um mundo que já não existe e, como se presume que o processo evolutivo tenha sido uma característica desse mundo, qualquer tentativa de reconstruir uma parte dele no laboratório seria julgada por uma possível confirmação desse processo evolutivo. Desta forma, a refutação parece ser evitada, mas não sem um custo considerável. Dizendo-o de forma figurativa, a teoria evolucionista tornou-se imune à refutação da mesma forma que o tronco de uma árvore se tornou imune a podas subsequentes.

Estranhamente, depois de todos os insultos de «anticiência» que têm sido dirigidos aos proponentes do *Design Inteligente*, parecemos ser dos poucos interessados em usar a ciência para resolver a questão.

Em Fuga deste Universo

Em 2007, Eugene Koonin, um proeminente biólogo evolucionista do National Center for Biotechnology Information, em Maryland, provocou um duplo choque nos cientistas da sua área. O primeiro choque foi a sua honesta concessão de que a origem da primeira célula portadora de instruções genéticas para a produção de proteínas era «um quebra-cabeças que derrota o pensamento evolucionista convencional»[20]. Depois de ter utilizado este «martelo pneumático», ele foi obrigado a corrigir o lapso que daí resultou, tentando-o fazer de uma forma muito pouco convencional. Koonin despoletou o seu segundo choque apelando à cosmologia – o estudo da origem e do comportamento do Universo como um todo – para remendar tudo. Especificamente, para dispensar o problema da improbabilidade fantástica, ele aproveitou a ideia de um multiverso infinito, que podemos pensar como um conjunto infinito de universos, sendo o nosso um deles.

Compreensivelmente, a maioria das pessoas considera este suposto multiverso tão distante da experiência real que tem dificuldade em levá-lo a sério. Contudo, embora essa postura cética deva informar a discussão sobre onde se situam os limites da ciência, a verdade é um assunto muito maior e mais profundo do que a ciência. Da minha parte, embora rejeite a existência de outros universos, não me contento em fazê-lo simplesmente com base no facto de não podermos verificar a sua existência, porque parece igualmente verdadeiro que não podemos verificar a sua não existência. A melhor pergunta é se uma hipotética possibilidade de um multiverso infinito deve, ou não, mudar a forma como explicamos a vida neste Universo.

A razão para Koonin pensar que deve baseia-se num conceito chamado princípio antrópico. As autobiografias do género «Vivi para contar a história» mostram como este princípio funciona. Nestes livros, o autor relata as circunstâncias em que a morte parece praticamente certa e, no entanto, o próprio facto de ter vivido para contar a história garante-nos que as probabilidades de sobreviver, por muito reduzidas que fossem, foram de alguma forma ultrapassadas. Nos casos mais extremos, muitos de nós diriam que Deus interveio e que, por isso, o acaso não teve nada que ver com a reviravolta dos acontecimentos, mas a questão é que, por mais impossível que a situação nos pareça quando lemos o relato, sabemos que algum acontecimento extraordinário deve ter evitado a morte... caso contrário, o livro não teria sido escrito.

O princípio antrópico aplica uma ideia semelhante à nossa existência. Se supusermos, mesmo que hipoteticamente, que o nosso Universo é apenas um de infinitos universos paralelos e que as condições variam de um para o outro, de tal forma que todas as inúmeras possibilidades físicas se tornam reais algures no multiverso, então poderemos nós, humanos, ser como os autores que viveram para contar a sua história? Para seguir o raciocínio, comece por supor que a probabilidade de um universo produzir acidentalmente seres inteligentes como nós é maior do que zero (voltaremos a este assunto mais adiante). Usando o termo zilhão como dimensão de um número muito grande, diremos que esta probabilidade é de um em um zilhão. Assim, por cada zilhão de universos, espera-se que um tenha seres inteligentes que surgiram por acaso. E, porque uma coleção infinita de universos tem um número infinito de zilhões dentro dela, deduz-se que deverá haver um número infinito destes universos especiais de um num zilhão, que são o lar de pensadores como nós – não pela mão de Deus, mas pela força bruta da infinitude.

No entanto, o que à primeira vista parece ser no mínimo uma possibilidade teórica provisória, não corresponde à realidade. Para compreender isto, pergunte a si próprio o que deveríamos observar no nosso Universo se as coisas fossem realmente como supusemos. A resposta é que, enquanto seres que refletem sobre a sua origem, deveríamos observar as circunstâncias mais básicas para que essa reflexão fosse possível. O raciocínio para chegar a esta resposta não é complicado, mas todo o cenário é tão estranho que pode ser necessário algum esforço para o compreender. Tal como os espaços de pesquisa que discutimos no capítulo 8, este hipotético multiverso seria constituído quase exclusivamente por alternativas desinteressantes. Seriam universos normais onde a fantástica improbabilidade de uma invenção acidental equivale à impossibilidade física, pelo que não ocorre qualquer invenção. Mas se partirmos do princípio de que, em primeiro lugar, não é categoricamente impossível que os processos físicos produzam seres capazes de reflexão e, em segundo lugar, que o multiverso infinito é real, então o nosso ato atual de reflexão poderia ser explicado pelo facto de o nosso Universo ser um desses universos extraordinariamente raros, onde a espantosa improbabilidade acidental de inventar seres prodigiosos foi ultrapassada[21]. Tal como a autobiografia, a nossa existência seria a prova.

É aqui que entra a evolução. Se fosse verdade que a evolução funciona como um excecional inventor, e que seres inteligentes como nós estão entre as coisas que ela pode inventar, então eu estaria de acordo com Koonin. A explicação mais básica para a nossa existência seria a de que a vida celular simples se formou contra todas as probabilidades, e a evolução assumiu o controlo a partir daí. Assim, o apelo de Koonin à existência de um multiverso para ultrapassar a fantástica improbabilidade do aparecimento da primeira célula é perfeitamente consistente com o seu conjunto de pressupostos.

No entanto, quando nos apercebemos de como a evolução é incompetente para inventar, toda esta explicação do multiverso cai por terra. Encontramo-nos, de facto, num mundo em que os indivíduos de uma espécie – a nossa – se interrogam sobre como tudo surgiu, mas uma grande parte do nosso espanto está relacionado com o facto óbvio de que o nosso mundo é tudo menos simples. Muito pelo contrário. Assim, como todas as invenções biológicas que nos rodeiam são fantasticamente improváveis, com a evolução a não explicar nenhuma delas e a hipótese do multiverso a explicar apenas as que são absolutamente necessárias para nos podermos interrogar, concluímos que esta hipótese não consegue explicar o que observamos. É possível que nos tivéssemos encontrado a pensar num planeta austero, povoado por pouco mais do que pensadores solitários, cujos corpos são capazes apenas das funções absolutamente necessárias ao pensamento. E, porque esse tipo de planeta é muito menos improvável do que este sumptuoso hotel de cinco estrelas a que chamamos Terra, ter-nos-íamos certamente encontrado lá e não aqui se fôssemos realmente acidentes da natureza.

O facto de estarmos aqui, e não nesse tipo de planeta, garante-nos que não o somos.

O Elefante na Sala

Uma vez que a realidade não pode, em última análise, assentar em coisas físicas, o *materialismo* falha sempre quando lhe colocamos grandes questões. Esta inadequação categórica do domínio físico torna irrelevante o número de universos físicos. Por muito espaço que possam ter para funcionarem, os processos físicos não podem simplesmente ser a base de tudo.

Um princípio semelhante aplica-se à nossa compreensão da realidade. Ao contrário do que afirma o *cientismo*, não podemos basear o nosso conhecimento da verdade na ciência. Para compreendermos isto, vamos adotar momentaneamente a mentalidade de um cético absoluto – alguém que duvida de tudo o que pode ser duvidado. Ninguém é realmente um cético absoluto, e a maioria das pessoas nunca se dá ao trabalho de sequer contemplar o ceticismo absoluto. No entanto, vale a pena fazê-lo por um momento, só para ver como seria inútil fazer do ceticismo a nossa principal prioridade.

Por momentos, pense comigo na primeira pessoa. Como é que eu sei que eu existia um minuto atrás? É suficiente dizer que me lembro do passado e que vejo provas do meu passado? Normalmente, isto é suficiente, como é óbvio. No final de um dia de trabalho, encontro sempre um carro familiar no local onde me lembro de ter estacionado o meu carro, e isso parece confirmar a minha recordação. No entanto, quando estou no modo de cético absoluto, tenho de admitir que estas ligações ao meu passado não são mais do que impressões no presente, e não consigo convencer-me de que as minhas impressões no presente sejam infalíveis. Acredito nelas, mas também dou por mim a rever essas crenças com bastante regularidade, como se tivesse a acordar de um sonho, por exemplo. Então, como é que sei que toda esta experiência de vida não é apenas um sonho que surgiu há breves instantes? Novamente, descubro que fico satisfeito em acreditar no contrário, o que é muito bom, considerando que não posso fazer melhor. Nem você. Temos de aceitar alguns pontos essenciais com base na fé porque, na realidade, não existe outra alternativa.

Não pretendo dizer que alguém é ou deva ser um cético absoluto. Pelo contrário, considero que apenas a fé nos salva da futilidade do ceticismo absoluto. Se julga que a ciência pode fornecer um esclarecimento, pergunte a si próprio que confiança pode depositar na ciência sem pressupor que você existia há um minuto. Se todo o seu passado é uma ilusão, como pode essa coisa a que chama «ciência» não ser também uma ilusão? A verdade é que a ciência não consegue sequer conceber e oferecer-nos algo mais verdadeiro do que a fé que depositamos nas proposições essenciais que sustentam a ciência, o que significa que a ciência nunca será o principal caminho para o conhecimento, e muito menos o único caminho. A fé sempre foi mais fundamental para o conhecimento humano do que a ciência, e isso nunca mudará.

O que torna a ciência tão convincente é o facto de todos nós aceitarmos as suas proposições essenciais. E, quando não acrescentamos nada a essas proposições essenciais, a ciência comum e o senso comum levam-nos naturalmente a atribuir a vida a Deus, como até os filhos dos ateus o fazem. Posso imaginar vagamente uma versão da realidade em que Deus existe, mas a ciência e a razão não falam da Sua existência. A possibilidade de conceber esse mundo imaginário torna ainda mais surpreendente o facto de este mundo ser tão diferente.

Aqui, o silêncio é quebrado.

A ciência não consegue sequer conceber e oferecer-nos algo mais verdadeiro do que a fé que depositamos nas proposições essenciais que sustentam a ciência, o que significa que a ciência nunca será o principal caminho para o conhecimento, e muito menos o único caminho. A fé sempre foi mais fundamental para o conhecimento humano do que a ciência, e isso nunca mudará.

Onde Tudo Assenta

É impossível contornar o facto de que tudo o que se assemelha à vida terrestre requer uma coerência funcional de alto nível. Tal como é impossível contornar o facto de que isto significa que a soma final de todas as coisas possíveis e reconhecíveis como vida terrestre seja impossivelmente rara. Na linguagem do capítulo 8, estas formas de vida possíveis estão irremediavelmente perdidas no espaço quase infinito, que representa todos os meios pelos quais a matéria pode ser combinada sem qualquer sentido. O que o inventor pode fazer – ao ver possibilidades que de outra forma não existem e ao aproveitar oportunidades que só existem porque são imaginadas – não pode ser feito por acaso.

Sim, a ideia de Darwin cai por terra quando compreendemos isto, e o mesmo acontece com todas as tentativas que, por mais sofisticadas que possam parecer, fingem que a vida simplesmente aconteceu. Se tentarmos evitar Deus, supondo que todos os elementos necessários para cada degrau evolutivo se encontravam no sítio certo e na altura certa, contra todas as probabilidades, então apenas fazemos retroceder o seu trabalho criativo em todos os seres vivos para as circunstâncias que os originaram. Se tentarmos evitar Deus supondo que a vida chegou à Terra vinda do espaço exterior, apenas fazemos retroceder as suas ações para outro planeta ou outra galáxia. Se tentarmos evitá-Lo supondo que a vida se desenvolveu a partir das condições iniciais do Universo ou das leis da física, então tornamos essas coisas tão engenhosamente direcionadas para a vida, que apenas fazemos retroceder a sua ação para trás no tempo. E, se tentarmos evitá-Lo imaginando que o nosso Universo é apenas um entre um número infinito de universos, Ele mostra-se presente aqui. A Sua ação está à vista de todos, e nenhuma teoria pode apagar o que vemos.

Tudo isto decorre da fantástica improbabilidade de a vida ter acontecido de qualquer forma acidental. Tudo isto declara a presença e o envolvimento de Deus no nosso mundo – quebrando o silêncio, gritando para quem tem ouvidos para ouvir.

E, como se isso não fosse testemunho suficiente, há mais.

CAPÍTULO 13

O PRIMEIRO MUNDO

Não me inibi de nomear Deus como o ser sapiente que nos criou. Não vejo outra forma de dar sentido a tudo o que encontrámos na nossa viagem. Ao reconhecer que a vida não ocorre de forma acidental, estamos a afirmar que a vida foi planeada e, tendo em conta a genialidade impressionante com que essa intenção foi levada a cabo, sou obrigado a ver Deus como o génio responsável por isso.

Ainda assim, pensando especificamente em Thomas Nagel, quero identificar o que para mim torna insustentável a hipótese alternativa de uma ordem natural intencional, mas impessoal. À medida que nos aproximamos do fim da nossa viagem, chegou a altura de abordar esta questão.

Nagel é atraído pelo tema da mente, e eu também. Talvez o aspeto mais impressionante do mundo exterior seja o facto de cada um de nós o vermos a partir do nosso próprio mundo interior. E não apenas isso: também somos participantes ativos no mundo exterior. Tal como os operadores de buldózeres a *diesel* movem a terra, também cada um de nós tem um lugar no interior a partir do qual vê o mundo exterior, ao mesmo tempo que atua para o mudar. Como é isto possível? É evidente que é, ou não estaríamos aqui a falar sobre isso. No entanto, uma vez ultrapassada a sua trivialidade, esta maravilhosa verdade deveria despertar em nós o espanto e a admiração.

As crianças, cuja visão simples da vida se revelou superior à interpretação adotada pela Royal Society de Londres e pela Academia Nacional de Ciências dos EUA, também têm uma visão simples da consciência, que começa a tomar forma na infância com jogos como o «cu-cu», onde pequenas mãos sobre pequenos olhos formam uma cortina que isola momentaneamente o mundo interior do mundo exterior. Com a cortina no lugar, a visão do interior é de escuridão e antecipação crescente. Depois, as mãos destapam os olhos e a antecipação é recompensada, sempre com gritos de aprovação. Através de inúmeros momentos de aprendizagem como este, as crianças constroem uma ligação entre o seu mundo interior e o mundo exterior, uma ligação muito mais profunda do que qualquer outra coisa que a tecnologia nos tenha proporcionado.

Uma exploração contínua aprofunda essa ligação. A criança começa a reconhecer que certos participantes especiais no mundo exterior (mãe, pai, irmã, irmão) também o estão a ver a partir de um mundo interior – o seu próprio mundo interior. No início, esta compreensão é imperfeita. A criança inicialmente julga que, ao tapar os olhos, está a fechar o mundo exterior a toda a gente. Mais tarde, aprende que os olhos da mãe são a janela para o seu mundo interior, tal como os seus olhos são a janela para o seu, e assim o modelo interno da realidade da criança é aperfeiçoado.

Com o aumento da compreensão interior, aumentam as expectativas exteriores, juntamente com as consequências do sucesso e do insucesso no cumprimento dessas expectativas. Aprendendo com ambos, a criança acaba por atingir a plena consciência de si própria, tomando decisões com a compreensão dos seus efeitos no mundo exterior, que esses efeitos serão observados por outras pessoas e que os observadores podem responder com as suas próprias decisões. Claro que, ao chegar a este discernimento da realidade, ninguém julga estar a fazer ciência ou filosofia. De facto, esta visão do senso comum parece-nos tão natural que poucos a questionam.

Pensadores, Pensamentos e Coisas

Quando refletimos um pouco sobre esta visão do senso comum, parece que ela divide os componentes da realidade em três categorias. Chamar-lhes-ei pensadores, pensamentos e coisas. O mundo exterior consiste inteiramente em coisas (galáxias, átomos, árvores, computadores, etc.), enquanto cada mundo interior consiste no espaço mental onde um pensador tem pensamentos. No final do capítulo 10, referi-me a este espaço pessoal como uma oficina, porque cada pessoa trabalha nele os seus próprios projetos de pensamento.

Esta visão suscita controvérsia quando a remetemos para a questão que iniciou a nossa viagem: qual é a fonte da qual tudo surgiu? De imediato, surge outra questão interessante. Se a realidade consiste atualmente em pensadores, pensamentos e coisas, qual destes três deve ser considerado primário, no sentido de ter sido a fonte dos outros dois? Como referi no início, os materialistas consideram que as coisas são primárias, enquanto os teístas consideram que os pensadores são primários – sobretudo o pensador divino a que chamamos Deus. Daí, a tensão.

A dificuldade dos materialistas sempre foi a de explicar como é que as coisas podem ser realmente primárias. Parece impossível que as coisas sejam mesmo a fonte de todas as coisas.

O aparelho de tecelagem da aranha é certamente uma coisa, mas por ser uma daquelas coisas especiais a que chamamos invenções concluímos que não pode ter tido uma origem acidental. Só um pensador poderia ter gerado a glândula produtora do fio de seda, e um pensador muito inteligente.

Até aqui, a nossa discussão centrou-se quase exclusivamente na falha fundamental do *materialismo*: a sua incapacidade para explicar as invenções. Nagel e muitos outros apontaram para outra falha, que por acaso é aquela para a qual as minhas próprias reflexões se voltaram durante os meus tempos de estudante universitário. Mais profundo do que a incapacidade de explicar a invenção, esta outra falha reside no facto de o *materialismo* ser categoricamente incapaz de explicar os pensadores ou os seus pensamentos. Enquanto estudante de ciências físicas, apercebi-me de que, por muito poderosas que sejam as descrições físicas e químicas da matéria nos seus próprios domínios, não conseguem descrever os aspetos mais importantes dos seres humanos. Uma das minhas notas, escritas à mão no quadro de avisos dos alunos que mencionei no capítulo 4, resumia o meu raciocínio da seguinte forma:

> *Os sistemas físicos são regidos por leis físicas. Com a nossa mente, somos capazes de controlar os nossos corpos físicos. As nossas mentes podem prevalecer sobre as leis físicas e são, portanto, não físicas. Aquilo que é limitado pelas leis físicas não pode dar origem a algo que tenha precedência sobre essas leis. Portanto, o homem não evoluiu a partir do físico.*

Por outras palavras, o problema, tal como eu o via, não era apenas o facto de a mente estar atualmente para lá da descrição física, mas sim o facto de a mente estar categoricamente acima do físico. As propriedades da matéria fazem com que todas as coisas comuns se comportem da maneira como se comportam, mas, de algum modo, nós estamos acima disso. Não somos coisas comuns. Dentro dos limites das nossas capacidades, fazemos tudo o que queremos fazer sem responder a qualquer equação.

Porém, apesar de, por um lado, sermos mestres do mundo físico, por outro, também somos escravos dele. Os nossos corpos são coisas físicas, sujeitos a necessidades físicas e vulneráveis a condições físicas. Sem comida, água e descanso, deixam de funcionar corretamente, desde logo seguidos pelas nossas mentes. De facto, as nossas mentes são particularmente sensíveis a certas influências materiais. O pensador mais ativo entre nós não consegue resistir a uma dose de propofol, um medicamento comum para induzir a anestesia geral. Assim, essas mentes que passam as suas horas de vigília a manipular a matéria ficam completamente inativas com uma pequena quantidade de matéria de um determinado tipo. A questão não é que estejamos inteiramente acima do mundo material, como se afirma de Deus, mas que ocupemos uma posição que desafie tão categoricamente a explicação material, que refuta a posição materialista muito para além da apresentada neste livro.

Um simples cenário hipotético deve convencer toda a gente deste facto. Imagine-se sentado num laboratório de imagiologia cerebral, rodeado de equipamentos complicados, alguns dos quais estão ligados a si por meio de sondas com fios, coladas ao seu couro cabeludo e à sua testa. Está plenamente consciente, não se sente minimamente alarmado com o que o rodeia e não precisa de ser sedado (algo apenas possível num cenário hipotético). Na verdade, está a conversar calmamente com um neurocientista, que está diante de si com a sua bata branca. Sentiu-se intimidado por ele quando foi escoltado até ao laboratório, mas a conversa tomou um rumo tão divertido que toda a intimidação desapareceu.

> *«Ainda estou a tentar perceber exatamente o que quer dizer quando fala em dois», diz ele com um pouco mais do que frustração.*
>
> *«Já lhe disse várias vezes o que quero dizer. Dois é o próximo número inteiro depois de um – mais um do que um.»*
>
> *«E que é mais um do que nenhum.»*
>
> *«Exatamente.»*
>
> *«Sim, sem dúvida, tudo isso soa muito bem, mas posso garantir-lhe que cada um dos seus pensamentos não é mais do que uma manifestação física desta massa de neurónios que se encontra dentro do seu crânio, e posso igualmente garantir-lhe que estou a gravar e a captar imagens de tudo o que aí se passa... equipamento muito caro, o mais recente. E, no entanto, sempre que lhe mostro algo neste ecrã que me parece muito promissor para miiim... vocêêê continua a insistir que não é nada disso que quer dizer com dooois. Podia ter ignorado isso se nos tivéssemos saído melhor com as outras palavras que experimentámos: círculo, triângulo, linha, redor, entre, amor, ódio, verdadeiro, falso, um e nenhum. Mas, tal como as coisas estão, começo a pensar que todo este exercício foi uma colossal perda de tempo... o meu tempo, claro. E não, de certeza que não quero saber o que entende por tempo!»*

Consegue ver o problema? O significado que atribuímos a estas palavras não se encontra em nenhuma parte do cérebro de uma pessoa, ou em qualquer outro local físico, aliás. Claro que algumas destas palavras podem descrever vários aspetos do cérebro, mas descrever uma coisa não é, de todo, o mesmo que ser indistinguível dela – idêntico a ela. Sim, «dois» é o número de hemisférios cerebrais, mas é também o número de luas marcianas, o número de faces de uma moeda, o número de prémios Nobel atribuídos a Fred Sanger e o número de sequelas de *Por Um Punhado de Dólares.* Numa visão mais abrangente, tudo isto são realidades pequenas e contingentes, enquanto o próprio «dois» se ergue acima delas como uma realidade permanente, universal e necessária.

Pelo menos, não consigo encontrar mais nada que faça sentido além deste ponto de vista. Dizer que uma afirmação é verdadeira é dizer algo significativo, precisamente porque a verdade é outra destas realidades necessárias. Se a verdade fosse algo menos do que isso – um processo físico num lóbulo do cérebro, ou uma substância que pudesse ser embalada em comprimidos de 50 miligramas, ou um objeto que pudesse ser fotografado –, então o elevado significado que atribuímos à verdade seria uma miragem e esta atividade que estamos a fazer neste momento, chamada raciocínio, desmoronar-se-ia instantaneamente num monte de disparates pretensiosos. Insistimos vigorosamente que certas afirmações são verdadeiras e outras falsas porque acreditamos que a distinção é muito mais profunda do que o capricho. Porém, se a verdade não fosse mais do que, por exemplo, um determinado padrão de disparos neuronais no lobo frontal, então insistir que preferimos a verdade à falsidade seria como insistir que instalamos o rolo de papel higiénico desta forma e não daquela. Muito barulho para nada.

De facto, é a nossa sanidade mental que está aqui em jogo. Se os significados que atribuímos a quase todas as palavras estiverem tão errados como o cientista no nosso cenário hipotético, então todas as frases proferidas ou escritas ao longo da história do pensamento humano foram profundamente mal interpretadas, e, ao pensarmos no contrário, mostramos que os nossos pensamentos são tão confusos como as nossas palavras. Na realidade, nem sequer poderíamos ter pensamentos. O reino conceptual é, afinal, onde pensamos que pensamos; por isso, se este reino não existe realmente na sua posição legítima acima do reino físico, então estamos muito iludidos.

No entanto, assim que rejeitamos a premissa materialista, vemos ironia em vez de insanidade. A realidade da verdade torna possível a razão, que em combinação com a observação física torna possível a ciência. Ninguém deve negar a importância da ciência, mas também ninguém deve negar a importância das realidades mais fundamentais que dão sentido à ciência. Ao fazerem isso, o *materialismo* e o *cientismo* invalidam a própria disciplina que procuram enaltecer.

No final, parece que as crianças têm novamente razão. O mundo interior é tão real como o exterior. A consciência e o livre-arbítrio não são ilusões, mas aspetos fundacionais da realidade, categoricamente distintos das coisas do mundo exterior. Seguindo o exemplo das crianças, se nos permitirmos ver o mundo exterior como uma expressão do pensamento criativo de Deus, tudo começa a fazer sentido. Longe de serem peculiaridades de fácil explicação, a consciência e o livre-arbítrio estão no centro de toda a realidade, assim como estão no centro de nós. Gostamos de pensar, criar e exprimir-nos porque fomos criados para isso por um Deus que nos rodeou de elaboradas provas de que gosta dessas mesmas atividades.

O Primado da Pessoalidade

Poderá, então, haver outra visão coerente da realidade? Neste ponto, considero a transparência de Thomas Nagel extremamente refrescante. Como mencionei no capítulo 1, ele quer que haja uma alternativa – uma visão completamente coerente da realidade em que Deus está ausente. Nunca senti esse desejo, mas consigo identificar-me com o subjacente «problema da autoridade cósmica» que Nagel descreve, pelo menos até certo ponto. Será que cada um de nós não quis ser a sua própria autoridade, sem ter de prestar contas a ninguém além de si próprio? Nesses momentos, nunca desejei que Deus deixasse de existir, mas indubitavelmente senti a Sua presença como algo de inconveniente, para dizê-lo de forma simpática. Considero tudo isto parte da condição humana e, sendo humano, sou totalmente compreensivo.

No entanto, embora admire a forma como Nagel pensa e concorde com grande parte do seu raciocínio, considero a sua posição ateísta fundamentalmente insustentável. Nagel afirma que «os nossos raciocínios morais e lógicos mais claros são objetivamente válidos»[1] e rejeita a visão materialista com base no facto de lhe faltarem sequer as categorias para tratar esses raciocínios como reais. Tendo dispensado desta forma a visão académica dominante, procura «alternativas que tornem a mente, o significado e o valor tão fundamentais como a matéria e o espaço-tempo numa explicação do que existe»[2]. Eu diria que são ainda mais fundamentais, mas de resto concordo com tudo, tal como a descrição mais completa que Nagel nos dá sobre o que devemos procurar:

> *A esperança não é descobrir um alicerce que torne o nosso conhecimento inabalavelmente seguro, mas encontrar uma forma de nos compreendermos a nós próprios que não seja radicalmente autodepreciativa e que não nos obrigue a negar o óbvio. O objetivo seria oferecer uma imagem plausível de como nos inserimos no mundo*[3].

Muito bem dito. E, no entanto, parece-me que a investigação cuidadosa de Nagel sobre as deficiências do *materialismo* mostra que a categoria em falta não é apenas o raciocínio moral ou lógico, mas algo consideravelmente maior.

Como referi no início do capítulo 10, Nagel procura uma versão do mundo natural que produza os constituintes da personalidade – consciência, razão e sentido moral – como parte do curso esperado dos acontecimentos. Por outras palavras, quer uma versão da natureza que, uma vez aceite, desmistifique o aparecimento de todas estas invenções notáveis que temos vindo a considerar ao longo da nossa viagem, incluindo as faculdades superiores dos seres humanos. Toda a gente vê a dificuldade de construir o que Nagel propõe, incluindo o próprio Nagel, mas não queremos descartar o projeto só porque parece difícil.

Vejo-me obrigado a rejeitá-lo por duas outras razões. Primeiro, quando tento imaginar uma forma de compreender o mundo que satisfaça as condições de Nagel, sou levado a pensar que o mistério que ele quer eliminar apenas pode ser deslocado. Os seres humanos poderiam ser o resultado esperado se esta imagem hipotética da natureza estivesse correta, mas isso apenas torna a imagem misteriosa. De todos os atributos que esta coisa impessoal a que chamamos natureza poderia ter, por que razão teria os extraordinários atributos necessários para produzir coisas tão espantosas?

A minha segunda razão é que penso honestamente que Nagel está a rejeitar o óbvio. O que é conspicuamente negligenciado no *materialismo*, e na esperada alternativa de Nagel ao *materialismo*, é a pessoalidade – não como algo derivado, mas como algo fundamental. De facto, se o objetivo é compreender como nos inserimos no mundo, então o tema do «nós» merece tanta atenção como o tema do mundo. O *materialismo* cometeu o erro flagrante de acrescentar o nós apenas no final, como uma reflexão tardia, e devemos agradecer a Nagel por ter apontado este facto com uma clareza admirável. Mas até ele tem uma noção do «nós» bastante truncada e fragmentada, penso eu.

Sabemos, pelo que já discutimos, que a causa a que devemos a nossa existência não pode ser acidental. Nagel concorda, mas para evitar um entendimento pessoal de propósito procura antes uma compreensão natural, em que «as coisas acontecem porque estão num caminho que conduz a certos resultados – nomeadamente, a existência de organismos vivos e, em última análise, conscientes»[4]. Assim, esta causa originou-nos como se estivéssemos destinados a isso, e, para fazê-lo, teria de possuir algo equivalente a um espantoso *insight*. Tudo isto é evidente. Acrescente-se o facto de que esta causa deve ter englobado as mesmas categorias que Nagel aborda – mente consciente, faculdades racionais e sentido moral – e, se eu estivesse no lugar dele, julgaria o perfil resultante como algo incomodamente pessoal.

De facto, como é que algo que não tem pessoalidade pode conhecer o caminho para a pessoalidade? Como é que algo pode ter a intenção de produzir pessoas sem primeiro compreender o que isso significa?

Se a solução óbvia para tudo isto é reconhecer a realidade de um Deus pessoal, porque é que ele se esforça tanto por não o reconhecer? Tendo já mergulhado os dedos dos pés nestas águas intrigantes da reconciliação dos nossos mundos interior e exterior, porque não mergulhar de cabeça? Em 128 páginas, Nagel desfez 150 anos de pensamento ocidental apenas por levar a sério alguns aspetos óbvios da humanidade. Porque não ir mais longe? Sim, somos pensadores conscientes com um sentido moral, mas isso não é uma descrição adequada. Somos também amigos e amantes e dadores e usurpadores e sonhadores e visionários e contadores de histórias e filósofos e defensores e suplicantes e simpatizantes e sacrificados e acusadores e indulgentes e guerreiros e pacificadores e cantores e escultores e pintores e músicos e poetas e adoradores e dançarinos e atores e comediantes e chefes de cozinha e enólogos e foliões e salvadores e curandeiros e planeadores e competidores e tomadores de riscos e caçadores de emoções e exploradores e construtores e criadores e líderes e seguidores e cobiçosos e arrependidos e evocadores e risonhos e chorões... e muito mais.

Por outras palavras, a esmagadora riqueza que o mundo exterior nos mostra é complementada por uma experiência interior igualmente rica – quase como se as duas coisas tivessem sido feitas para se complementarem.

O nosso copo transborda.

Mergulhar

Vamos parar por um momento à superfície antes de mergulharmos nas profundezas. Observe a figura 13.1, onde verá coisas que são imediatamente reconhecidas como objetos fabricados, mesmo que não façamos ideia do que são. De facto, são fabricados a partir de um material duro à base de sílica, semelhante à opala. Dir-lhe-ei também que cada um deles é suficientemente pequeno para caber na ponta de um fio de cabelo humano. Dito isto, penso que concordará que são objetos fabricados notáveis, exibindo tanto sofisticação tecnológica como elegância de forma (a figura 13.2 mostra alguns pormenores em grande plano). De onde vieram estes notáveis objetos fabricados? Estará talvez a imaginar uma instalação gigante de nanotecnologia em Silicon Valley? Se assim for, deve ficar surpreendido ao saber que, na verdade, se trata de invólucros exteriores de algas unicelulares chamadas diatomáceas. É verdade. As fábricas que produziram estas requintadas peças de arte tecnológica foram as células individuais das algas que nelas viviam!

Sarah Spaulding, uma ecologista do U.S. Geological Survey que identificou dezenas de espécies de diatomáceas, descreve o seu amor por elas como uma obsessão que começou com o seu primeiro vislumbre delas através de um microscópio. Nas suas palavras, «se ao menos outras pessoas pudessem ver as diatomáceas, acho que ficariam tão obcecadas como eu»[5]. Conheço essa sensação. O simples facto de ver imagens como estas desencadeou em mim uma paixão semelhante, quase como se estivesse a ver coisas de outro mundo – a requintada mestria de uma superinteligência alienígena. E quanto mais emocionante deve ser sabermos que somos o primeiro ser humano a ver e a descrever uma destas formas de vida extraordinárias!

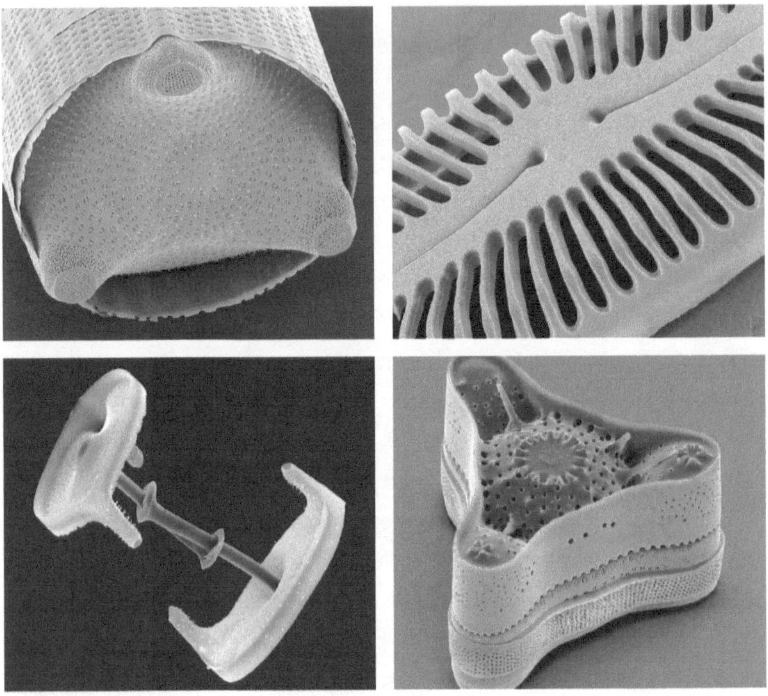

Figura 13.1 Uma pequena amostra de invólucros externos, chamados frústulos, que existem em cerca de 100.000 formas distintas.

Aqui fica um pensamento interessante: e se tivermos sido feitos para nos sentirmos entusiasmados com experiências deste género? Mais: e se estivéssemos destinados a saber isto? E se esta emoção – o nosso mundo interior a ficar extasiado com o nosso mundo exterior – fosse algo ainda mais profundo e pessoal do que uma mera descoberta? E se a ciência fosse como o *geocaching* sob o efeito de esteroides? O que faz com que encontrar uma *geocache* bem concebida seja tão agradável não é apenas a sensação de ter encontrado algo que era difícil de encontrar – embora isso faça parte –, mas a sensação de ter encontrado algo que simultaneamente estava destinado a ser descoberto e inteligentemente difícil de descobrir. Um garimpeiro na praia com um detetor de metais supera o *geocacher* em termos de ganhos monetários, mas o *geocacher* obtém algo muito mais valioso do que trocos e joias perdidas. O *geocacher* obtém uma ligação pessoal a outros, que não são vistos mas são tangivelmente sentidos e apreciados – mais um daqueles belos momentos em que uma pessoa usa o seu mundo interior para mover o mundo exterior de uma forma especial, com o objetivo expresso de sensibilizar outra pessoa.

Gritos de aprovação.

Talvez eu e você nunca tenhamos a oportunidade de recolher diatomáceas em águas remotas ou de as colocar sob o feixe de um poderoso microscópio eletrónico. Não há problema. Aproveite essas oportunidades raras quando elas surgirem, mas tenha a certeza de que estamos rodeados de oportunidades diárias para experimentar o tipo de alegria de que estou a falar. Quando era criança, lembro-me de ver fascinado as moscas domésticas nas suas rotinas, as formigas a marcharem ao longo dos seus trilhos invisíveis e os bichos-de-conta a enrolarem-se em bolas protetoras até o perigo passar, perguntando-me como é que criaturas tão pequenas podiam ser tão completas no seu comportamento animal. Por isso, aprenda com as crianças. Se o entusiasmo desaparecer, garanto-lhe que o problema não é que as maravilhas tenham acabado ou que a sua compreensão avançada as tenha esvaziado de todo o mistério.

Figura 13.2 Fotografias em grande plano que mostram a precisão requintada do trabalho artesanal dos frústulos. A ampliação é a mesma em ambas as imagens, com a barra branca a indicar um comprimento de dez milionésimos de metro, ou um centésimo de milímetro.

Não deixe que a Internet substitua a sua experiência de vida em primeira mão, mas deixe-a alargar a sua experiência. Ao ter mergulhado, olhe novamente para os peixes, por exemplo. Digo apenas que olhe para eles, sem tentar percebê-los ou classificá-los. Pensando melhor, classifique-os, mas mais como um espectador de cinema do que como um ictiólogo, e deixe que o exercício o leve a interrogar-se: como é que nos encontramos num planeta onde as grandes categorias emotivas do cinema, da história e do palco são tão bem representadas por peixes? Gosta de fantasia? Observe o peixe-escorpião-de-merlet ou o peixe-mandarim. Está mais inclinado para o drama ou o romance? Nisso, não há melhor do que o conhecido peixe-lutador-siamês. E que tal a comédia? Os meus favoritos são o peixe-cabeça-de-franja e o peixe-morcego-de-boca-vermelha, embora as opções sejam numerosas. Terror? Também aqui há muitas possibilidades. As minhas escolhas seriam o mira-sol-gigante e o peixe-ogro. E, claro, já considerámos o poderoso salmão como o mestre da tragédia épica.

O que se passa aqui? Porquê esta forte ressonância entre a aparência física dos peixes e a nossa própria constituição emocional? E porque é isto tão típico da vida? Não podemos deixar de notar que não só a vida se apresenta numa variedade espantosa de formas, mas inclusive que muitas dessas formas nos tocam profundamente, como se estivessem destinadas a fazer isso mesmo. Por isso, para nós, concluir apenas que cada forma de vida distinta teve de ser inventada seria como apreender algo com a cabeça, mas perder algo maior com o coração. Na vida, temos a prova não só de que existe um grande Inventor, mas, mais significativamente, de que existe um grande Criador – alguém que investiu não só intelectualmente, mas também emocionalmente, tal como nós investimos nas nossas criações.

Conclusão

Desta forma, o primeiro mundo não parece ser o mundo de meros pensadores, mas o mundo das pessoas, completo com pessoalidade e personalidades. Este é certamente o mundo mais rico, não apenas comparativamente, mas categoricamente, o que torna absurda qualquer ideia de que um mundo menor criou este mundo maior.

Quando consideramos que esta é a imagem mais correta da realidade, as conclusões a que chegámos tornam-se ainda mais poderosas. Decidimos que o *insight* e a intenção são ingredientes essenciais para a invenção e, desta forma, distinguimos o intencional do acidental, sentindo simultaneamente que esta distinção tem um significado profundo. Agora, vemos quão profunda ela é. Os inventores não são apenas inventores, mas criadores, e os criadores não são apenas criadores, mas pessoas. E, por muito que os materialistas insistam em que uma pessoa não é mais do que um arranjo especial de ingredientes da tabela periódica, sabemos agora com absoluta certeza que isso não é possível. O nosso próprio pensamento não pode ser reduzido a qualquer processo físico, porque colapsa no momento em que supomos o contrário. Somos pessoas, habitantes do mais rico de todos os mundos, e este abundante mundo de pessoalidade no qual habitamos teve de advir de uma fonte onde as riquezas deste género são bem conhecidas.

Temos então a nossa resposta, e podemos agradecer às crianças por a terem declarado. A fonte de onde tudo o resto veio não é um quê, mas um quem. Dos milhões de espécies que participam nesta notável aventura chamada vida, apenas a nossa foi dotada da capacidade de compreender esta verdade crucial. Temos essa capacidade e praticamo-la, desde tenra idade. Talvez devêssemos também compreendê-la e, tendo-a compreendido, agarrarmo-nos a ela. Talvez devêssemos prestar menos atenção às tensões internas que nos afastam desta verdade e mais à própria verdade. Afinal, esta verdade tem todas as aparências de ser boa, pelo que a nossa resistência a ela não tem razão de ser. Se a pessoalidade está no centro da realidade, e se a ressonância entre nós e o nosso Criador é, como vimos, tão profunda, então a amizade com Ele não pode estar longe.

Quem sabe? Ele pode até compreender o nosso problema de uma autoridade cósmica.

CAPÍTULO 14

A NOVA ESCOLA

Perto do final de uma viagem bem-sucedida, a sua reflexão é algo de valioso. Recordando o nosso início, observamos que começámos com algo muito ténue. Não tínhamos nada a não ser a questão, não resolvida, de onde viemos, e a determinação de seguir a verdade até à resposta. O problema não era o facto de não termos resposta, mas sim termos duas respostas que se contradiziam. Na nossa infância, ou desde então, a nossa *intuição de design* assegurou-nos que a vida só podia ser obra de Deus, ou de alguém como Ele. No entanto, por muito universal que seja esta intuição, ela é quase universalmente contrariada pelos especialistas técnicos da vida. Nenhum de nós foi capaz de apagar a intuição, mas muitos de nós lutaram para a defender contra esta oposição profissional – ou mesmo para saber se deve ser defendida.

Ganhando coragem, partimos para descobrir se esta humilde intuição podia ser algo mais do que parecia à primeira vista. Na nossa experiência, tudo nos dizia que tinha de ser assim. Algumas coisas são realmente demasiado boas para acontecerem por acaso, e se a experiência afirma este princípio, mesmo para coisas comuns como tijolos e sapatos, como é que coisas complexas e refinadas como aranhas e orcas podem ser exceções?

Tendo agora acrescentado à nossa experiência esta viagem que estamos perto de concluir, vemos que, longe de serem exceções, os seres vivos são os exemplos mais marcantes deste princípio: nenhuma função de alto nível é alguma vez realizada sem que alguém pense numa disposição especial de coisas e circunstâncias para esse mesmo fim e depois transforme esses pensamentos em ação. A marca distintiva de todas estas disposições especiais é a coerência funcional de alto nível, que sabemos agora que apenas é obtida através do *insight*... e nunca por coincidência.

Esta justificação da nossa *intuição de design* foi uma das maiores realizações ao longo do nosso percurso, mas houve outras. Ao lembrarmo-nos de como os cientistas são humanos, aprendemos a deixar de lado a versão utópica da ciência, que nunca se comportou como ciência verdadeira. Da mesma forma, juntamente com a afirmação da nossa *intuição de design*, apercebemo-nos de que o pensamento científico faz parte daquilo que todos nós fazemos naturalmente. A comunidade de cientistas profissionais acerta em algumas coisas e erra noutras, tal como qualquer outra comunidade. Todos os seres humanos são cientistas e todos os cientistas são humanos.

A coroar estas realizações está a pesada constatação de que a grande Causa de tudo se revela claramente não como uma força impessoal, mas como um Deus muito pessoal. Até isto se encaixa na *intuição universal de design*. A criação apenas se concretiza a partir do que existe, e a pessoalidade, tão fundamental para a nossa existência, deve portanto ter vindo de alguém que já possui essa qualidade. As pessoas só podem ter vindo de um Deus pessoal.

Tínhamos a resposta certa para a nossa grande questão na nossa infância, apesar de, para muitos de nós, ela ter ficado perdida algures entre esse passado e o presente. Felizmente, o que estava perdido foi agora encontrado: devemos a nossa existência a um Deus pessoal que compreende a nossa existência. Nunca estivemos sós.

Nada do que eu disser nas próximas páginas será tão importante como a redescoberta desta verdade, pelo que nem sequer tentarei fazê-lo. Espero, em vez disso, ajudá-lo a começar a refletir sobre a amplitude da sua importância. Quando disse no início que o que somos tem tudo que ver com a forma como devemos viver, não o quis dizer num sentido moralista. É certo que a mensagem niilista que David Barash prega aos seus alunos é falsa, mas, como começámos a ver, a presença de Deus e a profunda ligação que temos com Ele através da pessoalidade têm implicações muito mais excitantes do que a realidade do certo e do errado.

Para podermos apreciar esta ligação, quero terminar oferecendo um vislumbre de quão excitante seria a transformação da biologia se fosse implementada uma verdadeira compreensão da sua posição no panorama geral. E, se a biologia pode ser transformada desta forma, porque não também outras atividades? Reivindicar estes prémios exigirá um trabalho árduo, mas nas poucas páginas que me restam espero, pelo menos, convencê-lo de que este tipo de prémios revolucionários estão realmente algures à espera de ser reivindicados, valendo bem a pena o trabalho que isso exigirá.

Começaremos por pensar não na biologia, mas noutro domínio – um domínio que, ainda não há muito tempo, irrompia com o entusiasmo da novidade.

A Mente sobre a Matéria

Em meados da década de 1930, os fundamentos de toda uma disciplina tomaram forma na mente de um jovem inglês chamado Alan Turing. As máquinas de calcular tinham sido concebidas e construídas anteriormente, mas a invenção de Turing era completamente diferente e melhor. Onde outros tinham inventado coisas interessantes, ele inventou a ideia interessante que, subitamente, conjugou tudo. A sua máquina conceptual, imortalizada como «máquina de Turing», tornou-se o modelo que define as máquinas de calcular programáveis que conhecemos como computadores (figura 14.1).

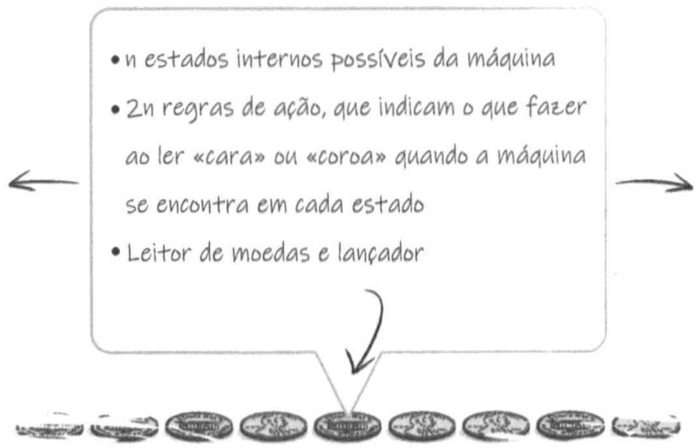

Figura 14.1 Uma máquina de Turing (conceptual) que calcula invertendo moedas dispostas numa longa fila. Qualquer coisa que possa ser trocada entre dois estados físicos distinguíveis pode ser usada em vez de moedas, e é por isso que pensamos na computação em termos de símbolos (zeros e uns) em vez de estados físicos. A partir de um estado inicial de arranque, a máquina «lê» a moeda sob o ponteiro e depois faz o que a regra de ação correspondente diz. As ações podem incluir a inversão dessa moeda e/ou a alteração do estado interno antes de passar à moeda seguinte, para a esquerda ou para a direita, conforme especificado pela regra. Essencialmente, a fila de moedas funciona como memória

para entrada e saída, e para efetuar o cálculo. A máquina é como a CPU de um computador moderno; tem uma arquitetura fixa que pode ser colocada em qualquer um de um grande número de estados internos temporários, após o que se move automaticamente de estado para estado aplicando a todo o estado as suas regras de ação incorporadas (incluindo o estado da moeda que está a ser lida). Embora a grande maioria das máquinas de Turing possíveis não faça nada de interessante, um subconjunto especial conhecido como máquinas de Turing universais é capaz de efetuar qualquer computação algorítmica, desde que sejam «programadas» com uma fila de moedas que detêm a informação necessária, juntamente com moedas adicionais suficientes para uma memória de trabalho adequada. Como todas as invenções interessantes, as máquinas de Turing universais requerem uma coerência funcional extensa, o que as torna fantasticamente raras no imenso espaço de máquinas de Turing possíveis[1].

Turing acertou no alvo de forma tão perfeita que tudo o resto, incluindo grande parte do nosso conhecimento comum sobre computadores, acaba por ser fortuito. Pensamos nos computadores como dispositivos eletrónicos com teclados e ecrãs no exterior e *chips* de silício no interior porque, na nossa experiência, é isso que eles são. Mas estes objetos familiares são apenas uma maneira de dar forma física a uma máquina de Turing. Na realidade, muito antes de Turing ter nascido, Charles Babbage concebeu máquinas de computação digital com engrenagens e cilindros rotativos. Tais coisas há muito que foram esquecidas, mas o interesse por modos de computação que nada têm que ver com *chips* de silício continua vivo. Conjugando e dando sentido a tudo, Turing, de forma perspicaz, compreendeu os elementos essenciais comuns a todas as formas de computação digital.

Nas últimas décadas, tornámo-nos dependentes da computação baseada em *chips*, mas sempre dependemos mais diretamente de outro tipo de computação, a que ocorre dentro dos nossos cérebros. Não estou a referir-me ao cálculo mental, mas sim aos processos físicos levados a cabo pela massa cinzenta dentro dos nossos crânios. Por exemplo, para que a luz que entra nos nossos olhos seja traduzida numa cena visual consciente, tem primeiro de ser processada por uma rede extraordinariamente sofisticada de neurónios no lobo occipital, na parte de trás da cabeça. Poderíamos supor que os segredos deste processamento de sinais já foram revelados pela investigação moderna do cérebro, mas a verdade é que os pormenores permanecem completamente misteriosos. «No sentido mais profundo, não sabemos como é que a informação é processada, armazenada ou recordada» no cérebro, disseram os especialistas num seminário recente sobre o funcionamento do cérebro[2].

A espantosa complexidade da estrutura do cérebro, com os seus cem biliões de ligações neuronais, é certamente uma das razões para o lento progresso, mas tenho de pensar que os falsos preconceitos são outra. O *materialismo*, em particular, tem limitado o pensamento no âmbito da ciência do cérebro de forma tão severa como o fez noutras áreas. Até o título daquele seminário – «*From Molecules to Minds*» [«Das moléculas às mentes»] – é uma proclamação do ponto de vista de que os processos mentais se baseiam em processos moleculares.

Muitos especialistas de renome não se deixam enganar. Por exemplo, Jeffrey Schwartz, um cientista do Departamento de Psiquiatria da Faculdade de Medicina da UCLA, escreveu um livro – *The Mind and the Brain* [«A Mente e o Cérebro»] – que «desafia a ideia de que somos meramente autómatos biologicamente programados e prova que temos o poder [mental] de moldar os nossos cérebros»[3]. Pessoas como Schwartz fazem-me pensar que é possível remover a visão materialista da sua indevida posição de autoridade.

Ao mesmo tempo, consigo perceber como as pessoas se deixam enredar pela visão materialista da mente. Mesmo quando a tecnologia informática estava a dar os primeiros passos, a ideia de que os computadores eram «máquinas pensantes» tinha um certo apelo sedutor. Parecem de facto pensar, pelo menos no sentido de chegarem a respostas que nós só chegamos depois de muito pensar. Ora, uma vez que os cérebros são coisas físicas, será que também duvidamos de que são coisas pensantes, tornando o pensamento mais sofisticado e menos mecânico do que a computação, mas não menos físico?

Por muito plausível que isto possa parecer quando abordado deste ângulo, o cenário hipotético do capítulo anterior expõe a falácia subjacente. A verdade é que fundamentamos conscientemente os nossos pensamentos em realidades conceptuais e não em realidades físicas. Assim, afirmar que a realidade subjacente ao nosso processo de pensamento é física é afirmar que o que está realmente a acontecer quando pensamos é profundamente diferente do que pensamos que está a acontecer quando pensamos. Uma vez que o domínio conceptual é onde o pensamento tem de ocorrer, se é que tem de ocorrer, a proposição de que este domínio não é fundamentalmente real obrigar-nos-ia, se fosse levada a sério, a abandonar a razão como uma busca sem esperança.

Felizmente, temos uma alternativa muito mais satisfatória. Quando aceitamos a realidade fundamental do domínio conceptual, vemos que, afinal, os computadores de facto não pensam. Tal como os abre-latas, as ratoeiras e os robôs de limpeza de piscinas, dão a impressão de saberem o que estão a fazer apenas porque os seus inventores, que sabiam realmente o que estavam a fazer, imprimiram uma inteligência genuína aos seus projetos. Como vimos no capítulo 9, as estruturas hierárquicas destas invenções revelam o pensamento dos seus inventores e, longe de serem exceções a este princípio, os computadores e as suas aplicações são exemplos notáveis disso mesmo.

Porém, o cérebro humano é diferente. Sendo o componente mais notável do corpo humano, é sem dúvida a invenção física mais notável que alguma vez existiu. Mais espetacular ainda, o cérebro é a única invenção física que serve de interface entre os mundos físico e conceptual.

Reserve um momento para deixar que o significado deste facto lhe cause arrepios na espinha: este Universo tem, no seu vasto turbilhão de elementos dispersos, um número fixo de pontos de ligação entre o imenso reino das coisas e o reino infinito dos pensamentos. Você sabe disso porque um desses pontos de ligação está em atividade neste momento, dentro do seu crânio, permitindo-lhe reconstruir pensamentos a partir de símbolos físicos no papel ou num ecrã eletrónico.

Em termos puramente materiais, estes pontos de ligação não são nada, já que são largamente ultrapassados em número, peso e energia pelas estrelas da nossa galáxia, que é apenas uma entre cem mil milhões* de galáxias. Mas essa avaliação inverte-se no momento em que tomamos em consideração toda a realidade. A relevância não se mede em quilogramas ou anos-luz porque, tal como a verdade, pertence ao domínio das ideias.

Portanto, a relevância é avaliada apenas por aqueles que são capazes de avaliar ideias. Quando reconhecemos isto, torna-se evidente a profunda importância destes locais especiais no nosso Universo. Estes pontos de ligação são os lugares – os únicos

* Os últimos dados apontam para a existência de dois biliões de galáxias. (N. do E.)

lugares – onde o mundo dos átomos e o mundo das ideias dão as mãos. O poeta encontra a musa. O escultor toca a pedra. A melodia encontra as cordas. As ideias fluem para o papel. A sede é saciada. A solidão termina.

Absolutamente tudo o que é de grande importância no nosso Universo está a acontecer nestes pontos especiais, e é por isso que nomeamos e acarinhamos o possuidor de cada um deles – e porque celebramos os seus nascimentos e lamentamos a sua morte. Se as galáxias fossem capazes de compreender o significado do Universo, a sua atenção estaria fixada num pequeno planeta que circula uma estrela vulgar situada num pequeno braço de uma galáxia em espiral, que, de resto, é completamente vulgar. O que está presente nesse pequeno planeta torna esta galáxia em particular – batizada de Via Láctea – absolutamente extraordinária.

Dois Caminhos

Eis agora uma constatação frugal, seguida de uma entusiasmante. Se o *materialismo* continuar a dominar as ciências, então a investigação sobre o cérebro continuará a ser conduzida pela busca de algo irreal, nomeadamente a base molecular da mente. Nesse caso, teremos perdido uma enorme oportunidade de aprender sobre o que é real. É claro que, à medida que continuamos a percorrer este velho caminho, serão descobertos e catalogados inúmeros factos e pormenores físicos, mas o significado total desses factos não pode ser compreendido enquanto estivermos a trabalhar sob um falso entendimento do que é um cérebro. Por outro lado, se as palas pudessem de alguma forma ser removidas, e toda esta caravana de esforços fosse redirecionada para um novo caminho – que começa com verdades simples sobre a vida e as complementa com as verdades técnicas –, seria possível vermos enormes avanços num curto espaço de tempo? E inclusive descobrir que os factos que já foram catalogados totalizam algo muito maior e mais coerente quando são interpretados pela perspetiva correta? A possibilidade é intrigante (figura 14.2).

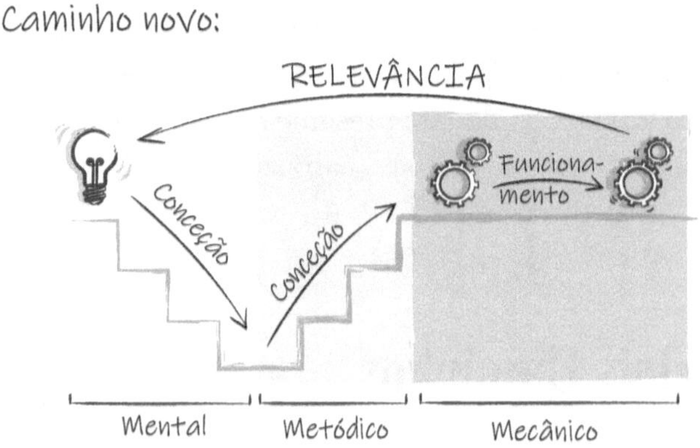

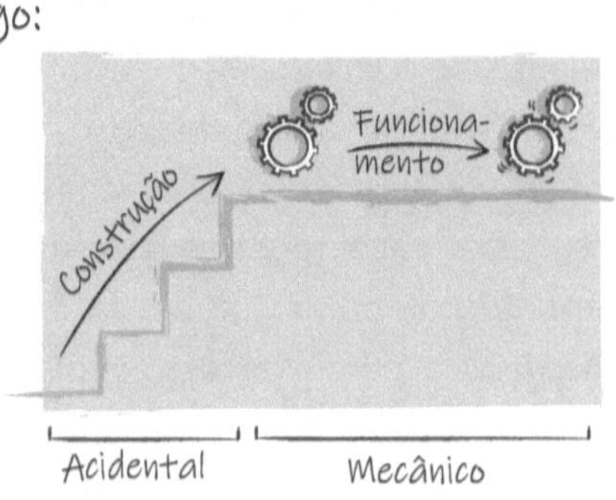

Figura 14.2 Interpretações dos caminhos novo e antigo da figura 9.1. Ao negar todos os aspetos conceptuais da invenção biológica, o ponto de vista materialista corta a consideração da relevância de uma invenção. Com a relevância excluída, e com ela a finalidade, não há muito a dizer sobre uma invenção além do seu funcionamento e dos efeitos que tem.

E o resto da biologia? Afinal, o velho caminho materialista tem muitas ramificações nas quais se estudam aspetos específicos da vida. Se imaginarmos o novo caminho, com alguma distância, vemos ramificações semelhantes. Sinais rotulados de Cianobactérias, Diatomáceas, Proteínas e milhares de outros assuntos estão alinhados em ambos os caminhos principais. Os cientistas que abordam o seu trabalho a partir de qualquer um destes caminhos estariam a fazer muitas das mesmas perguntas e a usar grande parte dos mesmos métodos para responder a essas perguntas. A busca de novas espécies de diatomáceas e os métodos de visualização dos seus intrincados invólucros exteriores, por exemplo, seriam idênticos nas duas comunidades. E, no entanto, prevemos grandes diferenças nos caminhos rotulados de Função Mental.

O que explica as principais diferenças?

Por um lado, os biólogos que percorreram o caminho materialista para as suas especializações nunca perguntam porque é que as coisas são como são, pelo menos no sentido mais profundo da palavra. Se a diatomácea, a orca e o ser humano não são mais do que folhas à deriva na água, dispersas por correntes flutuantes a partir de um ponto de partida comum, então as questões sobre propósito não têm cabimento. Podemos falar sobre como esta folha veio parar aqui e aquela ali, mas, uma vez que as questões do «como» geralmente retiram a sua relevância das questões do «porquê», esta não é uma linha de investigação particularmente inspiradora. A acrescentar à monotonia, as respostas darwinistas à questão do «como» começam todas a soar bastante semelhantes depois de ouvirmos algumas delas. Pelo que consigo perceber, a única razão para haver entusiasmo no caminho rotulado de Evolução é que ninguém consegue realmente ver a vida desta forma enfadonha. A vida é tão cativante que se torna o tempero de um prato que, de outra forma, seria deprimente e insonso.

Vinho à Borla

Esta profunda desconexão entre a compreensão darwinista da vida e a verdadeira compreensão merece mais atenção do que aquela que lhe posso oferecer aqui. Recordo-me dos anúncios patrocinados por Dawkins que apareceram nas laterais dos autocarros de Londres, declarando em cores vivas: «Provavelmente, Deus não existe. Agora, pare de se preocupar e aproveite a sua vida» (figura 14.3). Uma lógica interessante. Você é um subproduto insignificante do lodo percolado de algum lago antigo, que em breve regressará à química inerte que arrotou os seus antepassados; por isso... aproveite a sua vida! Por muito estranho que este conselho pareça às pessoas que não veem as coisas da mesma forma que Dawkins, começa a fazer sentido se fingirmos que desfrutar das coisas boas não implica a obrigação de apreciar a sua origem. Para a maioria de nós, há muito para desfrutar na vida e, além disso, esta recompensa é tão familiar que muitos a tomam como garantida. Tendo feito exatamente isso, os ateus de Dawkins sentem-se livres para acompanhar este vinho gostoso com qualquer prato de explicações que achem mais conveniente, por mais grotesca que a incompatibilidade entre os dois possa ser. Eu e você podemos sentir repulsa pela comida naqueles pratos, tendo chegado à conclusão de que ela rouba à vida toda a esperança e significado, mas isso é apenas porque levamos estas implicações muito mais a sério do que eles. Para eles, o prato é apenas uma desculpa para continuarem a encher-se de vinho.

Tenho muito mais respeito pela versão do ateísmo de Nagel, em que se reconhece o desejo de beber o vinho nos seus próprios termos, mas não sem a reconhecida obrigação de viver da comida do seu próprio prato. Levar esta obrigação a sério é simultaneamente admirável e admiravelmente arriscada – no final, pode não haver um prato que justifique beber o vinho nos seus próprios termos.

Figura 14.3 Richard Dawkins posando com a criadora do anúncio, Ariane Sherine, em frente a um dos autocarros londrinos com a mensagem «tranquilizadora e alegre».

Penso que a situação na biologia é paralela à desconexão de Dawkins. Todos os biólogos estão impressionados com a vida. Se não estivessem, não se teriam dedicado a estudá-la. O problema é que o esplendor da vida é tão óbvio que eles tendem a tomá-lo como garantido, empurrando-o para segundo plano para dar lugar à sua teorização académica. Mas, em vez de seguirem as implicações das suas teorias até à sua lógica final, os biólogos compartimentam-nas. Sim, as orcas são o produto de forças materiais cegas que não tinham capacidade para as conceber, e sim, elas deixam-nos sem fôlego sempre que as vemos. Não importa como estas duas afirmações se encaixam. Apenas finja que elas se encaixam. A vida não tem sentido. Não é bonito?

Duas Escolas

Apenas um número muito reduzido de investigadores tem a oportunidade de contrariar essa visão desarticulada, estudando sem reservas a vida como algo claramente e inteligentemente concebido. Eu sou um deles, e posso contar os outros pelos dedos das minhas mãos[4]. Há mais cientistas que gostariam de ter essa oportunidade, algo evidenciado pelos artigos que passam ocasionalmente pelo sistema de policiamento de uma estabelecida revista científica. Um exemplo recente é a descrição da arquitetura da mão humana como sendo «o desenho adequado do Criador para realizar uma multiplicidade de tarefas diárias de uma forma confortável»[5]. Este tipo de infrações faz quase sempre aparecer os que protestam, o que quase sempre conduz a uma repreensão. Cada um tem de decidir por si próprio o que pode fazer à sombra da bandeira materialista, sabendo que, se pressionar demasiado, pode perder até as pequenas oportunidades que já teve.

Histórias de casos reais confirmam-no, vezes sem conta. Dois meses depois de este artigo sobre a mão humana ter sido publicado, foi retirado – não pelos autores, mas pela revista (*PLoS One*), e não por qualquer erro técnico que pudesse ser descrito, mas devido a «preocupações com a fundamentação científica, a apresentação e a linguagem»[6]. Isto parece-se muito com a linguagem vaga do preconceito. Consistente com isso, a retração menciona apenas uma objeção específica: «Após a publicação, os leitores mostraram-se preocupados com a linguagem do artigo que faz referências a um "Criador"»[7]. Evidentemente que a *PLoS One* marcha sempre que se apita uma ordem.

Ora, se houvesse uma regra bem conhecida e consistentemente aplicada que proibisse referências à divindade em artigos científicos, então suponho que ações deste tipo seriam desculpáveis. Em vez disso, existe um duplo critério evidente. Há uma década, 17 páginas da revista *Gene* foram dedicadas a um discurso contra o *Design Inteligente* que tinha muito para dizer sobre Deus – tudo negativo, claro. Nas páginas desta revista estabelecida, Emile Zuckerkandl foi autorizado a dizer o que pensava sem interferência da polícia do pensamento. «Cronos é um Deus que não pode ser negado por nenhum outro Deus. Nem o foi pelo Deus dos judeus... nenhum Deus pode ser todo-poderoso»[8]. Dez anos depois, este comentário ainda não foi retirado. Talvez ninguém se tenha mostrado preocupado.

Suponho que poderia ter transformado este livro num protesto sustentado contra a cultura que dá origem a toda esta injustiça. Mas não foi esse o livro que senti que tinha de escrever. Em vez disso, o meu objetivo tem sido mostrar-lhe que existe uma visão muito mais convincente da vida do que a visão materialista e que essa visão convincente também é inata –

conhecida por nós desde a infância e teimosamente persistente depois disso, de tal forma que negá-la requer um esforço sustentado. Para atingir o meu objetivo, concentrei-me primeiro na vida em geral e depois na humanidade em particular, esperando que, quando virem como são duradouras as verdades simples sobre toda a vida e sobre a vida humana, as pessoas se sintam inspiradas a procurar as verdades adicionais de que precisamos para uma compreensão adequada da realidade. Por outras palavras, espero ter iniciado o processo de investigação, e não tê-lo concluído.

No que diz respeito à vida em geral, a participação generalizada nesta busca contínua daria uma nova vitalidade ao estudo da vida. Em primeiro lugar, as questões do «porquê» que não têm lugar no velho caminho tornam-se o núcleo intelectual do novo caminho. No entanto, até que este caminho se torne mais povoado, será necessária alguma imaginação para ter uma imagem da forma como as coisas poderiam ser. Uma maneira de ter uma ideia de um novo caminho na biologia é comparar uma disciplina de engenharia, em que os porquês são um elemento básico, com uma versão imaginária do caminho antigo. Para isso, imagine que toda a humanidade ficou subitamente a sofrer de uma forma altamente seletiva de amnésia que apagou todo o conhecimento sobre computadores. Para completar este hipotético desastre, suponha que todo o conhecimento documentado sobre computadores desapareceu… tudo, desde páginas da Internet a livros escolares e vídeos. Há um momento, os humanos tinham uma compreensão profunda dos computadores, mas agora encontramo-nos num estado de ignorância, maravilhados com estas máquinas complexas e a questionarmos a forma como funcionam.

À medida que um número cada vez maior de pessoas com conhecimentos técnicos começa a examinar estes misteriosos dispositivos eletrónicos, começam a surgir duas escolas de pensamento. A velha escola (no caminho antigo) adota o ponto de vista de que os computadores surgiram de forma acidental, através de uma convergência feliz mas não intencional de circunstâncias, enquanto a nova escola apela à *intuição universal de design*, argumentando que, como os computadores apresentam todas as características das invenções, devem ter sido inventados. Os estudantes de ambas as escolas passam inicialmente o seu tempo a observar o que os computadores fazem antes de passarem à experimentação, na qual tentam compreender de que forma os vários componentes lhes permitem fazer o que fazem.

É aqui que começamos a ver as diferentes escolas a conduzir os seus alunos em duas direções muito diferentes. Aqueles que se encontram num laboratório de informática da velha escola veem-se rodeados de ecrãs empoeirados e computadores meio dissecados, com etiquetas gastas indicando as partes principais. O lugar de honra na frente da sala é dado a uma exposição impressionante: uma coleção de *microchips* dispostos de acordo com o seu número de pernes, cada um cuidadosamente empalado num alfinete e identificado por um nome latino escrito à mão. Trabalhando em pares, os jovens cientistas informáticos arrancam pequenas peças das placas dos «computadores mortos», desenhando-as cuidadosamente nos seus cadernos de laboratório, sabendo que terão de memorizar os nomes técnicos e a localização de cada uma delas para o teste de sexta-feira. Como seria de esperar, as grandes universidades de investigação estão ocupadas com algo muito mais avançado. São utilizadas imagens térmicas para ver, em tempo real, a quantidade de calor que as várias partes do computador produzem e de que forma isso depende da aplicação que está a ser executada. Estes ilustres cientistas podem até ler os zeros e uns de um disco rígido e testar os efeitos da mudança de zero para um, ou vice-versa. Tudo muito avançado.

No entanto, o que escapa a todos estes cientistas informáticos da velha escola, apesar do seu trabalho árduo, é a grande questão de saber o que é um computador. Saber de que é feito um computador e que tipo de coisas pode fazer é uma coisa. Saber o que é é outra. O primeiro conhecimento tem algum valor, mas esse valor será gravemente limitado sem o segundo. Se o jovem Alan Turing tivesse sido criado neste mundo imaginário, muito se teria perdido. A todos os pensadores é dado um contexto no qual pensar, e quando parte desse contexto é o pressuposto inquestionável de que as coisas que estão a ser estudadas foram causadas apenas por outras coisas, então as ideias que podem ter sido a verdadeira causa estão destinadas a ser ignoradas.

Este tipo de miopia começa com uma falta de convicção. Quando abandonamos a nossa *intuição de design*, perdemos o alarme mais potente, aquele que nos avisa que tomámos pelo caminho errado. Tendo silenciado esse alarme, os que trabalham no caminho antigo podem continuar durante várias gerações, assegurando-se da sua produtividade ao apontarem para o crescimento contínuo do conhecimento, sem nunca pararem para contemplar a distinção entre conhecimento e compreensão. Ironicamente, a perspetiva inadequada da velha escola perpetua o seu próprio trabalho ao garantir que o objetivo do conhecimento completo nunca será alcançado.

O velho caminho não tem um fim.

Vislumbrando a Novidade

Tenho a forte sensação de que o novo caminho também não tem um fim, mas aqui a falta de um fim é algo muito positivo. Presentemente, vemos indícios de um novo caminho, como se ocasionalmente um cientista escolhesse um desvio secundário e se afastasse tanto do velho caminho que, talvez sem se aperceber, se aproximasse do novo caminho. Estou a pensar num físico de Princeton, William Bialek, que dirige uma equipa de investigação que mede o grau de desempenho de várias funções biológicas em relação ao elevado padrão de perfeição física. Diz ele:

> *Surpreendentemente, quando fazemos isto (e não há muitos casos em que tenha sido feito!), o desempenho dos sistemas biológicos aproxima-se frequentemente de alguns limites estabelecidos por princípios físicos básicos. Embora seja popular ver os mecanismos biológicos como um registo histórico de compromissos evolutivos e de desenvolvimento, estas observações sobre o desempenho funcional apontam para uma visão muito diferente da vida, que selecionou um conjunto de mecanismos quase perfeitos para as suas tarefas mais cruciais. A ideia de um desempenho próximo dos limites físicos atravessa muitos níveis da organização biológica, desde as moléculas individuais às células, passando pela perceção e pela aprendizagem no cérebro, e eu tentei contribuir para toda esta gama de problemas*[9].

Por outras palavras, em situações de *design* em que os engenheiros humanos, se conseguissem, gostariam de ultrapassar os limites da possibilidade física, descobrimos frequentemente que os sistemas biológicos funcionam nesses limites ou próximo deles.

Existe mais subtileza nesta afirmação para além do que consigo desenvolver em poucas palavras, e alguns podem sentir-se inclinados a rejeitá-la por essa mesma razão. Para compreender plenamente a questão, temos de analisar profundamente as restrições e os objetivos reais do *design*. Por exemplo, as pernas das gazelas não as impulsionam a velocidades que as aproximam da velocidade da luz (o limite absoluto da velocidade física), mas os engenheiros humanos também não se propuseram fabricar um veículo todo-o-terreno que se movesse perto dessa velocidade. Por outro lado, os olhos dos gatos aproximam-se do limite físico da sensibilidade a um único fotão, as antenas de certas traças macho atingem a sensibilidade de uma única molécula às feromonas sexuais e certas enzimas aproximam-se do limite físico da proficiência, processando as suas moléculas reagentes tão rapidamente quanto a difusão as consegue transportar. Para qualquer pessoa que aprecie os desafios de *design*, a longa lista de factos, do tipo «acredite ou não», provenientes da biologia é verdadeiramente espantosa.

Uma vez que todos estes factos foram obtidos na velha escola, firmemente implantada no velho caminho, pode estar a questionar-se sobre a vantagem de deslocar a biologia para uma nova escola no caminho novo. Neste ponto, regresso ao nosso quadro mental. A maior derrota sofrida pelos nossos imaginários cientistas informáticos da velha escola não é a escassez de observações feitas como observadores externos analisando o seu objeto de estudo, mas sim o facto de se terem eles próprios excluído da observação – de compreenderem o seu objeto de estudo com a profundidade suficiente para se tornarem participantes nele. Contudo, ao sugerir que o compromisso materialista também excluiu os biólogos de participarem na sua disciplina, não estou a insinuar que os biólogos estariam a conceber e a construir novas formas de vida se Darwin não nos tivesse levado pelo caminho errado[10]. Apenas quero dizer que os biólogos já deviam ter compreendido o que é a vida com suficiente clareza para inspirar uma apreciação intelectual muito mais profunda da vida. Essa compreensão, completamente ausente da biologia atual, lançaria uma nova luz sobre todas as subdisciplinas. É inconcebível que algo tão fundamental não tenha este efeito abrangente[11].

Considere a sabedoria popular sobre genes e ADN. Tal como a maioria das pessoas pensa que os cientistas descobriram de que forma funciona o cérebro, também pensam que os cientistas descobriram como funciona o ADN. Segundo a minha observação casual, a maioria dos não cientistas – e também de alguns cientistas – pensa que as instruções a partir das quais cada organismo vivo foi formado estão escritas no genoma desse indivíduo na linguagem dos genes. Assim, os gansos grasnam porque têm o gene para grasnar, e os cães hiperativos ladram continuamente porque têm o gene do cão hiperativo. Da mesma forma, segundo esta visão popular, as pessoas que sabem cantar ou assobiar receberam essas capacidades ao receberem os genes correspondentes. Supostamente, o principal modelo para especificar todos os nossos atributos tornou-se público com a divulgação do genoma humano, pelo que tudo o que nos resta é terminar a tarefa de atribuir características aos genes e dar a cada pessoa a capacidade de ler e interpretar o seu próprio manual de instruções.

Partindo deste ponto de vista, a maioria das pessoas ficaria chocada ao saber o estado atual de ignorância em relação ao ADN. A ideia de que a maior parte dos aspetos dos seres vivos pode ser atribuída a genes específicos é conhecida pelos geneticistas como falsa há muito tempo, sendo este o primeiro mito comum do ADN a cair. O segundo mito, que só caiu muito recentemente, é que os cientistas têm uma compreensão clara do que é um gene. Sem exagero, um artigo recente na *Science and Education* afirmava que «o conceito de gene está atualmente em crise»[12]. Acontece que a imagem simples de um gene como uma secção de ADN que codifica uma proteína, tal como descrita no capítulo 3, já não é válida para nada a não ser para as bactérias. Para lhe dar uma ideia de quão longe o pensamento atual se afastou dessa visão simples nos últimos anos, considere este excerto de um artigo proeminente na *Genome Research*:

> *Uma metáfora cada vez mais popular para descrever os genes é pensar neles em termos de sub-rotinas num enorme sistema operativo (SO). Ou seja, na medida em que os nucleótidos do genoma são reunidos num código que é executado através do processo de transcrição e tradução, o genoma pode ser considerado como um sistema operativo para um ser vivo. Os genes são então sub-rotinas individuais neste sistema global que estão a ser repetidamente chamadas a participar no processo de transcrição*[13].

O facto de ideias como esta, ou como as de William Bialek, poderem ser expressas sob a bandeira materialista é algo positivo.

O problema surge quando as pessoas querem levar a sério esses pensamentos radicais. Por exemplo, se os genomas se assemelham realmente a sistemas operativos, então a ideia de que eles transportam as instruções para a construção dos corpos dos seus possuidores é tão errada como a ideia de que o sistema operativo do iPhone transporta as instruções para o fabrico do próprio iPhone. E, se nos permitimos levar essa ideia a sério, então o pensamento de que as mutações genéticas transformaram um organismo primordial em todas as formas modernas de vida parece confundir ainda mais a crença nas causas acidentais. A conversão de um iPhone 5 num iPhone 6 através da atualização do seu sistema operativo é categoricamente impossível… com ou sem *insight*. Estender esse princípio à vida levar-nos-ia para além da nossa conclusão de que a vida moderna não pode ser o produto de mutações acidentais – significando que, de nenhuma forma, ela pode ser o resultado de mutações.

Então, se o raciocínio vai nesse sentido, será que o podemos seguir?

O meu ponto de vista – o meu apelo – é que os cientistas devem ser encorajados não só a desenvolver ideias que mexam profundamente com a biologia, mas também a levar essas ideias suficientemente a sério para as testar e expandir. Esforços deste género devem ser saudados como o sinal mais seguro de que a comunidade científica está viva e de boa saúde. Se pudermos concordar nesse ponto, então teremos dias brilhantes pela frente. Na verdade, estou convencido de que os melhores dias sobre o estudo da vida não foram os dias que catapultaram aquele laboratório sob a direção do Max Perutz para uma fama duradoura – os dias em que as peças mais pequenas da vida foram reveladas à humanidade pela primeira vez. Os melhores dias, ainda por vir, serão aqueles em que todas as peças se juntam sob um conjunto de princípios organizadores pelos quais, subitamente, fazem sentido.

A biologia está à espera da sua máquina de Turing.

O Bem Comum

O facto de as questões mais profundas da biologia ainda não terem sido respondidas significa que ainda pedem uma resposta. Qualquer pessoa que se preocupe em examinar os factos cuidadosamente verá que as respostas antigas estavam erradas. Agora, essas respostas foram apagadas, pelo menos nas nossas mentes, e temos de nos sentar para fazer novamente o teste, com novas mentes e nova determinação. Tendo aprendido muito desde os tempos de Darwin, desta vez temos todas as razões para sermos otimistas. Falando como cientista, não consigo pensar numa mensagem mais atrativa para transmitir aos jovens com capacidades técnicas.

Falando como um ser humano, porém, vejo algo ainda mais belo. Sim, as questões mais profundas do estudo científico da vida estão ao nosso dispor, e isso é excitante para os que têm uma mente técnica. Mas as verdades mais profundas da própria vida, e da vida humana em particular, nunca estiveram realmente ao nosso dispor. Essas nunca estiveram limitadas aos mais inteligentes. É claro que algumas coisas só podem ser vistas quando se vai aos ombros de gigantes, mas as coisas mais cruciais sempre foram vistas melhor quando se está no chão.

AGRADECIMENTOS

Um grande obrigado às muitas pessoas que me ajudaram de variadas formas. Em primeiro lugar, agradeço ao meu agente, Giles Anderson, pelo seu trabalho nas fases iniciais para pôr o livro em marcha. A minha editora, Katy Hamilton, supervisionou todo o projeto na HarperOne e, juntamente com o editor executivo Mickey Maudlin, recomendou alterações estruturais ao manuscrito que se revelaram extremamente úteis. Obrigado a ambos! A atenção de Noël Chrisman aos pormenores melhorou consideravelmente o livro na fase de revisão, pelo que lhe estou muito grato. E obrigado a Ann Edwards, Anna Paustenbach e Jane Chong, da HarperOne, e a Rob Crowther, do Discovery Institute, pelo cuidado e perspicácia com que contribuíram para a tarefa de aumentar a visibilidade do livro.

Agradeço a Brian Gage por ter dirigido o trabalho de ilustração e a Anca Sandu por ter acrescentado o seu talento criativo ao projeto (juntamente com a sua paciência). Agradeço também a Rachel Aldrich pelo seu trabalho na aquisição de imagens.

Estou profundamente grato pelo tempo que muitas pessoas dedicaram à leitura do manuscrito, em parte ou na totalidade, e aos seus comentários. Titus Kennedy, Casey Luskin, George Montañez, Steve Zelt, Steve Fuller, Bill Dembski, Jonathan Wells, Rebecca Keller, Mariclair Reeves, Jacob Koch, Grant Gates, Ann Gauger, Fraser Ratzlaff, Chuck Wallace e Eric Garcia devem ser todos agradecidos por isso, assim como Jim e Paula Thomas por generosamente me terem dado um belo lugar para eu próprio ler o manuscrito.

Estou muito grato a Jim Wiggins por apoiar este projeto e à direção do Biologic Institute por me ter dado o tempo necessário para o completar: Steve Meyer, Ted Robinson, Scott Webster e o antigo membro da direção, Chuck Anderson – um amigo que não viveu para ver o livro publicado, mas que foi uma enorme inspiração ao longo do caminho.

Um agradecimento especial ao meu irmão Ron pelo seu interesse constante neste trabalho e ao meu pai, Rick, pelo seu apoio infalível, inspiração e entusiamo.

Entre os jovens que me serviram de inspiração enquanto pensava na *intuição de design*, estão a minha sobrinha, Jordan, e os meus três filhos – Noelle, Caitlyn e Ryan (já agora, o título *Undeniable* é da autoria da Caitlyn).

Um zilhão de agradecimentos à Anita – a minha mulher e melhor amiga – por me ter orientado gentilmente quando mais precisei.

E, finalmente, citando a minha tese de doutoramento: «Devo exprimir a minha gratidão e dependência em relação Àquele que criou o Universo e a mente com que procuro compreendê-lo. Não consegui nada de significativo sem Ele, nem nunca conseguirei.»

NOTAS

Capítulo 1: A grande questão

1. Francis Crick, *What Mad Pursuit: A Personal View of Scientific Discovery* (Nova Iorque: Basic Books, 1988), 138.

2. Todas as edições do livro de Darwin estão disponíveis gratuitamente *online*. A página Darwin Online é o melhor recurso: http://darwin-online.org.uk/EditorialIntroductions/Freeman_OntheOriginofSpecies.html.

3. Charles R. Darwin, *The Origin of Species by Means of Natural Selection, or the Preservation of Favoured Races in the Struggle for Life*, 6.ª ed. (Londres: John Murray, 1872), 424.

4. Thomas Nagel, *Mind and Cosmos: Why the Materialist Neo-Darwinian Conception of Nature Is Almost Certainly False* (Oxford: Oxford Univ. Press, 2012).

5. Há sinais claros de que os dias da bandeira materialista estão contados. De acordo com Robert Koons (Universidade do Texas em Austin) e George Bealer (Universidade de Yale): «O materialismo está a enfraquecer numa série de aspetos significativos – um dos quais é o número crescente de filósofos importantes que rejeitam o materialismo ou, pelo menos, têm fortes simpatias por pontos de vista antimaterialistas.» Robert C. Koons e George Bealer, eds., introdução a *The Waning of Materialism* (Oxford: Oxford Univ. Press, 2010).

6. Thomas Nagel, *The Last Word* (Oxford: Oxford Univ. Press, 1997), 130-131.

Capítulo 2: O conflito interno

1. Darwin para Joseph Hooker, 1871, conforme registado numa nota de rodapé em *The Life and Letters of Charles Darwin, Including an Autobiographical Chapter*, ed. Francis Darwin, vol. 3 (Londres: John Murray, 1887), 18.

2. Alison Gopnik, «See Jane Evolve: Picture Books Explain Darwin», «Mind and Matter», *The Wall Street Journal*, 18 de abril de 2014, http://online.wsj.com/news/articles/SB10001424052702304311204579505574046805070.

3. Uma explicação teleológica é uma explicação em termos de propósito. A fonte da citação é Art Jahnke, «The Natural Design Default: Why Even the Best-Trained Scientists Should Think Twice», Bostonia, inverno/primavera de 2013, www.bu.edu/bostonia/winter-spring13/the-natural-*design*-default/.

4. Plutarco, «Fortune», trad. de Frank Cole Babbitt, em *Moralia*, vol. 2, Loeb Classical Library (Cambridge: Harvard Univ. Press, 1928), 87.

Capítulo 3: A ciência no mundo real

1. «Mathematical Challenges to the Neo-Darwinian Interpretation of Evolution», *The Wistar Institute Symposium Monograph*, n.º 5, ed. P. S. Moorhead e M. M. Kaplan (Filadélfia: Wistar Institute Press, 1967).

2. Michael Denton, *Evolution: A Theory in Crisis* (Londres: Burnett Books, 1985). Outros livros importantes durante este período incluem *The Mystery of Life's Origin: Reassessing Current Theories*, de C. Thaxton, R. L. Olsen e W. L. Bradley (Dallas: Lewis and Stanley, 1984), e *The Natural Sciences Know Nothing of Evolution*, de A. E. Wilder-Smith (Master Books, 1981).

2. Os cientistas chamam aos apêndices cadeias laterais, o que é confuso porque a maior parte deles não se parece com cadeias, enquanto as proteínas produzidas pela ligação de aminoácidos se parecem verdadeiramente com cadeias. Por essa razão, fico-me pelos apêndices.

4. Algumas proteínas precisam de ajuda durante a dobragem para evitar a interferência de muitas outras proteínas que se aglomeram no interior da célula. As células usam proteínas especiais chamadas chaperones moleculares para ajudar no dobramento, algumas das quais formam compartimentos especializados nos quais novas cadeias de proteínas se podem dobrar sem interferência. Os chaperones formadores de compartimentos são designados por chaperoninas.

5. Uma vez que qualquer uma das quatro bases (A, C, G e T) pode ser colocada em qualquer posição, o número de sequências possíveis numa série de bases consecutivas é calculado multiplicando por 4 repetidamente – um 4 para cada posição de base. Isto significa que uma sequência de duas bases permite 16 possibilidades (4 × 4 = 16), o que não é suficiente para especificar cada um dos 20 aminoácidos. Por isso, a vida utiliza codões de três bases consecutivas, o que eleva o número de possibilidades para 64 (4 × 4 × 4 = 64).

6. Denton, *Evolution*, 327.

7. *Id.*, 323.

8. D. D. Axe, N. W. Foster e A. R. Fersht, «Active Barnase Variants with Completely Random Hydrophobic Cores», *Proceedings of the National Academy of Sciences*, EUA, 93 (1996): 5590-5594.

9. D. D. Axe, «Extreme Functional Sensitivity to Conservative Amino Acid Changes on Enzyme Exteriors», *Journal of Molecular Biology*, 301 (2000): 585--595.

10. Transcrito de «Standing Up in the Milky Way», *Cosmos: A Spacetime Odyssey*, Fox, exibido em 9 de março de 2014, www.dailymotion.com/video/x25wxcj_cosmos-a-spacetime-odyssey-episode-1-season-1-standing-up-in-the-milky-way_tv.

Capítulo 4: Fora da caixa

1. D. D. Axe, «Extreme Functional Sensitivity to Conservative Amino Acid Changes on Enzyme Exteriors», *Journal of Molecular Biology*, 301 (2000): 585-595.

2. E. M. Brustad e F. H. Arnold, «Optimizing Non-natural Protein Function with Directed Evolution», *Current Opinion in Chemical Biology*, 15 (2011): 201-210.

3. M. Altamirano *et al.*, «Directed Evolution of New Catalytic Activity Using the α/β-Barrel Scaffold», *Nature*, 403 (2000): 617-622.

4. M. Altamirano *et al.*, «Retraction: Directed Evolution of New Catalytic Activity Using the α/β-Barrel Scaffold», *Nature*, 417 (2002): 468.

5. «The God Lab: Advocates of Intelligent Design Have a New Strategy, and It Has Science at Its Centre», *New Scientist*, 16 de dezembro de 2006, 8-11.

6. «Top School's Creationists Preach Value of Biblical Story over Evolution», *The Guardian*, 8 de março de 2002, www.theguardian.com/uk/2002/mar/09/schools.religion.

7. «Creationism Row Reaches UK», *New Scientist*, 14 de março de 2002, www.newscientist.com/article/dn2045-creationism-row-reaches-the-uk.html#.VIJV976QTO9.

8. «More Than Three-Quarters of a Century after the Scopes Monkey Trial, Darwin's Opponents Aren't Even Thinking of Giving Up», «Creation vs. Evolution», parte 1, *Newsday*, 11 de março de 2002.

9. «Six Days of Creation: The Search of Evidence; A Widening Movement against Evolutionary Theory Seeks Scientific Support», «Creation vs. Evolution», parte 2, *Newsday*, 12 de março de 2002.

10. Correio eletrónico pessoal de Douglas Axe para Bryn Nelson, terça-feira, 5 de março de 2002.

11. D. D. Axe, «Estimating the Prevalence of Protein Sequences Adopting Functional Enzyme Folds», *Journal of Molecular Biology*, 341 (2004): 1295-1315.

12. Para um exemplo mais extenso daqueles que protestam, ver Barbara Forrest e Paul R. Gross, *Creationism's Trojan Horse: The Wedge of Intelligent Design* (Oxford: Oxford Univ. Press, 2004). A investigação de Forrest para este livro levou-a até mim em 2000 e novamente em 2001, altura em que se tornou claro que ela queria que eu dissesse que o meu artigo de 2000 no *Journal of Molecular Biology* não tinha implicações para o DI. Depois de eu me ter recusado a dar-lhe uma declaração nesse sentido, ela e Gross deram aos seus leitores a sua própria garantia, num tom de pânico: «Não há nada nesse artigo – seguramente nada explícito, seja qual for a extensão do significado do verbo – que "apoie" o DI. Nenhum biólogo molecular ou celular em atividade, entre os vários colegas que consultámos, referiu o contrário.» Ver página 41 (ênfase no original).

13. David P. Barash, «God, Darwin and My College Biology Class», *The New York Times*, 27 de setembro de 2014, www.nytimes.com/2014/09/28/opinion/sunday/god-darwin-and-my-college-biology-class.html?_r=0.

Capítulo 5: Uma dose de ciência comum

1. Michael Denton, *Evolution: A Theory in Crisis* (Londres: Burnett Books, 1985).

2. Alison Gopnik, «See Jane Evolve: Picture Books Explain Darwin», «Mind and Matter», *The Wall Street Journal*, 18 de abril de 2014, http://online.wsj.com/news/articles/SB10001424052702304311204579505574046805070.

3. E. M. Brustad e F. H. Arnold, «Optimizing Non-natural Protein Function with Directed Evolution», *Current Opinion in Chemical Biology*, 15 (2011): 201-210.

Capítulo 6: A vida é boa

1. Charles Darwin, *On the Origin of Species by Means of Natural Selection*, 1.ª ed., cap. 4 (Londres: John Murray, 1859), 84.

2. A.K. Gauger e D. D. Axe, «The Evolutionary Accessibility of New Enzyme Functions: A Case Study from the Biotin Pathway», *BIO-Complexity*, n.º 1 (2011): 1-17.

3. M. A. Reeves, A. K. Gauger e D. D. Axe, «Enzyme Families: Shared Evolutionary History or Shared Design? A Study of the GABA-Aminotransferase Family», *BIO-Complexity*, n.º 4 (2014): 1-16.

4. Charles R. Marshall, «When Prior Belief Trumps Scholarship», *Science*, 341 (2013): 1344.

5. Stephen C. Meyer, *Darwin's Doubt: The Explosive Origin of Animal Life and the Case for Intelligent Design* (São Francisco: HarperOne, 2013).

6. No capítulo 10, veremos que os dados genómicos contradizem a sugestão de Marshall. Deixo isto de lado aqui para fazer uma observação diferente.

7. O. Khersonsky e D. S. Tawfik, «Enzyme Promiscuity: A Mechanistic and Evolutionary Perspective», *Annual Review of Biochemistry*, 79 (2010): 471-505.

8. R. Mukhopadhyay, «Close to a Miracle: Researchers Are Debating the Origins of Proteins», *ASBMB Today*, 12, n.º 9 (2013): 12-13.

Capítulo 7: À espera de maravilhas

1. Associated Press, «Seahawks Fans Set Noise Mark», ESPN, 3 de dezembro de 2013, http://espn.go.com/nfl/story/_/id/10071653/seattle-seahawks-fans--set-stadium-noise-record.

2. Richard Dawkins, *The Blind Watchmaker: Why the Evidence of Evolution Reveals a Universe Without Design* (Londres: Longman, 1986) [*O Relojoeiro Cego*, ed. Gradiva, Lisboa, 2007].

3. Graham Bell, *Selection: The Mechanism of Evolution*, 2.ª ed. (Oxford: Oxford Univ. Press, 2008).

4. As pessoas que fizeram os cálculos sobre a seleção natural também chegaram a uma visão modesta do seu poder. Para os interessados, duas descobertas fundamentais conduziram a esta visão modesta. A primeira é que outros fatores, além da aptidão genética, tendem a dominar a determinação

dos indivíduos que passam os seus genes às gerações seguintes. Isto reflete-se no facto de as dimensões efetivas das populações naturais (isto é, as dimensões das populações ideais sem estes fatores concorrentes que teriam a mesma diversidade genética que as populações selvagens) tenderem a ser muito mais pequenas do que as populações reais (ver, por exemplo, T. F. Turner, J. P. Wares e J. R. Gold, «Genetic Effective Size Is Three Orders of Magnitude Smaller Than Adult Census Size in an Abundant, Estuarine-Dependent Marine Fish», *Genetics*, 162 [2002]: 1329-1339). A segunda conclusão é que a probabilidade de uma mutação benéfica recém-gerada se estabelecer numa população ideal é apenas o dobro da vantagem de aptidão fracionada. Uma vez que estas vantagens tendem a ser muito pequenas e que as populações reais estão longe de ser ideais, as probabilidades para as populações reais acabam por ser surpreendentemente pequenas. Calculada como o dobro da vantagem de aptidão fracionada a multiplicar pelo rácio entre o tamanho efetivo da população e o tamanho real da população (M. Kimura, «Diffusion Models in Population Genetics», *Journal of Applied Probability*, 1 [1964]: 177-232), a probabilidade de o primeiro detentor de uma nova mutação benéfica transmitir essa mutação a toda a espécie pode facilmente ser inferior a um num milhão. Esta improbabilidade é ainda agravada pela raridade das mutações benéficas. Pior ainda, estes problemas amplamente reconhecidos são todos ensombrados por um problema ainda maior que não é amplamente reconhecido, nomeadamente a irrelevância das mutações benéficas, que acontecem de vez em quando, para a invenção de qualquer coisa notável. Este livro centra-se neste problema mais fundamental.

5. D. D. Axe e A. K. Gauger, «Model and Laboratory Demonstrations That Evolutionary Optimization Works Well Only If Preceded by Invention: Selection Itself Is Not Inventive», *BIO-Complexity*, n.º 2 (2015): 1-13.

6. D. D. Axe, «Estimating the Prevalence of Protein Sequences Adopting Functional Enzyme Folds», *Journal of Molecular Biology*, 341 (2004): 1295-1315.

7. *Id., ibid.*

8. Axe e Gauger, «Model and Laboratory Demonstrations».

9. K. Gauger *et al.*, «Reductive Evolution Can Prevent Populations from Taking Simple Adaptive Paths to High Fitness», *BIO-Complexity*, n.º 2 (2010): 1-9.

10. *Id., ibid.*

Capítulo 8: Perdidos no espaço

1. Escolha «Selecionar toda a Terra»; escreva «2000» na caixa «N.º de pontos»; clique em «Obter ponto(s) aleatório(s)»; clique em «Ver no mapa».

2. Em rigor, as pesquisas sistemáticas de caça aos ovos tornam-se progressivamente menos cegas à medida que a pesquisa prossegue, porque cada palpite errado é riscado da lista de possibilidades restantes. No entanto, a vantagem de uma pesquisa sistemática como esta só se torna significativa nos casos em que uma fração substancial das possibilidades pode ser testada. Como estamos interessados em casos onde isso não é verdade, não precisamos de distinguir a busca sistemática da busca cega.

3. Refiro-me a acontecimentos físicos divididos à escala das interações atómicas. Os acontecimentos físicos de maior dimensão são muito menos numerosos e, geralmente, são compostos por estes acontecimentos de nível atómico, pelo que esta é uma forma muito generosa de estimar o número máximo de acontecimentos físicos que podem produzir algo de interesse. A estimativa começa com o facto de uma cadeia de causa-efeito envolvendo interações atómicas não poder propagar efeitos mais rapidamente do que a velocidade da luz. O tempo que a luz demora a percorrer uma distância atómica (um *angstrom*) estabelece, portanto, um limite inferior para o intervalo de tempo necessário para um acontecimento físico a esta escala. Houve cerca de 10^{36} destes intervalos de acontecimentos nos 14 mil milhões de anos de história do Universo. O número máximo de acontecimentos físicos ao longo da história do Universo é calculado multiplicando este número de intervalos de acontecimentos (10^{36}) pelo número de átomos (10^{80}), resultando num número (10^{116}) que preenche pouco menos de uma linha e meia de texto.

4. Um espaço de pesquisa de 1 píxel tem 16.777.216 possibilidades de cor. Sempre que aumentamos o nosso espaço de pesquisa em 1 píxel, temos de multiplicar por 16.777.216. Como um retângulo de 3 x 5 píxeis contém 15 píxeis, estamos a multiplicar os primeiros 16.777.216 por 16.777.216 catorze vezes.

Capítulo 9: A arte de fazer sentido

1. Richard Dawkins, *The Blind Watchmaker: Why the Evidence of Evolution Reveals a Universe Without Design* (Londres: Longman, 1986).

2. NASA, *Apollo 13 Technical Air-to-Ground Voice Transcription* (Houston: Manned Spacecraft Center, abril de 1970), www.hq.nasa.gov/alsj/a13/AS13_TEC.PDF.

3. Com efeito, utilizámos a datilografia aleatória para calcular a fração do espaço de pesquisa coberto pelo alvo excessivamente generoso. Quando tivermos essa fração, o princípio da escala recíproca diz-nos quantas tentativas cegas (que não têm de ser aleatórias) são necessárias para se esperar um sucesso.

4. Foi utilizada uma baixa resolução de píxeis para evitar exagerar a extensão da cor. A questão é que percebemos o tema das fotografias mesmo quando a resolução de píxeis é mínima, não porque os píxeis sejam invisivelmente pequenos, mas porque funcionam em conjunto de uma forma visualmente coerente.

5. O Mathematica é um programa de computação matemática simbólica desenvolvido pela Wolfram Research, disponível em www.wolfram.com/mathematica.

Capítulo 10: Despertar para a Vida

1. Thomas Nagel, *Mind and Cosmos: Why the Materialist Neo-Darwinian Conception of Nature Is Almost Certainly False* (Oxford: Oxford Univ. Press, 2012), 32.

2. Para ver um belo vídeo dos movimentos de deslizamento de uma espécie de cianobactéria, consulte «Oscillatoria in Motion» da coleção YouTube de Bruce Taylor (www.youtube.com/watch?v=IP4ir0wumpw).

3. Richard Platt e Stephen Biesty, *Stephen Biesty's Incredible Cross-Sections* (Nova Iorque: Alfred A. Knopf, 1992).

4. Para os mais técnicos, recomendo vivamente esta recensão: I. Grotjohann e P. Fromme, «Structure of Cyanobacterial Photosystem I», *Photosynthesis Research*, 85 (2005): 51-72.

5. Além da luz solar, do ar e da água, este projeto de maior dimensão requer vestígios de vários minerais que estão presentes em todas as massas de água naturais.

6. O termo «proteínas intrinsecamente desordenadas» refere-se a uma classe de proteínas que explora um estado parcialmente (ou completamente) desdobrado para desempenhar determinadas funções biológicas. As funções específicas requerem sempre um grau de especificidade da sequência de aminoácidos, embora este possa ser menor para estas proteínas menos estruturadas. No entanto, uma vez que toda a vida está absolutamente dependente de um grande número de proteínas dobradas com precisão, é sobre estas que me debruço. Os argumentos e provas que apresento em relação às proteínas dobradas não são afetados pela existência de proteínas que não se dobram.

7. D. D. Axe, «Estimating the Prevalence of Protein Sequences Adopting Functional Enzyme Folds», *Journal of Molecular Biology*, 341 (2004): 1295-1315.

8. Uma busca cega bem-sucedida de uma proteína dobrada deste tamanho não é fantasticamente improvável, pelo que não podemos dizer que é fisicamente impossível. No entanto, podemos dizer que é biologicamente impossível segundo o critério de 1 em 10^{40} de Michael Denton. Uma vez que a invenção das proteínas é um problema biológico, o critério de Denton é mais relevante. No entanto, não faz grande diferença, porque as invenções acidentais que requerem apenas duas novas proteínas são impossíveis segundo ambos os critérios.

9. C. Beck *et al.*, «The Diversity of Cyanobacterial Metabolism: Genome Analysis of Multiple Phototrophic Microorganisms», *BMC Genomics*, 13 (2012): 56.

10. K. Khalturin *et al.*, «More Than Just Orphans: Are Taxonomically Restricted Genes Important in Evolution?», *Trends in Genetics*, 25, n.º 9 (2009): 404-413.

11. L. Jaroszewski, «Exploration of Uncharted Regions of the Protein Universe», *PLoS Biology*, 7, n.º 9 (2009): e1000205.

12. Alguns leitores podem preferir atribuir a invenção da vida terrestre a uma vida altamente inteligente de outro planeta. O primeiro problema desta hipótese, se for uma tentativa de evitar Deus, é que esses hipotéticos supergénios teriam de ter sido inventados por um criador inteligente. No fim de contas, não há forma de contornar o facto de que a primeira vida planetária inteligente deve ter sido criada por uma inteligência exterior ao Universo, o que se assemelha muito a Deus. O segundo problema é a impossibilidade categórica de alguém, exceto Deus, criar mentes (um ponto que será abordado no capítulo 13). Depois de lhe ter apresentado o meu raciocínio, não hesitarei em nomear Deus como o criador inteligente daqui em diante.
No entanto, quero sublinhar que estou a falar por mim e não pela comunidade de pessoas que se associam ao DI.

Capítulo 11: Ver para crer

1. Paul Rosenberg, «God Is on the Ropes: The Brilliant New Science That Has Creationists and the Christian Right Terrified», *Salon*, 3 de janeiro de 2015, www .salon.com/2015/01/03/god_is_on_the_ropes_the_brilliant_new_science_that_has_creationists_and_the_christian_right_terrified.

2. Citado em Natalie Wolchover, «A New Physics Theory of Life», *Quanta*, 22 de janeiro de 2014, www.quantamagazine.org/20140122-a-new-physics-theory-of-life/.

3. Ernst Haeckel, *The History of Creation*, vol. 1, Project Gutenberg, www.gutenberg.org/files/40472.

4. C. E. Dobell, *Antony van Leeuwenhoek and His «Little Animals»* (Nova Iorque: Harcourt, Brace, 1932).

5. Richard Dawkins, *The Blind Watchmaker: Why the Evidence of Evolution Reveals a Universe Without Design* (Nova Iorque: Penguin, 1988), 9. Ênfase no original.

6. Citado com permissão de uma versão pré-editada de J. M. Tour, «Why Is Everyone Here Lying?» *Inference: International Review of Science*, 2, n.º 2 (2016).

7. Dawkins, *The Blind Watchmaker*, 49. Ênfase no original.

8. *Discover*, fevereiro de 2005.

9. A função desenvolvida foi a função de igualdade, que compara dois números binários de entrada e devolve um 1 nas posições em que coincidem e um 0 nas posições em que não coincidem. Ver R. E. Lenski *et al.*, «The Evolutionary Origin of Complex Features», *Nature*, 423 (2003): 139-144.

10. O primeiro dos seguintes artigos é uma análise da demonstração apresentada na revista *Discover*. W. Ewert, W. A. Dembski e R. J. Marks II, «Evolutionary Synthesis of NAND Logic: Dissecting a Digital Organism», em *Proceedings of the 2009 IEEE International Conference on Systems, Man, and Cybernetics* (Piscataway, NJ: IEEE Press, 2009), 3047-3053; G. Montañez *et al.*, «A Vivisection of the ev Computer Organism: Identifying Sources of Active Information», *BIO-Complexity*, n.º 3 (2010): 1-6; W. Ewert, W. Dembski e R. J. Marks II, «Climbing the Steiner Tree: Sources of Active Information in a Genetic Algorithm for Solving the Euclidean Steiner Tree Problem», *BIO-Complexity*, n.º 1 (2012): 1-14; e W. Ewert, W. A. Dembski, e R. J. Marks II, «Active Information in Metabiology», *BIO-Complexity*, n.º 4 (2013): 1-10.

11. N. Cheney *et al.*, «Unshackling Evolution: Evolving Soft Robots with Multiple Materials and a Powerful Generative Encoding», GECCO '13, 6-10 de julho de 2013, Amesterdão, Países Baixos.

12. www.biologic.org/stylus.

13. D. D. Axe, P. Lu e S. Flatau, «A Stylus-Generated Artificial Genome with Analogy to Minimal Bacterial Genomes», *BIO-Complexity*, n.º 3 (2011): 1-15.

14. D. D. Axe e A. K. Gauger, «Model and Laboratory Demonstrations That Evolutionary Optimization Works Well Only If Preceded by Invention: Selection Itself Is Not Inventive», *BIO-Complexity*, n.º 2 (2015): 1-13.

Capítulo 12: As últimas barreiras

1. Charles R. Darwin, *The Origin of Species by Means of Natural Selection, or the Preservation of Favoured Races in the Struggle for Life*, 1ª ed. (Londres: John Murray, 1859), 189.

2. «List of Scientific Bodies Explicitly Rejecting Intelligent Design», Wikipedia, último acesso em 7 de maio de 2016; https://en.wikipedia.org/wiki/List_of_scientific_ bodies_explicitly_rejecting_Intelligent_Design.

3. «An Intelligently Designed Response», editorial, *Nature Methods*, 4, n.º 12 (dezembro de 2007): 983.

4. P. Shipman, «Being Stalked by Intelligent Design», *American Scientist*, 93 (2005): 502.

5. E. Zuckerkandl, «Intelligent Design and Biological Complexity», *Gene*, 358 (2006): 2-18.

6. «An Intelligently Designed Response», 983.

7. P. Ball, «What a Shoddy Piece of Work is Man», *Nature*, edição *online* (3 de maio de 2010): doi:10.1038/news.2010.215.

8. Marshall Berman, «Intelligent Design: The New Creationism Threatens All of Science and Society», APS News, outubro de 2005, 8.

9. G. Weissmann, «The Facts of Evolution: Fighting the Endarkenment», *FASEB Journal*, 19 (2005): 1581-1582.

10. Shipman, «Being Stalked by Intelligent Design», 502.

11. G. Petsko, «It Is Alive», *Genome Biology*, 9 (2008): 106.

12. Hugo De Vries, *Species and Varieties: Their Origin by Mutation* (Chicago: Open Court Publishing, 1904), 4.

13. Esta viragem brusca foi abordada no capítulo 1.

14. De Vries, *Species and Varieties*, 825-826. De Vries atribui a citação a um Sr. Arthur Harris, sem citar a fonte. Acrescentei a ênfase para sublinhar a questão.

15. W. Fontana e L. W. Buss, «"The Arrival of the Fittest": Toward a Theory of Biological Organization», *Bulletin of Mathematical Biology*, 56, n.º 1 (1994): 1-64. Ênfase acrescentado.

16. Fontana e Buss, «"The Arrival of the Fittest"», 2.

17. A. Wagner, *Arrival of the Fittest: Solving Evolution's Greatest Puzzle* (Nova Iorque: Current, 2014), 5 (ênfase no original) e 14.

18. *Id., ibid.*, 215-216.

19. Neste ponto, devo expandir um pensamento a que aludi no capítulo 6, que é o facto de o Universo físico ser, ele próprio, uma invenção espantosamente brilhante e bela. A questão é que o Universo não é um inventor.

20. E. V. Koonin, «The Cosmological Model of Eternal Inflation and the Transition from Chance to Biological Evolution in the History of Life», *Biology Direct*, 2 (2007): 15.

21. No capítulo 13, veremos porque é que a primeira hipótese é incorreta. Uma vez que isto esteja estabelecido, a existência ou não existência do multiverso torna-se irrelevante.

Capítulo 13: O primeiro mundo

1. Thomas Nagel, *Mind and Cosmos: Why the Materialist Neo-Darwinian Conception of Nature Is Almost Certainly False* (Oxford: Oxford Univ. Press, 2012), 31.

2. *Id., ibid.*, 20.

3. *Id., ibid.*, 25.

4. *Id., ibid.*, 67.

5. Biografia de Sarah Spaulding, *Diatoms of the United States*, http://western diatoms.colorado.edu/about/participant/spaulding_sarah.

Capítulo 14: A nova escola

1. Roger Penrose faz um excelente trabalho ao desenvolver este ponto em *The Emperor's New Mind: Concerning Computers, Minds, and the Laws of Physics* (Oxford: Oxford Univ. Press, 1989).

2. «Grand Challenge: How Does the Human Brain Work and Produce Mental Activity?», em *From Molecules to Minds: Challenges for the 21st Century*; Resumo do Seminário (Washington, D.C.: National Academies Press, 2008), www.ncbi.nlm.nih.gov/books/NBK50989/.

3. J. M. Schwartz e S. Begley, *The Mind and the Brain: Neuroplasticity and the Power of Mental Force* (ReganBooks, 2003). Citado a partir da descrição na contracapa.

4. Ficaria muito satisfeito se descobrisse que exagerei a escassez de biólogos em instituições de investigação que são livres de trabalhar fora dos limites do materialismo. Tal como eu, quase todos os que fazem parte deste pequeno grupo de cientistas têm de sair das grandes instituições para se libertarem da sua influência.

5. M.-J. Liu *et al.*, «Biomechanical Characteristics of Hand Coordination in Grasping Activities of Daily Living», *PLoS One*, 11, n.º 1 (2016), doi:10.1371/journal.pone.0146193.

6. Direção da *PLoS One*, «Retraction: Biomechanical Characteristics of Hand Coordination in Grasping Activities of Daily Living», *PLoS One*, 11, n.º 3 (2016), doi:10.1371/journal.pone.0151685.

7. *Id., ibid.*

8. E. Zuckerkandl, «Intelligent Design and Biological Complexity», *Gene*, 358 (2006): 2-18.

9. Biografia de William Bialek, *site* da Universidade de Princeton, www.princeton.edu/~wbialek/wbialek.html.

10. Embora os cientistas tenham sido capazes, durante décadas, de efetuar alterações preconcebidas no ADN de alguns organismos, isso não chega nem perto de conceber e projetar uma nova forma de vida. De facto, tendo concluído que a mente não pode ter uma base material, concluímos que é impossível para os humanos inventarem mentes e, portanto, igualmente impossível para os humanos inventarem organismos com mentes. Inventamos pensamentos diretamente, e alguns deles inspiram as nossas invenções materiais. As mentes, no entanto, não são coisas materiais nem pensamentos; pelo contrário, as mentes são entidades imateriais que têm pensamentos.

11. Um erro comum é a ideia de que a nova escola não pode ser lançada enquanto não fornecer descrições físicas da origem das várias formas de vida para substituir a descrição física oferecida pela velha escola. A insistência de que não há nada a dizer sobre a vida além das descrições físicas dos processos físicos é precisamente a afirmação que está a ser contestada pela nova escola. Ao abrir a porta a questões muito mais ricas do ponto de vista intelectual em torno das ideias subjacentes à vida, a nova escola lança-se numa direção completamente diferente. A velha questão de saber como teriam sido os vários acontecimentos da origem se tivessem sido captados em vídeo não ocupa um lugar de destaque nas prioridades da nova escola.

12. L. M. N. Meyer, G. C. Bomfim e C. N. El-Hani, «How to Understand the Gene in the Twenty-First Century?», *Science and Education*, 22, n.º 2 (2011): 345-374.

13. M. B. Gerstein *et al.*, «What Is a Gene, Post-ENCODE? History and Updated Definition», *Genome Research*, 17 (2007): 669-681, http://genome.cshlp.org/content/17/6/669.full.pdf+html.

CRÉDITOS

Agradecemos aos seguintes autores a utilização do seu trabalho neste livro. Todas as outras ilustrações são da autoria de Anca Sandu, com direção artística de Brian Gage.

Figura 3.3 (p. 41)	Laboratory of Molecular Biology, Cambridge, James King-Holmes/Science Photo Library (apenas para fins ilustrativos).
Figura 3.4 (p. 41)	Seis vencedores do Prémio Nobel, NYPL/SCIENCE SOURCE/Science Photo Library.
Figura 8.2 (p. 147)	Abraham Lincoln, domínio público.
Figura 9.2 (p. 165)	«Caixa do correio» da *Apollo 13*, domínio público.
Figura 10.1 (p. 196)	*Tavros 2*, Bgregson, utilizado sob a licença Creative Commons CC BY-SA 3.0, via Wikimedia Commons.
Figura 10.4 (pp. 202-203)	Elementos de «Localization of Membrane Proteins in the Cyanobacterium Synechococcus sp. PCC7942: Radial Asymmetry in the Photosynthetic Complexes», Debra M. Sherman, Tracy A. Troyan e Louis A. Sherman, Plant Physiology © 1998 (usado com permissão), e de «Atomic-Level Models of the Bacterial Carboxysome Shell», Shiho Tanaka *et al.*, *Science*, 319, 1083 (2008); DOI: 10.1126/science.1151458 (reimpresso com permissão da AAAS).
Figura 11.3 (p. 238)	Antena evolutiva da NASA, domínio público.
Figura 11.4 (p. 240)	Imagem de robô simples, de Nick Cheney, Robert MacCurdy, Jeff Clune e Hod Lipson, «Unshackling Evolution: Evolving Soft Robots with Multiple Materials and a Powerful Generative Coding», Atas da 15.ª Conferência Anual sobre Computação Genética e Evolutiva, © 2013 Association for Computing Machinery, Inc. Reproduzido com permissão.

Figura 11.6 (p. 244)	Comparação entre caracteres chineses e proteínas, © 2008 Axe et al., PLOS One, CCY.
Figura 13.1 (p. 284)	Concha de diatomácea, SEM, Steve Gschmeissner/Science Photo Library; frústulo de diatomácea, Steve Gschmeissner/Science Photo Library; alga de diatomácea, SEM, Steve Gschmeissner/Science Photo Library; diatomácea, SEM, Steve Gschmeissner/Science Photo Library.
Figura 13.2 (p. 286)	Grande plano da *Ellerbeckia arenaria*, L. Bahls (2014), em *Diatoms of the United States*, recuperado em 23 de fevereiro de 2016 a partir de http://western diatoms.colorado.edu/taxa/species/ellerbeckia_arenaria.
Figura 14.3 (p. 301)	«Atheist Bus Campaign Launch», Zoe Margolis, usado sob a licença Creative Commons CC BY 2.0, via Wikimedia Commons.

ÍNDICE REMISSIVO

E

J

K

L

Lumine-se!

Lumine-se!

Lumine-se!

Lumine-se!

Made in United States
Troutdale, OR
11/03/2026

56844654R00204